天体観測に魅せられた人たち

エミリー・レヴェック　川添節子 訳

THE LAST STARGAZERS

THE ENDURING STORY OF ASTRONOMY'S VANISHING EXPLORERS

原書房

天体観測に魅せられた人たち

THE LAST STARGAZERS

by Emily Levesque

物語を聞かせてくれたお母さんへ

目次

✴ 序　章

「再起動してみました?」

世界中のＩＴ担当者が面倒くさそうに訊くこのフレーズに、私ほど恐怖を感じた人はいないだろう。理由その一。時刻は午前一時で、私がいたのはハワイでもっとも高い山の上にある寒いコントロール室だった。標高約四二〇〇メートルという場所で、二四歳の私は眠気と酸素不足と闘いながら、故障した機器を前に、博士論文を書くために苦労して手に入れた貴重な時間をなんとか取り戻そうとしていた。

理由その二。問題の機器はすばる望遠鏡だった。私がいる部屋の上階に設置された五七〇トンの大物で、一四階建てに匹敵するドームに収められている。アメリカと日本の共同プロジェクトによるもので、直径八・二メートルの主鏡(一枚鏡としては世界最大級)を持ち、地球上で最高の技術を結集した機器や撮像装置を備えている。一晩稼働させるのにかかるコストは四万七〇〇〇ドル。私は大学に一二ページにわたる観測提案書を提出し、五〇億光年先にあるいくつかの銀河を観測するために、貴重な一夜——一年のうちのたった一夜——を与えられていた。

まさか。再起動なんて、もちろんしていない。

この日は順調だった。コントロール室のコンピューターがおかしな音をたてて、望遠鏡のオペレーターがかたまるまでは（ちなみに、山頂には私と彼女しかいない）。何が起きたのか訊くと、鏡を支える支持機構が故障したらしいという。「でも大丈夫。鏡は落ちてないと思うから」

「思う？」

「ええ、だってそうじゃなければ、ものすごい音がしたはず」たしかに。だが、ほっと胸をなでおろすわけにはいかない。

どうやら支持機構に問題が発生したときの望遠鏡の位置がよかったらしく、とりあえず大惨事は避けられたようだ。とにかく副鏡は持ちこたえている。主鏡よりはずっと小さいが、それでも直径一・二メートル、重さは約一八〇キロあり、床から約二二メートルの位置で、主鏡に集められた光を反射させ、カメラに光を導いている。恐ろしいことに、望遠鏡を動かせば、副鏡は床に落ちるかもしれない。しかもそれは運がよかった場合で、運が悪ければ、副鏡は主鏡の上に落ちることになる。

私たちは緊張しながら、すばるのエンジニアチームに電話をした。観測者が寝ている昼のあいだに、山の上にある一三基の望遠鏡をメンテナンスしている人たちだ。電話に出た日本人のメンバーは明るい声で、同じ現象が昼間もあったと教えてくれた。支持機構は*たぶん*大丈夫で、アラームは*たぶん*誤報だから、再起動すれば、*たぶん*問題は解決するという。いま私が問い合わせているのは、数百万ドルする望遠鏡で、モデムじゃないんですけど、と指摘するのはやめておいた。

一八〇キロのガラスがコンクリートの床に落ちると、どんな音がするのかは知らなかったが、知りたいとも思わなかった。それに「すばるを破壊した学生」として後世に名を残したいとも思わなかった。「望遠鏡をこわしちゃった」という話はたくさん聞いてきたので、あり得ないことではなかった。研究仲間の一人は、違うワイヤーを何気なくつないでしまい、望遠鏡のなかの途方もなく高価なデジタルカメラを壊した。しかも、その話は本人が伝えるまえに上司に伝わった。また、あるベテラン研究者は、寝不足のために、ドーム内の可動式のプラットホームを元に戻すのを忘れ、望遠鏡の先端をぶつけた。ときには誰のせいでもなく起きることもある。ウェストバージニア州のグリーンバンクにある口径九一メートルの巨大な電波望遠鏡は、ある夜、観測中にとつぜん踏みつけられた缶のように崩壊した。この惨事の詳しい原因は覚えていないが、「支持機構」がかかわっていたと記憶している。慎重を期すならこの夜は観測を中止し、宿泊所に戻って、翌朝、担当者に確認してもらうべきだろう。

しかし、この夜は私が望遠鏡を使える唯一の夜だった。機器に問題があろうと、アラームが誤報であろうと、あるいは運悪く曇りだったとしても、私に次の日はない。望遠鏡のスケジュールは何カ月もまえから組まれているので、翌日には別の研究者がまったく別の計画を携えて天文台を訪れる。問題は、観測を最後まで終えることなく私の夜が終わってしまうことだった。そうなれば、また新しい提案書を提出し、望遠鏡の管理委員会からいい返事が来るのを願いながら、まる一年、つまり地球が太陽のまわりを一回りし、観測しようとした銀河がふたたび観測できる位置につくまで待たなければならない。しかも、観測する夜は、雲もなく、望遠鏡もちゃんと動かなくてはならない。

私はどうしてもこれらの銀河を観測しなければならなかった。そこでは、数十億年前にガンマ線バーストと呼ばれる不思議な現象が起きていた。現在の天文学では、これらのバーストは、最期を迎える質量の大きい天体の中心部が崩壊してブラックホールとなり、高速で回転して内側から崩れていくときに、猛烈な閃光が放出され、わずか数秒間だけ観測できるガンマ線として地球に到達するものだと考えられている。もちろん、最期を迎える天体はめずらしくないが、このように地球に光が届くものは少なく、その理由はわかっていない。私は、こうした天体が属する銀河を構成する化学物資、つまりその天体が生まれるもとになったガスとダストを調べれば、そのような形で爆発する理由がわかるのではないかという前提で、博士論文を組みたてていた。そのための観測ができるのは、世界中ですばる望遠鏡だけだった。担当するエンジニアはたぶん誤報だと言っている。もしこれらの銀河を観測する唯一の機会をあきらめたら、私は論文の柱を失うことになる。

とはいえ、望遠鏡のガラスを粉々にしても論文は書きあがらない。

私はオペレーターを見つめ、向こうも私を見つめた。私は天文学者だ。二四歳、大学院三年目で、車を借りるときには追加料金を払わなければならない年齢だが、ここは私が決めなければならない。プリントアウトされた観測計画書を見つめた。入念に練られた計画は、すばるがとまっているあいだにどんどん遅れていく。コンピューターのモニターに映る夜の空に目をやる。常時稼働している小さなガイドカメラが、果てしなく広がる星の海のなかで観測者が目的の天体を見つけられるように、望遠鏡が向いている方角の空を映しだしている。

私はすばるを再起動させた。

　ただ星を見るだけなら、誰でもしたことがあるだろう。街の光に邪魔されながら目を凝らしたり、人里離れた場所で頭上に広がる満天の星に息をのんだり、立ちどまって地球から遠く離れた宇宙に想いを馳せたり、と人はつねに夜空の美しさと不思議さに魅了されてきた。世界最高の望遠鏡が撮影した美しい天体写真――一面に広がる星、渦を巻く銀河、宇宙の秘密の鍵を握るとされる虹色のガス雲――を見て何も感じない人を見つけるのは難しいだろう。

　あまり知られていないのは、こうした写真がどこで、なぜ、どのように撮られたのか、そして宇宙の謎を誰が追求しているのか、ということだ。「天文学者」といえば、純粋な人がロマンを追い求める仕事だと思われるふしがある。実際に仕事をしている人はユニコーン並みに希少だ。地球の人口七五億人中、天文学を職業としている人は五万人もいない。ほとんどの人は天文学者に会ったこともないだろう。まして、それがどんな職業なのか考えたこともないはずだ。もし考えたとしたら、おそらく自身の星を見た経験をもとに想像するだろう。夜行性の専門家が暗い場所で大きな望遠鏡をのぞきこみ、おそらくは白衣を着て、星の名前や位置を自信たっぷりに解説する。あるいは寒い戸外にじっとすわりこみ、新たな発見を待ち構える。映画のなかの天文学者も参考になるかもしれない。「コンタクト」のジョディ・フォスターはヘッドホンをしたまますわりこみ、宇宙からのメッセージをとらえようとする。「ディープ・インパクト」のイライジャ・ウッドは、裏庭の望遠鏡をのぞいて、地球を破壊する小惑星を発見する。ほとんどの場合、天体観測はドラマの序章にすぎない。空は晴れわたり、望遠鏡はきちんと作動している。そして、目を見開く瞬間を経て、映画のなかの天文学者は完璧なデータを手に地球を救いに走りだす。

私自身、将来の職業として天文学者を目指したときに思い描いたのは、まさにこういう姿だった。この道に進んだきっかけは、プロアマ問わず宇宙に情熱を傾ける大勢の人たちと同じで、子ども時代にはニューイングランド地方の工業都市にある自宅の庭で望遠鏡をのぞき、両親の本棚にあったカール・セーガンの本を手にとり、テレビ番組や科学雑誌の表紙に頻繁に使われる星雲の写真に目を奪われた。マサチューセッツ工科大学（ＭＩＴ）に進み、天文学者への第一歩として、無謀にも物理学を専攻することにしたときも、天文学者が日々何をするのかについてはぼんやりとしたイメージしか持っていなかった。天文学を志したのは宇宙を探検し、夜空の物語を知りたいと思ったからで、天体物理学者の具体的な仕事内容についてはあまり考えていなかった。私が夢見たのは、宇宙人と接触すること、ブラックホールの秘密を解きあかすこと、新しい種類の星を発見することだった（今のところ、このうち一つだけ実現している）。

だが、世界最大級の望遠鏡の命運を握る決断をすることになるとは、想像もしていなかった。科学の名のもとに、望遠鏡の支持構造をよじのぼって鏡の前に発泡スチロールをダクトテープで貼りつけたり、雇用主の保険が実験用航空機の搭乗もカバーしているか調べたり、人間の頭ほどの大きさのタランチュラの隣で寝たりすることになるとは夢にも思わなかった。成層圏や南極まで行く天文学者がいることも、ホッキョクグマや銃を持った人に対峙した天文学者がいることも、貴重な光を求めて命を落とした研究者がいることも知らなかった。

さらに、自分が足を踏み入れようとしている分野が、世界のほかの分野と同じように、急速に変化していることも知らなかった。

　私が本を読んで想像した天文学者——フリースにくるまり、寒い山の上で巨大な望遠鏡のうしろに腰をおろし、接眼レンズをのぞいて天空を回る星を観察する——は、すでに絶滅危惧種となり、新しい種に進化していた。実際にその一員になってみて、私は美しい宇宙への愛を深めると同時に、地球のあちこちに足を運んで、希少で貴重ながら急速に変わりつつある（というより、ほとんど消え去ろうとしている）世界の物語を知ることになった。

✴ 第1章　ファーストライト

アリゾナ州トゥーソン
二〇〇四年五月

私が本物の巨大な望遠鏡をはじめて見たのは、トゥーソンから西に向かって移動しているときだった。MITの二年目を終えた私は、量子物理学と熱力学の最終試験終了後すぐにアリゾナに飛び、トゥーソン空港でフィル・マッシーに拾ってもらった。フィルはマッドサイエンティストを思わせるくるくるとカールした白髪頭で、黒縁の眼鏡をかけ、口元には大きな笑みをうかべている。この先一〇週間、私の研究を見てくれることになっているフィルは、私を乗せてソノラ砂漠の奥にあるキットピーク国立天文台に向かっていた。私の夏の研究プロジェクトの第一段階として、私たちはそこにある望遠鏡の一基を使って五夜、観測をすることになっていた。仕事として天文台を訪れるのははじめてだった。

何度かEメールをやりとりして、自分が赤色超巨星を研究することになっているのはわかっていた。赤色超巨星とは質量の大きな星で、太陽の八倍以上の質量を持つものをいう。その質量の大きさゆえに、ガスとダストから生まれた高温で青く光る若い星から、たった一〇〇〇万年という短期間で、燃えさしのように暗赤色に輝く状態になり、死に際の力を振り絞って元の大きさの何倍にも膨れあがる。これらの星は多くの場合、最後に内部崩壊を起こし、その反動で超新星として知られる爆発を起こしてその一生を終える。超新星は宇宙でもっとも明るく、膨大なエネルギーを放出する現象で、ブラックホールが形成されることもある。

フィルとは一月に一度だけ会っていた。そのとき私が天文学についてはじめて行なったプレゼンテーションを聞いて、フィルは私を夏の指導学生に選んでくれた。研究課題について最初に話をしたとき、フィルからは二つの選択肢を提示された。赤か青か。それは文字どおりの赤か青かという意味で、最期を迎える赤い星か、生まれたての青い星かということだった。どちらについてもあまり知識はなかったが、ブラックホールに魅力を感じていて、死にゆく星のほうがそれに近そうだったので、私は赤を選んだ。キットピーク天文台で、私はフィルといっしょに、私たちがいる天の川銀河にある赤色超巨星を一〇〇個ほど観測する予定になっていた。残りの夏は、そのデータを分析して、星の温度を計測し、こうした星がどのように進化して最期を遂げるのかという今なお解き明かされていない難問に、ほんの少しでも貢献したいと思っていた。

車のなかでおしゃべりをしながらフィルと仲良くなったが、私は窓の外に見える南アリゾナの砂漠にも目を奪われていた。太陽の熱と光が強烈で、マサチューセッツの瑞々《みずみず》しい春の新緑とはあまりにもかけ離れた光景だった。赤茶けた砂が広がり、サボテンが空に向かって伸び、空は青く晴れ渡っている。フィルは、ジェット機から流れる二筋の飛行機雲を指し、観測者として経験を積むと、あの長さを見てその夜の空の状態を予想できるようになると教えてくれた。ふわふわとした長い雲なら、大気中に湿気が多いということなので、星の光は遮られる。逆に短い雲なら、空気が乾燥して晴れ渡った夜空になる。私たちが見ていたジェット機のあとには短い雲があらわれていた。

フィルは天文台までの道を熟知していて、キットピークの四メートル望遠鏡が見えるタイミングを教えてくれた。一八階建てに相当する白いドームが、砂漠の太陽の強烈な光を浴びて輝いていた。そのなかにある望遠鏡は、一九七三年にファーストライト——完成した望遠鏡がはじめて夜空を観測すること——を行なってから、数十年間、近くの星から果てしなく遠くの銀河まであらゆる天体を観測してきた。

現代の望遠鏡の多くは、星からの光を集めるのに鏡を使っていて、そのもっとも基本的な特性は鏡の大きさで決まる。目的の天体に望遠鏡を向けたときに、鏡が大きいほうが、より大きな面積を使ってその星からの光を集めることができる（暗いところに行くと瞳孔が広がるのと同じ理屈だ）。鏡の端から端までの距離、つまり口径は映像の鮮明さも左右する。遠くの小さなものをきれいに撮影するのに、望遠レンズを使うのと同じことだ。一世紀以上前から、天文学の発展の中心には鏡の大きさの拡張があり、口径の大きさが、より遠くの宇宙を見るという望遠鏡の基本的な性能を規定してきた。こうして、鏡の大きさがその望遠鏡の特性を決めることになり、望遠鏡の名前の一部に組みこまれたり、あるいは名前そのものに使われるようになった。キットピークを代表する望遠鏡は「四メートル望遠鏡」と呼ばれている。

やがて車は不毛な景色の広がるルート八六号をそれ、山頂に向かう曲がりくねった道に入った。

だが、さらに砂漠を進んでいくとしか思えなかった。舗装された道が延び、ところどころに急カーブがあり、サボテン以外の生き物がいるようには見えない。天文台に向かっていることを示すのは、丘の間にときおり見える白いドームの曲線だけだった。そのうち、そこがふつうの山ではないことを示すものがあらわれた。山頂に近づくにつれ、標識が出てきて、夜間に運転するときにはハイビームを使わないようにと書かれていた。最後のほうは、山の暗闇を守るためにヘッドライト禁止となっていた。

現代の天文台は高地で、空気が乾燥して、人がいないところに建てられる。高地は空気が薄くなり、星とのあいだの気流の乱れが少なくなる。砂漠は空気中の水蒸気が少ないので、天候の面でも画像の質の面でも好条件となる。人が居住していないところに建てられる理由はわかりやすいだろう。世間から離れれば離れるほど、空は暗くなるからだ（とはいえ、現代では地球上でもっとも暗い場所でも光害から逃れようと苦慮している）。

キットピークはアメリカの南側の国境近くにあり、メキシコとの国境から五〇キロも離れていない。山は茶色い岩とずんぐりした木に覆われ、まわりの砂漠と見た目は変わらないが、違うところが二つある。長い稜線に眠れる巨人のごとく白いドームがいくつか鎮座していること、そして、目には見えないが、まさしく神聖な空気が山頂を覆っていることである。天文台が立つ土地の大部分は、先住民族の居留地トホノ・オオダム・ネーションにある。遠くにはバボキヴァリと呼ばれる、驚くほど望遠鏡のドームに似た形の岩がある。彼らによれば、それは宇宙の中心だという。

頂上に近づくにつれて、私はぼんやりと考えた。天文学者という職業はどういうものなのか。車から見えたような、露出した岩の上にポツンと立つ白いドームに格納された巨大な望遠鏡は思い描いていた。でも、それだけだった。細かいことはあまり考えていなかった。どこで寝るのか（日中？　そもそも寝る時間はあるのか？）。食事はどうするのか（食べ物を持ってくるべきだった？）。物資はどうやって運んでいるのだろう？　だが、そういうことはそのうちわかるだろうと思いなおし、頂上につくまでまわりの景色に意識を向けることにした。

マサチューセッツ州トーントン
一九八六年

先のことがわからないまま進むのは、これがはじめてではなかった。私は昔から「天文学者になりたい！」という思いだけをたよりに、あまり深く考えずに前に進んできた。

物心がついたときにはすでに宇宙に魅了されていたが、最初のきっかけは一九八六年のはじめ、ハレー彗星が地球に接近したときにさかのぼる。両親と兄と私はマサチューセッツ州トーントンの郊外に住んでいた。ニューイングランド地方南部の工業都市だが、車で少し走れば森があり、池やクランベリーが生える沼地があり、天体観測ができる暗さがあった。

両親はどちらも専門教育を受けた科学者ではなかった。私が生まれるまえ、二人は特別支援教育の教職の学位を取得していた。母は言語療法士として働いていたが、のちに図書館学の学位をとりに大学院に行き、トーントンの学校図書館に勤めて役職を上げていった。父も教職をとったが、個人事業主としてトラックの運転手をしながら、独学でコンピューターを学び、私が生まれるころには、ＩＴ担当者として保険会社で働いていた。

だが、二人とも科学者の気質があり、自分をとりまく世界に対して好奇心旺盛で、少しでも興味を持ったものはなんでも学びたいと思う人たちだった。父はノースイースタン大学で選択科目として天文学をとっていた。それで父は天文学に興味を持つようになり、のちにその情熱は母にも伝わった。

二人とも何かに夢中になると、とことん夢中になる性格だ。その何かが天文学だったとき、父はお金をかき集めて、オレンジ色のずんぐりした筒に口径二〇センチの鏡がついたセレストロン社の天体望遠鏡を買って裏庭に置いた。それを据える台を手作りし、さらに接眼レンズ、機材、ノートン星図といったものを収納する棚までつけた。一九八〇年にはじまったカール・セーガンのテレビ番組「コスモス」シリーズは、さらに二人を夢中にさせ、図書館員の母はセーガンの著作を買いこむようになった。一九八四年に私が生まれたときには、天文学はガーデニングや大工仕事、バードウォッチング、クラシック音楽と同じように、我が家にすっかり根づいていた。両親は兄と私に興味の選択肢をたくさん用意したいと考えていた。

それでも、私の天文学への興味を決定的にしたのは、一〇歳近く離れている兄のベンだった。兄妹でこのくらい年が離れていれば、自然と兄を英雄視する気持ちが芽生えるのだろう。兄は私がかっこいいと思うものすべてにおいて秀でていて、腰巾着のようにつきまとう私をうるさがることとなく、辛抱強く相手をしてくれた。ベンがバイオリンを習えば、私も習いたいと言った。ベンが科学コンテストに出ると言えば、私もおもちゃや家にあるものを使って「実験」をしようとした。ベンが歯列矯正器具をつければ、私もつけたいと言った（歯医者の椅子にすわってすぐに撤回した）。

一九八六年二月、私が一歳半だったとき、ベンは一一歳で、学校でハレー彗星の勉強をしていた。こうした課題はいつも家族のイベントとなるので、私たち家族四人は冬の寒い夜に裏庭に出て、お手製の台に二〇センチの望遠鏡を載せ、一生に一度という彗星接近を一目見ようとした（次回は二〇六一年）。両親によれば、私が暗闇を怖がって家のなかに戻ろうとぐずるのではないかと心配したが、杞憂だったという。それどころかすっかり夢中になり、口をあけて夜空を見上げ、喜んで望遠鏡をのぞいたらしい（今思えば、二歳にもならない幼児が望遠鏡をのぞいたなんて驚きだが、両親は誓って本当の話だと言っている）。しかも、ベンが観測しているあいだは家に戻るのを拒絶したというのだ。

天文学への愛は歯列矯正器具とは違って、私のなかにしっかりと根をおろした。私は小さいときからよく本を読んでいて、ハレー彗星を観測した数年後には、ジェフリー・T・ウィリアムズの『プラネトロン』という、宇宙船に変身するロボットといっしょに少年が宇宙を探検する冒険物語のおかげで、星団やブラックホールや光の速さについて知った。五歳のときのことをよく覚えている。本を読んで光のスピードがとても速いと知った私は、確認するために部屋の電気をつけたり消したりした。たしかにスイッチを入れるとすぐに電気がついた。ものすごく速いと思った。

その後、私は天文学の本をかたっぱしから読み、ミスター・ウィザードやビル・ナイがやっている科学番組を見て、科学者や宇宙が出てくる映画はすべて観るようになった。特に好きだったのは、科学者が魅力的に見えた「ツイスター」だ。スクリーンのなかの竜巻の研究者たちはすごい研究をしていて、それを楽しんでいたし、主人公の女性は泥のなかを転がりながらも科学に夢中で、それなのに映画の最後はすてきなキスで終わるのだ（キャリアと恋のどちらか一つを選ばなければならない女性を描いたたくさんの映画のおかげで、この組み合わせの難しさはわかっていた）。

両親は私の宇宙への興味を伸ばすためにいろいろしてくれたが、天文学者がどういう職業なのかを知る機会は身近にはなかった。天文学者どころか、研究を職業としている知り合いもいなかったし、親戚はみな聡明でエネルギーに満ちた人たちだったが、博士号を持っている人も、そういう職業について知っている人もいなかった。四人の祖父母は若いころは勉学に励む学生だったが、家計を助けるために学校をやめて地元の工場で働いた。母方の祖母はとくにこのことを悔しく思っていて、学校をやめる日には泣いたという。のちに高校に戻り、祖父といっしょに卒業し、准看護師の道に進んで、町の大きな銀工場で働く祖父といっしょに五人の子どもを育てた。両親やおじとおばたちは大学まで行き、熱心に勉強したが、取得した学位は工学や保険数理学、教職といった仕事に直結するものばかりだった。並々ならぬ好奇心と学ぶ意欲に満ちた明るい家族だったが、天文学のような実務的ではない学問でどのようなキャリアを築けばいいのか、わかる人はいなかった。

一度、天文学者と話をしたことがある。自宅から車で二〇分ほど行ったところに、規模は大きくないが、すぐれた教育を行なうウィートン大学がある。七歳のときに、その大学のキャンパスにある天文台で公開天体観測があり、私は両親に連れて行ってもらい、そこでイベントを主催した教授を見つけて、将来は天文学者になりたいと言った。教授はしゃがみこんで私の目を見て言った。「できるだけたくさん数学を勉強しなさい」私はまっすぐに見つめ返し、「わかった」と答えた。それ以来、数学が勉強の中心になった。私は数学を一年、また一年と飛び級し、数年間は幾何学を受けに高校に、それ以外は中学校にとバスで行ったり来たりの生活を送ることになった。

一九九四年七月、シューメーカー・レヴィ第九彗星が木星に衝突するという大ニュースが飛び込んできた。衝突のときが近づくにつれて、天文学の世界の内外で衝突後に木星に何が起こるか、さまざまな推測がなされた。その衝突をとらえることができるだろうか。ハッブル宇宙望遠鏡が観測することになっていたが、何が見えるかは誰にもわからなかった。

衝突後すぐに、期待をはるかに超える画像が撮れたというニュースが流れた。衝突は木星の下側の表面に暗褐色の傷跡をはっきりと残していた。このときボルチモアの宇宙望遠鏡科学研究所で、天文学者たちがモニターを囲んで興奮に沸いている写真を何回も見たのを覚えている。人々の中心には、ハイディ・ハメルという眼鏡をかけた若い女性がすわっていて、木星の画像が入ってきたときに仲間たちと喜んでいた。父と私はすぐに裏庭に望遠鏡を持ちだして、木星に傷がついているのを実際に見たが、私の心に残ったのは、興奮する天文学者たちのほうだった。あの人たちは私と同じように天文学を愛していて、それを仕事にしていて、喜びを分かちあっている。私もその一人になれるかもしれない。

このことは深く心に刻まれた。自分を応援してくれる家族がいて、自分自身は科学を楽しんでいたものの、その一方で孤独を感じ、満たされない思いを抱えていたからだ。学校には、ニコロデオンのテレビ番組より天文学が好きで、バレエやサッカーではなくバイオリンを習い、数学の授業を受けに、学校を抜け出す子どもは私のほかにいなかった。ウォークマンでクラシック音楽を聴き、人気のテレビ番組や映画の代わりにイカのドキュメンタリーを見て、流行りにかかわらず、くたびれたカーゴパンツに数学のジョークが書かれたＴシャツを好んで着る。自分が変わった子どもであることはわかっていた。ひとりぼっちは嫌だった。友だちがほしかった。ほかの子と遊んだり、冒険したり、きらきら光るマニキュアを塗ってみたり、流行りの厚底サンダルを履いてみたりしたかった。でもだからといって、自分を捨てたくはなかった。宇宙や数学への興味をわかちあえる友だちがほしかった。私は世界的に有名な天体物理学者になりたかったし、火星に行くはじめての女性になりたかったし、次のカール・セーガンになりたかった。だけど、デートに出かけたり、キスをされたり、想像した冒険を誰かと共有したりもしたかった。ありえない話だとは思わなかった。世界には私のような子どもがほかにもいるはずだ。

そう思えたのは、サマーキャンプのおかげだった。七年生のときＳＡＴのスコアを満たした私は、ジョンズ・ホプキンス大学のセンター・フォー・タレンテッド・ユースのサマープログラムに参加することになった。そこではじめて自分と同じような子どもたちに会った。モーツァルトのバイオリン協奏曲を弾けたり、三角法を学んだりするのはかっこいいと思う子どもたちだ。九年生以降のプログラムでは、天文学のクラスをとった。そこはクラスの全員が天文学を好きという、それまで経験したことのない夢のような場所だった。仲間がそこにいた。ただ話しかければよかった。こうした夏の経験や、科学フェア、音楽のレッスン、ＡＰプログラム（高校生に大学レベルのカリキュラムや試験を提供するプログラム）に費やした時間が、私を究極のオタクの聖地と言われる大学へと導いた。

MIT合格を知ったとき、部屋には親戚一同が集まっていた。みなちょうどボストンから戻ったところだった。いとこのネイサンと私が州代表の集まる音楽祭でサクソフォンとバイオリンを演奏し、一族の習いとして親族二〇人でシンフォニーホールで演奏を聴いたあと、みなで私の家に来てピザを食べながら慰労してくれたのだ。みなで盛りあがるなか、私は服を着替えてから、裸足で郵便を取りに行った。MITの早期出願の結果は保留だったので、ほとんどあきらめていた。だから、MITからの分厚い封筒を見てもとくに何も思わなかった。マサチューセッツに住んでいるのだから、MITのパンフレットや何かのプログラムの案内が来てもおかしくはない。封筒を持って家に戻ると、それに気づいた何人かがすぐにここで開けるように促した。出てきたフォルダーの表紙には「二〇〇六年卒業（予定）生へ、合格おめでとう」と書かれていた。私は驚きのあまりぽかんと見つめ、みなが歓声をあげた。両親も兄も大喜びして、いとこもおじもおばも大騒ぎだった。一方、一族の心のよりどころである祖父は、最強のカードを手にしたときによくするように、背筋を伸ばしてベルトを引きあげ、ゆっくりと満面の笑みを浮かべた。祖父は孫たちはいずれ世界を変える天才だと信じていたので、私が手にした封筒に一人だけ驚いていなかった。人生を変える出来事はあとからあれがそうだったと思うことはあっても、その瞬間に思うことはめったにない。だが、このときはこの先の人生が変わるのをはっきりと意識した。

物理学を学んで天文学者になるという私の宣言に、みなは不安まじりの応援で応じた。「それはすごい！　がんばって！　それでどんな仕事につけるの？」どうやら私のいないところで、物理学のような抽象的で難解なものを専攻して将来どうなるのか、というような会話がされていたらしい。工学や生物学といった科目なら、少なくともゴールは明確だし、就職のあてもある。しかし、物理学者のキャリアパスを描ける人は私自身をふくめて誰もいなかった。天体物理学となるとさらに想像がつかなかった。最終的には兄のベンが、卒業すればＭＩＴの物理学の学位がとれるんだから、きっと誰か雇ってくれるよ、と言ってその場をおさめてくれた。

こうして私は物理学の学位取得を目指すことになった。できればその過程で天文学者が何をしているか知りたいと思った。

キットピーク国立天文台、アリゾナ州
二〇〇四年五月

キットピークの山頂に着いて、宿泊所であわただしくチェックインを済ませ、簡素だが快適に過ごせそうな部屋を見たあと、フィルは山を案内してくれた。最初に訪れたのは車から見えた四メートル望遠鏡だった。建物のドアに向かって歩きながら、超高層建築のような高さだと思ったが、あとからこの望遠鏡は今の基準でいえば小型に近いということを知った。

望遠鏡といえばどのようなものを思い描くだろうか。ほとんどの人は裏庭に三脚を置いてその上に載せたものや、もっと古いタイプで、海賊が目に押しあてたようなガリレオ式の望遠鏡をバルコ

ニーでのぞくところを思い浮かべるのではないだろうか。あるいは、ドームから望遠鏡の筒が飛び出ているところを思い浮かべる人もいるかもしれない。

ハワイのマウナケア山に二基並ぶ、一〇メートル鏡を持つ巨大なケック望遠鏡や、プエルトリコの丘陵地帯に巨大な金属製の皿が置かれたように見えるアレシボ電波望遠鏡を思い浮かべる人はあまりいないだろう。小さな裏庭の望遠鏡と、ニューメキシコ州の電波天文台に並ぶ超大型干渉電波望遠鏡（ＶＬＡ）の巨大な皿形のアンテナを見て、その基本的な仕組みが同じだとはなかなか思えないのではないだろうか。

ところが、実際は同じなのだ。地上に建設される現代の望遠鏡は、単純に光を観測している。そして、そのために鏡を使っている。主鏡と呼ばれる湾曲したメインの鏡は、望遠鏡が向けた先から光を集め、それを反射させる。光はカメラやさらに反射させるためのほかの鏡に向かい、星の暗い光を集めるために特別につくられた世界最高の機器に到達する。

望遠鏡は可動式の台の上に据えられ、目的の天体に照準を合わせたまま地球の動きに合わせて動くようになっている。人間の目と同じように光を観測する光学望遠鏡は、外の光を遮断するためにドームのなかに格納されている。ドームの天井は開くように設計されていて、大きく開いたスリットから望遠鏡は空を観測し、望遠鏡の動きに合わせて開口部も動く。望遠鏡がどこに向けられようと、開口部は観測する空の範囲を保つ。

フィルといっしょに四メートル望遠鏡のドームに足を踏みいれると、あたりは静まり返っていて、砂漠の日射しにさらされた目には余計に暗く感じた。照明はついていなかったが、ドーム側面の大きな通風孔が開いていて、そこから光が射しこみ、風が吹き抜け、内部は涼しく保たれていた。通風孔がなければ、ドーム全体が焼かれて午後には内部は相当熱くなり、日が沈んでも、温度が下がるまでには時間がかかるはずだ。そのあいだ目には見えない熱が空に向かって上がり、ちょうど夏の暑い日に舗装道路上の空気が揺れて見えるように、望遠鏡の上の空気も攪拌《かくはん》され、観測の妨げになるだろう。静かな機械音が聞こえ、ときおりきしむような音も交じる。古いモーターオイルや潤滑剤のにおいは壁にしみついているようだ。

望遠鏡は閉じられたドーム中央にあり、明るい青色に塗られた巨大なコンクリートの支持構造物の上に据えつけられている。オレンジ色の筒に収められた実家のセレストロン社の望遠鏡と違って、この望遠鏡は、現代のほとんどの望遠鏡と同じように、大部分が開放されている。もっとも重要な部分であり、望遠鏡の名前にもなった直径四メートルの鏡は、大きな白い台に搭載され、金属の骨組みに吊るされた小さな副鏡に向けられている。それはたしかに大きな望遠鏡だったが、巨大なドームのなかでは小さく見えた。階段と通路の先にはプラットホームがあり、壁にはドームの外を一周するキャットウォークに出るドアがある。スリットを開閉する内部の機械も含めて、ドームは光沢のある金属製のパネルで覆われている。

それは漫画によく描かれる、ドームの開口部から筒が出る巨大な望遠鏡とは違った。後ろに接眼レンズもないし、観測者がすわる椅子もない。接眼レンズがありそうな後部にはケーブルの塊と、デジタルカメラや観測のための機器を収納した金属の箱がある。

ドームのなかを、白衣を着た人が資料やノートを抱えて走りまわっていたりもしない。私たちが見たのは、日中の天文台を担当するスタッフで、彼らはダンガリーのシャツやTシャツを着て、クリップボードではなく道具箱を持って、望遠鏡が問題なく動くように日常の保守を行なっていた。星図もなければ、書類が散らばっていることもなかった。印象としては、無菌の研究室というよりは、ガレージか建設現場といったところだ。この日の午後は、通風孔もドームの開口部も開いて青い空が見え、望遠鏡の内部は、ショーがある日の劇場のステージの午後を思わせた。完全に空っぽではなく、完全に静かでもない。着々と準備を進めているという雰囲気が漂っていた。スタッフが出たり入ったりして、そのたびに光が入ってくる。この場所は夜の訪れを待っている。ショーがはじまるのを、そして（文字どおりの）星《スター》が登場するのを待っている。天文学には舞台から借用した用語がある。望遠鏡を利用する時間は「ラン」といい、「来週は三日間ランが予定されている」というように使う。

夜、望遠鏡が観測しているときには、ドームのなかは無人となる。空から降ってくる光は主鏡がとらえて、副鏡に反射させ、装置によって集められる。それは直ちにデジタルデータに変換され、目立たないドアの向こうにある「暖かい部屋」のコンピューターに送られる。そこでは、観測者（天文学者）と望遠鏡のオペレーター（巨大な望遠鏡を操作する特別な訓練を受けた人）がすわってデータを待っている。ドームのなかは寒くて暗くて、ほとんど静まりかえっていて、観測対象を切り替えるときだけ、ドームを回転させる機械音と望遠鏡が動く音が響く。

四メートル望遠鏡のドームを出て、私たちはほかのドームを訪ねるために山を歩いた。そのとき、私ははじめてまわりの景色をじっくり見た。信じられないほど静かで、何もかもが静止していた。

眼下には乾いた荒れ地が広がり、遠くに見える山々は青みがかったかすみに溶けこんでいる。ときおり山頂より低いところを飛ぶヒメコンドルだけが、景色に動きを加えていた。岩と樹木のあいだに散らばっている望遠鏡は、音を立てることもなく座していて、建造物というよりは山の一部のように見えた。私は内心興奮していたが、自分のまわりのすべてが不動であることに感じ入った。天文台がある山頂は、眠れる巨人が準備を整えながら夜の訪れを静かに待つ場所だった。

マサチューセッツ州ケンブリッジ
二〇〇二年九月

ＭＩＴに入学した私は、まわりに数千人の科学を愛するオタクがいることをうれしく思いながら、すぐに物理学を専攻する手続きをした。ところが、一つ問題があった。大学に入るまで物理の授業を受けたことがなかったのだ。

カール・セーガンや『プラネトロン』のおかげで、物理について読んでいたし、重力や星の動き、さらに相対性理論らしきものについて多少の知識はあったが、当時の私は動くバネの裏にある数学を語ることも、摩擦を示す方程式を導くことも、電気と磁力の関係を説明することもできなかった。だが、物理学は天文学者への第一歩。専攻するしかない。

私は、さえない主人公ががんばって目標を達成する映画――大学に入るまえの年には「キューテイ・ブロンド」が公開されていた――をたくさん観てきたので、これは願ったり叶ったりの状況じゃないかと思った。「一生懸命やれば、きっと大丈夫！　上級物理学入門のクラスをとろう。真剣な顔で取り組んで気合のプレイリストがあれば、きっとうまくいく！」だが、私は忘れていた。あいった映画では、主人公ががんばっているシーンは、バックのドラムの音とともに二分くらいにまとめられているものだということを。実際には、夜中の二時まで起きて勉強する日々が続き、たくさんの書類に囲まれて床にひっくり返ったり、疲れて視界がぼんやりしたり、なんとか宿題のつじつまを合わせようとしたり、勉強グループのなかでよくわかっている人にまだ寝ないでと懇願したりした。物理学は大変だった。本当に本当に大変だった。

唯一の慰めといえば、誰にとっても大変だったことだ。忘れられないシーンがある。私は上級物理学入門のクラスでフランク・ウィルチェック教授の講義を受けていた。教授は、二年後には量子色力学の研究でノーベル賞を受賞する、すばらしい教師であり科学者だったが、ときどき自分が新入生にくらべていかに頭がいいかを忘れてしまうことがあった。ある日、教授は二枚の黒板の上から下までを化け物みたいな数式で埋めてから、振り返って真顔で言った。「このわかりやすさに騙されないように」わかりやすいですって？　講義に出ていた学生全員の頭の上に「お・手・上・げ」と書かれた吹き出しが見えるような気がした。

それでも私はMITが好きだった。議論を戦わせたり、夜中の二時まで助けあいながらいっしょに宿題をやったりしているうちに、生涯の友人ができた。そのうえ、時間をつくって生まれてはじめてのパーティーに参加し、月明かりのキャンパスを探索し、同じく新入生のデイヴとつきあいはじめた。コロラド州出身で、スポーツ情報科学を専攻するデイヴとは、微分積分学と化学のクラスでいっしょになった。私の天文学とプログラミングへの情熱は、彼の目には女らしさを損なうものではなく、魅力と映るようだった。私たちはすぐに意気投合し、彼は私を殻から引っ張りだしてくれた。頭がいいからという理由で敬遠されていた中学高校の閉鎖的な世界とは別世界にいるのだ、と気づかせてくれたのは彼だった。

私が暮らした学生寮は、寮のなかでもとくに既成の枠にはまらない変わり者が集結し、やりたい放題やっていた。到着したときには、住人たちは忙しそうに、最終的には四階建て以上の高さになる巨大な木造の塔をつくっていた。のちにケンブリッジの建築基準法に違反することがわかったため、学生たちは数日間のぼったり、頂上から水風船を投げたりして遊んだあと（構造的にはきわめて強固にできていた。それはそうだろう。MITの学生がつくったのだから）、盛大なファンファーレとともに、高さを低くする作業にとりかかった。私も四年のあいだにいろいろ手伝った。巨大な石投げのパチンコに、人間が入れる大きさのハムスターの回し車、果てはジェットコースターまでつくった。すべては純粋に楽しむためのもので、主にツーバイフォーの木材と楽観主義から生まれていた。私はMITに来てはじめて、輝かしい場所へ向かう道には、ところどころに常識から外れた曲がり角もあると知った。世界でもっとも難しい科学や工学の授業で苦しんでいるにもかかわらず（というより、苦しんでいるからこそ）、私たちはほかの大学では経験できないことを経験しているということを早いうちから理解した。

こうした生活を通して、学業は大変だったが、MITは自分にとって正しい場所だということはわかっていた。仕事内容についてはぼんやりとしたイメージしか持っていなかったが、私は天文学者になりたかった。ほとんどの天文学者は博士号を持っていたので学生生活は長くなること、それからどこかの時点で巨大望遠鏡を使うことになることはわかっていたが、それ以外の詳細は不明だった。公共放送のPBSや映画のなかの天文学者を見て、彼らがドームのなかの巨大な望遠鏡の後ろにすわっているところを想像した。そうすればできるのだろう……何かが。面白そうだと思ったし、実家の裏庭の望遠鏡が大好きだったので、そのときが来たらきっとわかるだろうと楽しみにすることにした。

二年目の秋、私はジム・エリオットの観測天文学のクラスを受講した。本人の希望で、ドクター・エリオットではなく、ジムと呼ばれていたこともあって、最初のうちはこの講義の本当の価値がわかっていなかった。ジムは観測天文学の礎を築いたパイオニアでレジェンドだった。ジムの話を聞いていると、まるで無鉄砲なカウボーイが天文学の世界で繰り広げる冒険譚を聞いているような気がした。航空機の開いた扉から観測するカイパー空中天文台で天王星の環と冥王星の大気を発見し、このクラスを通じて有名な天文学者を何人も育ててきた。その評判は、クラスで学生が接する謙虚で親しみやすい人柄とは一致しなかった。六〇代はじめのジムは、観測初心者の私たちに対して穏やかな口調で指導し、望遠鏡の基本的な仕組みを教えてくれた。だが、その観測にまつわる冒険物語には驚かされた。私は天文学者というのは、ドーム内の安全な場所にすわって、あるいはコンピューターに向かって仕事をするものだと思っていた。科学者であると同時に冒険者になれるというのは、新鮮で魅力的な考えだった。

講義の一環として、ジムは私たちをマサチューセッツ州ウェストフォードに連れていき、小さなジョージ・R・ウォレス・ジュニア天体物理観測所で実習を行なった。ボストンから一時間もかからないウェストフォードの空は真っ暗というわけではなく、実際のところ、子どものときの裏庭とあまり変わらなかったが、それは本物の天文台で、六一センチと四一センチの鏡を持つ望遠鏡がそれぞれドームに格納され、デジタル検出器を備えた三六センチの望遠鏡が四基、小屋のなかにあった。私たちが観測のグループ実習で使ったのは三六センチのものだった。手順はプロの研究者とほぼ同じで、短い観測時間のために数週間前から準備し、望遠鏡で数時間分のデータを取得し、その後自宅で数週間かけて分析する。二、三回観測に行けば、その学期のプロジェクトを完成させるのに必要なデータは手に入る。プロの場合は、数日観測すれば、数カ月の仕事に値するデータを取得でき、論文も一本か二本は書ける。天文学者は世間の人が思うより望遠鏡のもとで過ごす時間は短く、データと格闘している時間が長い、ということを学んだ。

この割合にとくに不満はなかった。ジムのクラスをとるとき、私は自分が観測を主体にした天文学者になりたいのかどうかわかっていなかった。私はラジオを分解して楽しむタイプの子どもではなかったし、望遠鏡の照準をどのように合わせるかということよりも、望遠鏡の先に何があるかということのほうに興味があった。だから、天体について純粋に考える、つまり理論のほうが向いていると思っていた（椅子の背に体をあずけながらブラックホールの謎に思いを巡らす、といった図を想像していた）。内心では、星の物理を解明する仕事のほうが、巨大な機械をいじるただのエンジニアの仕事よりも高尚だと思っていた（私はなんでもわかっているという一九歳の生意気な顔を想像してほしい)。

たった一夜の観測で私は夢中になった。すべてが気に入った。準備を整えて、冷えこんだ秋の夜に向きあうのも、日誌と古いコンピューターと懐中電灯をかじかむ指でなんとかするのも、梯子《はしご》をのぼって目的の天体に合わせるべく望遠鏡と格闘するのも楽しかった。すべてがうまくいったときには、急いで梯子をおりて、小屋のなかの赤い光のもとで(天文台では、暗闇に慣れた観測者の目を守るために暗赤色の照明が使われることが多い)、新しいデータや自分の走り書きを確認しようとした。このときのわくわくした気持ちもたまらなかった。

忘れられない思い出がある。冷えこみの厳しい一一月のある夜、一〇代の代謝のよさをいいことに、リーセスのピーナッツバターカップを次々にほおばりながら、ファインダーをのぞいていると、隕石が落ちるのが映ったのだ。私が望遠鏡で切り取っているのは、空のほんの一部でしかない。接眼レンズをのぞいたその瞬間に星が流れる確率はゼロに近いだろう。叫び声をあげた記憶も、何か言った記憶も、動いた記憶もない。ただ梯子に立ちつくし、望遠鏡を通して自分が見たものをかみしめた。

私は思った。これはいい仕事だ。

キットピーク国立天文台、アリゾナ州
二〇〇四年五月

フィルと私は日が沈むまえに、その夜そこで観測するほかの研究者やオペレーターといっしょに夕食をとった。みな食事をはじめるまえに、事前に頼んでおいた夜中用の食事を受けとる。観測者のスケジュールでは、夕食はその日二回目の食事となり、夜中の一二時か一時ごろに三回目の最後の食事をとる。これは「夜のランチ」と呼ばれる。サンドイッチやクッキー、ココアかスープといった簡単なものだが、朝まで乗りきるためのエネルギー源となる。

私がテーブルにつくと、フィルははじめて観測する学生だと言って私を紹介した。それは目には見えない何かの合図となってみなに伝わったようで、みなそろって私を歓迎して、良い夜になるといいね、と言ってくれたり、ちょっとしたコツを教えてくれたりしたが、すぐに昔話や逸話の披露大会になった。

「午前三時ごろになるとみんなすごく疲れてくるから、おかしなことをしてしまうんだよ。ある人は一人で観測していて、間違ってトイレに自分を閉じこめてしまったんだ。観測時間を三〇分も失ってから、ようやく出られたって。あれってここの話だっけ？」

「さあ、どうかな。でも太陽望遠鏡で、光線に紙きれを差しこんだ人がいるのは知ってる。ふつうの望遠鏡で焦点画像を確認するために使うのはわかるけど、そいつは太陽光線に紙を差しいれたんだよ。すぐに火がついたって」

「サソリに気をつけて。少しまえに刺された人がいるから！　観測しているときにパンツの裾からあがってきたんだって。たしかトゥーソンまでヘリで運んだんじゃなかった？」

サソリの話に私の顔が青くなったのだと思う（マサチューセッツでは最悪でもスズメバチかゴキブリだ）。それを見て一人が同じような話を続けた。「サソリもこわいけどね、スティーヴとアライグマの話を聞いたことがある？　二・五メートルで観測しているときにいきなり膝に飛び乗ってきたんだって」二・五メートル？「叫び声が一・五メートル望遠鏡まで聞こえたってさ」それってどこ？

「動物の話はもういいって。それよりテキサスで望遠鏡が撃たれた話は？」望遠鏡が撃たれた？

こうした話が延々と続いた。

（サソリに刺された話は本当だが、ヘリコプターで運ばれてはいない。太陽望遠鏡に紙きれをセットした人がいるのは本当だが、場所はキットピークではない。スティーヴはウィルソン山天文台の二・五メートル望遠鏡で観測をしているときに人なれしたアライグマに遭遇したが、パンツの裾を引っ張られただけで、絶対に叫んでいないと言っている。一方で、トイレに自分を閉じこめた話は本当で、のちに本人の論文に明記された。そして、テキサスには本当に撃たれた望遠鏡がある）

こうして私は天文学の壮大な面白い話（ときどき誇張された話が交じる）にはじめて接した。サソリの話は別として、こうした話を一晩中聞いていたいと思うと同時に、すぐにでも望遠鏡のところに飛んでいって、自分自身の物語もつくりたいと思った。

マサチューセッツ州ケンブリッジ
二〇〇四年一月

ジムの天文学の流儀にすっかりはまってしまった私は、MITに戻って、観測で得た興奮をときどき思い出しながら、物理学のいばらの道を突き進んでいった。クラスのほとんどの人は私と同じ船に乗っている――高校時代には余裕でAをとっていたのに、今では苦労に苦労を重ねてようやくCかBをもらえる――という事実にいくらか慰められたものの、大変であることに変わりはなかった。

幸いジムのクラスと、ジムが募集をかけるのと同時に申し込んだ翌冬の野外実習ではAをもらうことができた。一月、ジムは少数の学生をアリゾナ州フラッグスタッフにあるローウェル天文台に連れていった。そこで私たちは地元の指導教官といっしょに研究したり、地域を探索したりすることになっていた（ジムは参加した学生全員をグランドキャニオンに連れていき、コロラド川近くでキャンプをしていっしょに星を見て、翌朝にはパンケーキを焼いてくれた）。ローウェル天文台では、私はサリー・ウイという若い天文学者と組むことになった。私には少々畏れ多い人物だった。彼女はその少しまえに権威ある研究賞をもらい、助成金を獲得していた。その一方で、気取ったところはなく、私と同じようにショートカットでカーゴパンツをはいているような女性で、新たに生まれる星の種となる銀河の水素ガスを研究するという私たちのプロジェクトには強い関心を示した。

サリーはこの一月はよく出張していたので（駆け出しの研究者の生活というものを早々に学ん

だ)、私は喜んで彼女のオフィスにこもって、彼女から与えられたデータや課題に取り組んだ。数週間後、私は発見した結果を意気揚々と報告した。なぜか私は人前で話をするのが好きで、得意だった。舞台でバイオリンを弾いたり、演劇部にいたからではないかと思う。ローウェルにいたフィル・マッシーは、私の研究発表を評価してくれたようで、ローウェルの夏のインターンシップに申し込んだときに、指導学生に選んでくれた。

研究者としては幸先のいいスタートだった。夏のプロジェクトに取り組むにあたってあまり深く考えずに決めた赤か青かの選択は、星の最期というその後一五年にわたる私の研究テーマと、フィルとの生涯の友情の出発点となった。当時は二人とも知らなかったが、夏の観測リストのなかには、これまで観測されたなかでもっとも大きな恒星が三つ含まれていた。それらは記録的な大きさの赤色超巨星で、もし太陽系の中心に置いたら木星の軌道をゆうに超えるだろうという規模だった。二カ月という短期間で観測、データ分析をこなし、恒星物理学の基本を学んだ末に得た大発見は、世界的に注目され、私の最初の論文の一部となった。刺激的な研究に後押しされながら、私はMITで物理学の学士号を取得し、ハワイ大学で天文学の博士号を取得した(一九九四年の彗星の木星衝突を観測してテレビに映っていたハイディ・ハメルと、期せずして同じ軌跡をたどっていた)。卒業後は、厳しい競争を勝ち抜いて、コロラド大学で研究者として働き、その後はワシントン大学の教授に就任した。

夏の研究のためにトゥーソン行きの飛行機に乗りこんだときには、どれひとつとして予想していなかったことだ。あのときわかっていたのは、自分がどうしようもないほど宇宙が好きで、研究できることを証明するチャンスを求めていて、そして二カ月間のキットピークでの本物の観測を通して、とうとう実際の天文学者を理解するときが来たということだった。

キットピーク国立天文台、アリゾナ州
二〇〇四年五月

キットピークでの夕食を終えると、みなはそれぞれの望遠鏡に向かうまえに、外に出ていっしょに夕日を見つめた。天文学者の昔からの伝統だ。なぜそうするのかと訊かれれば、夜間の天候や空の状態を予想するため、といった科学的な理由をあげることはできるが、本当の理由はただ美しいからだ。果てしなく広がるように見える地球が、ゆっくりと回転しながらもっとも近い恒星から離れていくなかで、人のいない山の上に立つ。それは夜がはじまるときの広大さと静けさと色を味わうすばらしい時間だ。夕方のこの時間には、地球のあちこちで、かならず天文学者が数人集まってドームのキャットウォークや、中庭、あるいは何もない場所で、仕事の手をとめてこの空の美しさを眺めているはずだ。

私の隣に立っていた人は、グリーンフラッシュを見逃さないようにと言った。グリーンフラッシュとは、まっすぐでくっきりとした地平線に沈むときに見える視覚現象だという。大気は太陽光が通りすぎるときに光を曲げて――屈折という現象で望遠鏡のしくみの基礎となっている――様々な

色に分解する。この屈折により、太陽が地平線に沈む最後の瞬間に、緑色の光を観測者に届けることがある。このとき太陽の最後の輝きは明るい緑色を帯びて見える。「チリのほうが見える確率は高いけどね」一人の言葉にまわりにいた人たちはみな頷《うなず》いた。「太平洋を望めるから。ここだと厳しいのよ」それでもみなこの砂漠で一度は見たことがあると言った。

この日はグリーンフラッシュを見ることはできなかったが、夕日は信じられないほど美しかった。雲が燃え立つように輝いたり、赤い光が霞《かすみ》を貫いたりする夕暮れとは違って、キットピークの夕日はおだやかで、それでいて見ていて胸が高鳴るものだった。山が太陽からゆっくりと離れるにつれて、赤みがかったオレンジ色は地平線に消えていく。その上には淡い青、それから深い青が層をなして広がっている。空には飛行機雲どころか、雲ひとつなく、暗くなるにつれて徐々に色が変容していき、やがて星が見えはじめた。天文学者にとって完璧な夕暮れで、そこにいた誰かが言った。

「今夜は良い夜になる」

✶第2章　主焦点

ジョージ・ウォーラーステインは二〇一六年一月、天体観測生活六〇周年を、みなの予想どおり、観測しながら迎えた。ジョージは八六歳で、公には引退していたが、それは大学での肩書きの話であり、名誉教授の称号は誇らしく思っていたかもしれないが、ワシントン大学の天文学部にはほぼ毎日通っていたのだ。ちょうど六〇年前、ジョージは大学院生として、カリフォルニア州のウィルソン山天文台で、寒さに震えながら暗いドームのなかで、適当な大きさにあつらえた写真乾板を不慣れな手つきで望遠鏡後部のカメラにセットして、はじめて観測にのぞんだ。二〇一六年の観測は、暖かくて居心地の良いシアトルの自分のオフィスで、ニューメキシコ州のアパッチポイント天文台の望遠鏡からインターネット経由でデジタルデータをダウンロードして行なわれた。この夜ジョージは、観測生活のうち三〇年は乾板で、三〇年はデジタルカメラを使ってきたと語った。それはまさに天文学の世界の技術進化を反映していた。

六〇年目の記念として観測する日と、はじめて観測した日が一致するというのは、実はありそうであまりない。天文学者についてのいちばんの誤解は、彼らが夜行性で、毎晩望遠鏡のもとで仕事をしているという認識だろう。こうして浮世離れした科学者という一般的なイメージが出来上がる。

たとえばこんな感じだ。暗い部屋からときどき姿を見せてはコーヒーや食べ物を口にし、太陽の光に目を細めながらきょろきょろとあたりを見回してから、またコントロール室に戻っていき、そこで宇宙ビデオゲームでもするかのように、空に望遠鏡を向けて適当に動かし、何かが起こるのをじっと待つ。

現実はまったく違う。望遠鏡にかかわる時間は短く、研究者にとっては貴重なものだ。研究対象は遠く離れているため、研究室に運んできてつついてみるというわけにはいかない。研究者ができることは観測することだけで、それを可能にしてくれるのは世界有数の天文台だけである。需要は大きい。天文学者は少ないが、天文台はもっと少なく、最高の望遠鏡は世界に一〇〇基もない。こうした望遠鏡の一つを一晩でも使えれば、何カ月も研究したいと思ってきた恒星や銀河を観測する機会を得られる。観測が成功すれば、対象天体から放出されて宇宙を旅してきた光のかけら――光子――を手にすることができる。データを入手したあとは、日中の研究室にひっこみ、数週間あるいは数カ月かけてデータの裏にある基礎的な科学を解明しようとコンピューターを前に格闘し、次なる疑問の答えを求めてまた望遠鏡のもとへ向かう。

毎晩望遠鏡のもとでしゃがみこんでいる夜行性のオタクという一般的なイメージは、ほとんどの天文学者には当てはまらない。とくにジョージはそうだ。たしかにジョージはオタクのなかでも最高峰に位置する保証書つきの科学オタクだ。二〇〇二年には、天体の化学についての長年の研究が評価され、アメリカ天文学会からヘンリー・ノリス・ラッセル講師職を受けている。しかし、その控えめな見た目と態度（小柄で細く、ふさふさのあごひげを生やし、いつも目に笑みをたたえている）に反して、彼に関する話として聞こえてくるのは研究室内での話ではなく、その冒険譚である。

ジョージは一九三〇年、株価が大暴落した数カ月後にニューヨーク市で生まれた。ドイツ移民の息子である彼は、ブラウン大学で学士号を取得し、朝鮮戦争のときには海軍に従事し、その後、カリフォルニア工科大学で天文学の博士号を取った。六〇年以上たっても、現役の研究者として星の大気中の成分を研究し、毎年入ってくる学部生を数々の逸話で驚かせている。ジョージはボクシングのチャンピオンであり、パイロットであり、登山家であり、賞をもらったこともある人道主義者である。個人で数百万ドルの資金を集めたとして、二〇〇四年、彼は黒人大学基金連合（ＵＮＣＦ）の会長賞を受賞した。また、全米有色人種地位向上協議会（ＮＡＡＣＰ）の法的弁護および教育基金に対して一九六〇年代のはじめから支援をしている。正真正銘のフォトグラフィック・メモリーとすばらしいユーモアのセンスという無敵の組み合わせの持ち主でもある。研究の議論の場では、一九三〇年代までさかのぼって論文の結論を記憶から引きだすことができ、さらにはその研究を実施した者の話まで一つ二つ披露する。

ジョージが観測してきたこの六〇年のあいだに、技術は進歩し、デジタル革命が起き、それとともに天文学のありかたは大きく変化した。現在の観測方法は、半世紀前のものとは大きく異なる。データは壊れやすいガラスのプレートではなく、デジタルで保管され、望遠鏡はドームのなかで手動で操作されるのではなく、遠隔で、あるいは自動で操作される。インターネットのおかげで、観測者は参照データをダウンロードしたり、リアルタイムで仲間とやりとりしたり、曇りの夜でも世界の果てから配信されるユーチューブを見て過ごしたりできる。だが、時代を経ても変わらないものもある。夜空と望遠鏡とともにある天文台には、つねに張り詰めた空気が漂っている。それは遠い宇宙から地球に届く光と、その瞬間をとらえようと奮闘する科学者のあいだの緊張感である。

天文学のはじまりと言われて、ガリレオが小さな望遠鏡を空に向けたところを思い浮かべる人なら、現在の天文学を知らなくても仕方がないだろう。船乗りがのぞいた伸縮式の小型望遠鏡に、今の望遠鏡との共通点を見つけることはもはやできない。一部屋を占める大きさだった初期のコンピューターが進化して、姿かたちのまったく異なるノートパソコンやスマートフォンが生まれたのと同じようなものだ。ジョージ・ウォーラーステインが一九五六年にはじめて観測したときには、すでに望遠鏡は巨大化しており、天空に焦点を合わせ続けるために地球の回転に合わせてゆっくりと動く大きなドームのなかで、望遠鏡はさまざまな星をねらって光を集め、それをカメラに送っていた。

天文学者であり望遠鏡の製作者でもあるジョージ・エラリー・ヘールは、二〇世紀半ばに自身の記録をやぶって世界最大の望遠鏡をつくりあげた。王者に輝いたのは、南カリフォルニアのパロマー天文台の二〇〇インチ鏡を持つモンスターだった。一九四八年の完成から今日まで、研究者が「昨夜は二〇〇インチで観測した」と言えば、どこの望遠鏡かわかってもらえる。二〇〇インチの望遠鏡は世界でただ一つ、パロマー天文台にしかないからだ。

ちなみに、この名前からその大きさは実感してもらえないと思う。インチと言われれば巨大なものとは思えないだろうが、二〇〇インチの鏡は直径五メートルを超え、重さは一三トンもある。たいていの車よりも大きく、その車をスクラップにすることもできるだろう。できてから七〇年以上たった今でも、パロマー天文台の二〇〇インチ望遠鏡は、その大きさで世界の光学望遠鏡のトップ二〇に入る。

私自身、大きな望遠鏡のほうが良い画像を得られるというのは知識としては知っていたが、実際に世界有数の望遠鏡を通して自分の目で見るまでは実感できていなかった。

現代の天文学でもっとも多い誤解は、天文学者は望遠鏡でずっと星を見ている、というものだろう。現実には、世界有数の望遠鏡をのぞく――文字どおり接眼レンズに目を押しあててのぞく――機会はめったにない。現代の望遠鏡の多くには接眼レンズが装備されていないので、研究者は観測対象を記録するためのカメラの画像やデジタルデータに頼っている。といっても、のぞくチャンスが巡ってくることもある。

チリのラスカンパナス天文台で、何人かの同業者と数夜を過ごしたとき、観測が予定されていない夜があった。するとー望遠鏡のオペレーターが、一番小さい望遠鏡が空いているから、希望するなら接眼レンズをつけてあげようか、と言ってくれた。みんな大喜びで、日没後すぐに望遠鏡に向かった。

直径一メートルの鏡を持つ望遠鏡で、現代の基準で言えば本当にちっちゃなものだが、一般的な望遠鏡よりはずっと大きく、私がそれまでにのぞいたどの望遠鏡よりも大きかった。子どものころは小さな二〇センチの望遠鏡で見る夜空を楽しんだが、それでは雑誌やテレビで見るような壮大な映像は見えないことはわかっていた。カラフルなガスの塊はうっすらと見える白っぽい円に、星雲は混沌とした虹色ではなく、小さな白い斑点に見えた。土星はその雄大な色合いではなく、環がくっきりと見えたことに感動した。見えるものの美しさに心を奪われたというよりは、何千光年も離れたところにあるものが見えていることに興奮していた。

一メートル望遠鏡の接眼レンズの順番を待っていたときには、とくに何も思い描いていなかったが、先にのぞいた仲間の反応に期待が高まった。

「うわっ！」

「おおぉ！」

「すごい。色がはっきり見える！　すごく……赤い！」

科学者とは思えない反応だった。それは星を見て感動するふつうの人だった。私たちはみな電子データを扱いながら日々の研究をしているが、そもそも天文学者になったのは、人生のどこかの時点で夜空に恋をしたからだ。おそらく、はじめて自分の目で見たときに恋に落ちたという人が多いだろう。そんな私たちにとって、研究用の望遠鏡を通して見る光景はまた格別だった。

私の番が来たときには、望遠鏡はイータ・カリーナという星に向いていた。まさに私の研究対象だった。太陽の数十倍の質量を持ち、謎めいていて、最期が近いと思われる。理由は解明されていないが、一八〇〇年代の初めごろに爆発したことがあり、星の一部が吹き飛んだので変わった形をしている。二つのあぶくのような巨大なガスの雲がくっついて、その中心に明るい星が光っている。爆発したときには、容易に肉眼で見ることができただろうが、それでも見えたのは小さな光の点だったはずだ。

接眼レンズをのぞいて、私はとてもプロの研究者とは思えない叫び声をあげた。自分の目で二つのあぶくが見える！　かすかに透き通っていて、星のまわりをかすみのように囲んでいる。星そのものは赤く光っている。外層の水素が燃えているためだ。私が見ているあいだ、星は黒い空と弱々しく光る星々に囲まれてそこにじっととどまっていた。

そのとき、私のバックパックには書きかけの論文が入っていた。イータ・カリーナのような星について新しい説を展開したもので、この星の変わった形状の説明にまで踏みこんでいた。何カ月もかけて取り組んできて、その結論に興奮していた。もちろんイータ・カリーナの写真はたくさん見てきた。それでもデジタル画像や、ノートに書き散らした数式としてしか存在しなかったものを、肉眼で見るのは想像以上に興奮する体験だった。一メートル望遠鏡にこんなに威力があるなんて想像もしていなかった。

私たちは次々に観測対象を変えながら、星や星団や星雲を観賞し、すべてを記憶に焼きつけようとした。どうやらプロの天文学者になっても、天体観測に飽きることはないらしい。

接眼レンズを通して星を見るのはロマンチックかもしれないが、それだけでは科学的とはいえない。見えたものは何らかの形で正確に記録して保存しなければならず、その方法は時代の流れとともに進化している。

写真に残す方法が広まるまえは、目で見てスケッチするのが最良の方法だった。太陽天文学では、今でも一八五九年にリチャード・キャリントンが描いた太陽黒点を参照するし、私の研究室の学生は、一七世紀の恒星の爆発により刻まれた跡をはじめて記録したものを見つけたことがある。それでも、一九〇〇年代になってヘール望遠鏡が登場したころには、接眼レンズをのぞいて絵を描くやり方から、写真乾板という現代の技術に移行して長い時間が経っていた。

写真乾板は、ほとんどの天文台で使われた当時最新の撮像技術だった。板は四角いガラス――コダック製が多かった――で、望遠鏡にセットして使われた。板はあらかじめ光に反応するハロゲン化銀の乳剤で加工されている。光子が当たったところは乳剤が反応して暗くなり、現像すると白黒の陰画ができ、白い空の背景に星が暗く浮かびあがる。

この乾板の扱いは一筋縄ではいかなかった。コダックは定型のサイズをいくつか用意したが、実際に使うときには、観測に使われるカメラの大きさに合わせてカットしなければならなかった。そのサイズは、視野の広い小型の望遠鏡に使うための四三センチ角という大きなものから、はるか遠くの小さな区画を観測する大型望遠鏡や特別なカメラに合わせた親指サイズのものまでさまざまだった。乾板は光に反応するため、カットするときには、写真家が使うような暗室で作業しなければならない。コダックの乾板を慎重に取りだし、刃先にダイヤのついたガラスカッターを使って、暗闇のなかで感覚を頼りに切っていくのである。数十年前によく乾板をカットした天文学者は、今でもその動作を披露してくれるが、ほとんどの人は目を閉じてやっている。

カットはいつもうまくいくとはかぎらない。経験豊かな観測者なら、音を聞けばきれいに切れているか、そうでないかわかる。そうでないときには、ギザギザな切り口になったり、想定外の大きさになったりする。作業している最中にとつぜん嫌な音がして「電気をつけてくれ」という叫び声をあげたことも一度ならずあったはずだ。学生やアシスタントは、慌てて部屋の電気をつけて、割れたガラスと出血した手を目の当たりにすることになる。

ローレンス・アラーは高い評価を受けた天文学者だが、手先はあまり器用ではなかったようだ。ある日、彼は昼食の席に現像した乾板を持ってあらわれ、同僚たちに惑星状星雲（最期を迎えた太陽のような星のまわりにイオン化したガスが漂い、美しい色を放っている）の画像を見せびらかした。みな順番に受けとって眺めてとりあえずはほめたが、一人が全員が思っていたことを口にした。その乾板はふつうの乾板のように四角ではなく、切り口がギザギザで角は欠け、変な形をしていたのだ。いったいどうしたのか。アラーは、ガラスカッターがうまく使えなかったので、コダックの板を暗室の台にぶつけて割り、ちょうどいいサイズのものを手探りで探したと言った。

乾板を望遠鏡にセットするまえに、光の感度を上げるために暗室で化学的に調整することもよく行なわれた。コダックは、青から赤、さらに赤外線に至るまでそれぞれの波長に反応する感光乳剤をいろいろ用意したが、天文学者の要求に十分に応えるものではなかった。その天文学者が関心を持っている波長によって、乾板はオーブンで焼かれたり、冷凍庫に入れられたり、一瞬光に当てられたり、さまざまな液体につけられたりした。結局は蒸留水につけるのがいちばんうまくいくのだが、観測者はスピードをあげるために創造性を追求し、リスクをいとわなかった。光に速く反応すればそれだけ露出時間を短くできるからだ。

赤外線はとくに難しかった。ジョージ・ウォーラーースタインは赤外線用の乾板をアンモニアに浸したという。感度が蒸留水だと三倍で、アンモニアだと六倍になるはずだった。問題は、もちろん、アンモニアをたっぷり入れた容器といっしょに暗室に閉じこめられることだった。アンモニアを扱うときには、ジョージはかならず誰かを暗室の外に待たせ、「もし一五分で出てこなかったら、入ってきて助けてくれ」と、ガスを吸って倒れたときのことを想定してお願いした。[1] 最終的には、化学的にもっと有効な水素ガスが利用されるようになり、アンモニアは使われなくなった。しかしこれも効果はすばらしかったが、安全性が問題となった。パロマー天文台はこの作業のために、火花を出さないスイッチを装備し、火の元となるものをすべて排除した特別室をつくったが、それでもこの部屋は「ヒンデンブルグの間」と呼ばれた（ヒンデンブルグは水素ガスへの引火が原因で爆発したドイツの大型飛行船）。技術が不要で危険性も少ない方法としては、ウィルソン山天文台のある天文学者が、赤外線への感度を上げるにはレモンジュースに浸すのがいちばんだと言っている。

下準備が整うと、ようやく乾板はカメラに装てんされる。これもまた暗闇のなかで行なわなければならない。この作業で重要なのは乾板を正しく置くこと、つまり感光乳剤を塗ったほうを空に向けて置くことだ。もし逆にセットすれば、観測は無駄になる。そこで、乾板をちょっと舐めてみてわずかに粘着性のあるほうを確認するという方法が取られるようになった。ハロゲン化銀はほんのり甘いらしく、いくつかあるコダックの感光乳剤を味で判別できると豪語する人もいた。気の利いた人は感光乳剤が塗られていないほうを舐めて確認した。

乾板をカメラに装てんするのも大変だった。望遠鏡の鏡は一点だけではなく、四角い面に焦点を合わせる。望遠鏡によっては、装着する面がわずかにカーブしていて、性能を最大限発揮するには、乾板もそれに合わせてカーブさせなければならないものがある。これはコダックの乾板にはない特性だった。そのため、観測者は苦労してカットした薄くて硬い、舐めたばかりの写真乾板を、割れないように切に祈りながら、細心の注意を払って力を加えてカーブさせ、カメラにセットすることになる。どのくらいの力を加えればいいかは次第にわかるようになるが、ほぼ全員が一度は自分の手のなかで乾板が割れたときのショックを味わっている。なかには、観測の途中で乾板を入れた場所から「パリン」という音を聞く人もいる。

とはいえ、乾板を用意してセットするまでは観測の序章にすぎない。乾板がセットされると、望遠鏡とドームは別々に操作されて動き、観測する対象に照準を合わせる。そこではじめてカメラが開いて露出がはじまり、ようやく夜空からの光が乾板に降りそそぐ。

観測が終了すると、今度は乾板を現像する。カメラからはずし、暗室に戻り、注意深くブラシをかけたり、化学薬品に浸したりして、画像を定着させる。たいていは一晩中観測して疲れているときに、暗闇のなかで手探りで、気化した現像液をあまり吸い込まないように注意しながら行なう。つまり、壊れやすいガラスを扱うのに適した状況ではないということだ。何時間分の仕事の成果が含まれたガラスを粉々にしてしまった人はたくさんいる（その後、少しでもデータを回収できないかと、かけらを現像する人も）。

現像が足りないと画像が鮮明にならないが、現像しすぎると今度はデータを壊してしまうので、現像には時間の正確性が要求される。毎回実施するので、注意さえしていればそう難しい作業ではないが、ときには問題も発生する。南アフリカのボイデン天文台で、ポール・ホッジは、一晩かけて撮影した乾板を現像液につけ、いったん部屋を出た。現像しすぎないように、乾板を取り出そうと部屋に戻ろうとしたとき、部屋にコブラが入っていくのが見えた。ポールはかたまった。部屋をコブラに明け渡し、乾板をダメにするか。電気をつけて乾板をダメにするか。あるいはコブラがいる部屋に入り、現像を完了させるか。ポールは最後の選択肢を選び、現像を完了させた。それから電気をつけると、コブラは流しのパイプの横でとぐろを巻いていた。ポールが作業をしていたすぐ隣だった。

数々の困難を経て現像を終えた乾板は箱詰めされ、今度は観測者が拠点としている場所に運ばれて分析される。しかし、これも言うほど簡単な工程ではない。山から下りる途中、運転席に置いた乾板を詰めた箱が立てる音に顔をひきつらせることもあれば、飛行機の場合は乾板の箱をファーストクラスの席に置いてシートベルトをかけながら、本人はエコノミーで帰る、ということもある。

最初に写真乾板について聞いたときには、生まれたときからデジタルの時代に生きる者として、ものすごく原始的だと思った。科学的には最小限の価値しかない過去の遺物なのだろうと。その考えは、友人に案内されたパサデナのカーネギー研究所で乾板を見たときに吹き飛んだ。乾板は美しかった。渦を巻く銀河があり、繊細な糸が絡みあうように伸びる星雲があり、太陽系の惑星があった。どれも薄いガラス板に鮮明に保存され、白黒である点をのぞけば、ハッブル宇宙望遠鏡から撮影されたものに劣らず美しかった。たしかに私たちは大きな進歩を遂げ、巨大望遠鏡とデジタルデータを手にしたが、私がこのとき目にしたのも壮大な（そしてとても壊れやすい）科学であることは間違いなかった。

乾板は手間がかかったが、それでも観測の苦労にはかなわなかった。観測も人間にゆだねられた仕事だった。観測者は乾板をセットして立ち去るわけにはいかなかったのである。カメラを作動させなければならなかったし、同様に望遠鏡も操作しなければならなかった。性能の良い望遠鏡であれば、空は大きく拡大されるため、わずか数分のうちに、地球の回転によって、最初は中央にセットした星も少しずつずれていく。想定した区分を撮影し続けるためには、つねに望遠鏡を操作して、観測対象の星が中央に来るようにしなければならない。乾板をセットしてシャッターを開けて、シャッターを閉じて乾板を取り出す。その間は望遠鏡を操作する。結局のところ、観測者は夜のあいだはずっと望遠鏡の焦点にいなければならなかった。これもまた言うは易く行なうは難し。

遮るものがなければ、光子は望遠鏡の湾曲した主鏡に当たって反射し、それが集まって主鏡の上方で像を結ぶ。この像をとらえるためにカメラ――および、人が一人入れるくらいの大きさのケージ――が、望遠鏡の支柱あるいは筒の先の「主焦点」と呼ばれる場所に設置されていた。カメラを操作する観測者は、梯子か壁に設置された小さなエレベーターでドームの上部までのぼり、主焦点のある場所に移動し、ケージに入ることになる。そのとき場所によっては、二つの通路に補強された板を渡して移動するという原始的な方法をとっているところがあった。カリフォルニア中部のリック天文台の九一センチ望遠鏡がそうだった。通路に到達した観測者は板にまたがって、床まで九メートルはあるドーム中央まで進み、主焦点ケージに入る（海賊が舷側から突き出た板の上を目隠しした捕虜に歩かせた行為にちなんで「ウォーキング・ザ・プランク」と呼ばれるようになった）。カナダの西部にある天文台では、はじめて訪れた観測者が、キャットウォークから暗闇のなかを主焦点ケージに移動したものの、翌朝明るくなってから今にも折れそうな板を見て、二度と行かないと言うことが何度かあったという。

鏡の上にあって、宙に浮いた主焦点ケージに入ったあとは、観測者は一晩中、乾板を入れたり出したり、望遠鏡を操作したりするが、ときにはケージがかなり傾くこともある。そこで安全と実務の面を考えて、観測者にはナイト・アシスタントがついた。観測者がカメラのそばで、望遠鏡を操作したり乾板を入れ替えたりする一方で、アシスタントは望遠鏡の向きに合わせてドームのスリットを調整し、望遠鏡が大きく動くとき（たとえば、北にある目標天体から南の目標天体に移るとき）には注意して見守り、それ以外にも現場全体に目を配る。

これには実際的な理由がある。観測者はいったん主焦点ケージに入ると、たいていは一晩中そこにいることになる。もちろんおりてきてもいいのだが、おりるのは大変なので、多くの観測者はケージにいるほうを好んだ。しかし、それが簡単にできる人とできない人がいた。男性の多くは、観測を中断することなく生理的欲求にこたえるために、ケージにボトルを持っていくようになったが、女性観測者はときどき短い休憩のためにおりなければならないことを、アシスタント（たいていは男性）に伝えなければならなかった。観測者のなかには、ドライアイスを入れた魔法瓶を持っていき、カメラの部品が熱くなると発生する可能性があるノイズを減らすために、カメラを冷やす人がいた。空になった魔法瓶は、今度は膀胱を空にするのに使うことができた（言うまでもないが、この順番で行なうことが大切だ。なかには睡眠不足で順番を間違える者もいたようだ）。

しかし、観測者にとって最大の敵は膀胱のコントロールではなく、寒さだった。望遠鏡の操作は、神経を使い続ける作業なので、観測者は最後までじっとしていなければならない。冬は夜が長くて暗く、空気が冷たく澄んでいるので、科学的に見てもっとも観測に適した季節だが、主焦点ケージで一〇時間震えて過ごすのはかなりの苦痛だ。ドーム内部は暖房をつけることができない。もし暖房を入れたら、暖まった空気が上昇し、望遠鏡の先の空気を攪拌して、入手するデータを台無しにしてしまう。

ドーム全体を暖めるのは論外だが、観測者を暖めることはできる。第二次世界大戦で支給された電熱式のフライトスーツの余剰品を購入した者もいた。これで寒さの問題は解決されたと思われたが、それはそれで問題があった。コンセントにつなぐ必要があったからだ。スーツは一二ボルトの直流で設計されていて、車のバッテリーくらいの電圧だが、アメリカの一般的な壁のコンセントは一二〇ボルトの交流になっている。スーツを着て壁のコンセントにつないだ人は実際にいたらしい。すぐに変なにおいがして、気づいたときにはフライトスーツから煙があがっていたという。

フライトスーツでも寒さの問題は解決できなかった。観測者はもっとも分厚い手袋をして、それでも夜が終わるころには手がかじかんでいた。望遠鏡を操作するためにずっと接眼レンズに目を押しつけていると、レンズのまわりに涙が凍った。ハワード・ボンドは、キットピーク国立天文台でとくに寒かった冬の夜をよく覚えている。気温摂氏マイナス七度のなか、秒速一八メートルの風がドームに吹きこんできて主焦点ケージを吹き抜ける。やがて望遠鏡がきしみだし、そしてとまった。人を呼んで確認すると、望遠鏡のギアのグリースが寒さのあまり、風船ガムのような硬さになっていた。望遠鏡が凍って動かない以上、観測は中止だった。空は美しく晴れわたり、まだ何時間も残っていたのに、ハワードが最初に思ったのは「ああ、助かった」だった。

技術的な問題が起きないかぎり、観測者は露出が終わるか、夜が終わるまで望遠鏡に張りついていた。写真乾板は本当にすばらしい画像を生み出すが、アンモニアにつけようが、水素ガスを吹きつけようが、現代の機器の感度には到底かなわない。いい画像を得るためには十分に露出しなければならず、それはときには何時間、場合によっては何日もかかることがある。後者の場合、観測者は乾板を装てんし、目標物を定め、望遠鏡の焦点を合わせ、シャッターを開け、一晩かけて目標物を追い、シャッターを閉じ、乾板をカメラに残したまま、昼間の睡眠をとる。次の日の夜、ふたたび同じ目標物に向け、焦点を合わせて、シャッターを開け、同じ乾板を露出して、と繰り返す。

あるときアール（仮名）という天文学者が、このように時間のかかる観測をしていた。アールは物静かな男で、同僚のなかにはぎりぎり社会生活を送れるレベルと評する者もいた。彼と観測まえの食事をすれば沈黙のうちに終わり、ナイト・アシスタントにも必要なこと以外はめったに話しかけなかった。この夜、アールはリック天文台の三メートル望遠鏡の主焦点ケージのなかに腰を据え、辛抱強く（そして静かに）望遠鏡を操作しながら、数日かけて同じ乾板を露出する工程の最後の一夜を過ごしていた。夜も更けたころ、アシスタントは寡黙な観測者の様子をうかがおうとしたのか、ふらりとドームに入っていった。ドアを通りすぎたとき、コートのポケットがドームの照明のスイッチにひっかかった。ドームの照明がぱっとつき、望遠鏡は光に包まれて……乾板は駄目になった。

主焦点ケージから怒りの咆哮《ほうこう》があがり、アールは沈黙を破って、ナイト・アシスタントを殺してやる、八つ裂きにしてやると叫びはじめた。怒り狂いながらも望遠鏡をコントロールしていたアールは、望遠鏡の向きを変えて主焦点ケージを動かし、回転するドームの脇にあるエレベーターを目指した。おりてきて、有言実行しようというのだろう。

これを見て、ぽかんと口を開けていたアシスタントは動いた。アシスタントが見たところ、上のほうでゆっくりと回っている天文学者の殺意は本物だった。幸い、観測者は望遠鏡を操作していたが、アシスタントはドームを操作していた。アールがエレベーターに近づくと、ドームが動いて主焦点ケージから離れた。アシスタントはアールをエレベーターに近づけないように、ドームを回転させていた。スローモーションの追いかけっこは、ゆうに三〇分は続き、そのあいだアールはずっとわめきちらし、アシスタントは落ちついてくれないならおろさないと言い張った。天文台にいたほかの観測者たちは、その光景を目の当たりにしてさぞ驚いたことだろう。ドームが開いた状態で照明が煌々《こうこう》と輝くなか、その山でいちばん大きな望遠鏡が回転していたのだから。

たとえ誰かを殺そうとまではいかなくても、寝不足の状態で夜中に高所で仕事をするのだから、危うい状況が起きても不思議はない。ジョージ・プレストンはウィルソン山天文台である夜、二・五メートル望遠鏡で観測していた。これはニュートン式と呼ばれるしくみを採用した望遠鏡で、平らな鏡を傾けて光を反射させ、主焦点近くの望遠鏡の外に設置されたケージに向けて光を導くようになっている。ケージにはカメラなど観測者が使いたいものが置かれている。観測者は、鏡の傾きとニュートン・ケージの位置を変えることで、ドームの壁の高所に設置されたプラットホームに立ったりすわったりしてニュートン・ケージに向かい、写真乾板をセットしたり、接眼レンズをのぞいたりして望遠鏡を操作できるようになっていた。プラットホーム自体は上昇、下降、伸縮が可能で、観測者が望遠鏡の傾きに応じて快適に観測できるようになっていた。

とはいえ、このしくみがうまく機能するのは、望遠鏡の傾きに合わせた位置にケージがあるときだ。ジョージはこの夜、自分が観測しようとしていた星のほとんどが観測できる位置にケージを置いていたが、自分の計画のほかに、同僚の依頼でもう一つ別の星を観測することになっていた。調べてみると、その星は数時間の露出が必要で、ほかの星とは異なる位置にあることがわかった。しかも、ほぼ頭上を通りすぎることになっていた。

ジョージはこのときすでに経験豊富な観測者だったので、露出をはじめるとナイト・アシスタントに、近くの自宅に戻って数時間休んできていいと伝えた。望遠鏡はしばらくは一つの星に固定しているし、ドームはそれほど動かす必要はない。次の星に取りかかるときに戻ってきてくれればいい、と。ドームで一人になり、ジョージは写真乾板をセットし、シャッターを開け、ニュートン式のいつもの観測をはじめた。接眼レンズをのぞき、望遠鏡を少し調整し、離れてしばらく待ち、ふたたびレンズをのぞき調整する。望遠鏡がゆっくりと上を向くにつれて――プラットホームが設置されたドームの壁から離れていく――ジョージは接眼レンズをのぞけるように、プラットホームを上昇させ、伸ばしていった。しかし、露出が進むにつれて、それもだんだん難しくなっていった。プラットホームはすでに最大限まで伸びていて、ジョージは片手で望遠鏡本体につかまり（彼の体重では、九〇トンの巨大望遠鏡の動きを抑えることはできなかった）、身を乗りだして接眼レンズをのぞいた。さらに望遠鏡が動くにつれてジョージもさらに身を乗りだし、全体重を望遠鏡にかけ、それからプラットホームに戻るために押し戻した。

カメラの露出が続くなか、望遠鏡は次第に上方に向かい、目的の天体が天頂に到達したときには、とうとう真上を向くまでになった。ニュートン・ケージはさらにプラットホームから離れてしまった。接眼レンズをのぞくためにジョージはいまや両手を伸ばし、ケージと望遠鏡の支柱をつなぐ小さな金属製の継手に片足をかけていた。それはとりあえずうまくいったが、ジョージはふと下を見て、自分がしていることに気づいた。床上一二メートルから一五メートルはあるところで、ケージとプラットホームに足をかけて宙に浮いているのだ。

すでに両手でケージをつかみ、片足をかけている状態で、本能的に体が動いた。プラットホームに体を押し戻すのではなく、両足をケージの継手にかけたのである。こうしてジョージは暗いドームのなかで一人、おびえるコアラのようにケージにしがみつくことになった。

ジョージの頭を最初によぎったのは、「ナイト・アシスタントが戻ってきたときにこんな姿を見せるわけにはいかない」だった。それから、落ちたときの恐怖が迫ってきた。望遠鏡にしがみつくという恐怖の時間をしばらく過ごしたあと、ジョージは意を決してプラットホームに向かって飛び、無事戻ることができた（わずか数十センチしか離れていなかったが、相当な勇気が必要だったことは容易に想像できる）。こうして、彼は自分の体とナイト・アシスタントからの評判を守ることができた。

こうした望遠鏡のデザインは、人間の存在をあまり意識していないように感じる。念入りに磨かれた鏡や最新の撮像装置を備える一方で、観測者に対しては「この不安定な板の上に置いた箱のなかにすわってて」といった具合だ。苦労して写真乾板を用意し、データを取得してくれる望遠鏡を丁寧に準備してから、観測者は望遠鏡の上にある冷たいコンクリートの床の上なり、カセグレン焦点のあるプラットホームなりに腰を据える。後者は、一般の望遠鏡ユーザーにもっともなじみの深い焦点で、主鏡に集めた光を湾曲した副鏡に反射させ、それを主鏡の中央にある穴を通らせて、接眼レンズやカメラが搭載されている望遠鏡の下部で像を結ばせる。この形式でも、大型望遠鏡になると地面に待機するのは難しくなり、カセグレン焦点のそばに待機するには、望遠鏡の傾きや動きに合わせて、観測者も上下させる不安定なプラットホームが必要となる。ウィルソン山天文台の二・五メートル望遠鏡のプラットホームは「ダイビングボード」と呼ばれていた。チェーン駆動式で上下するが、そのチェーンが時々はずれて、観測者を乗せたままボードが床に落下することがあったのだ。めったにあるはずではなかったが、まるでジェットコースターのような「ザ・ライド」という名前がつくくらいの件数はあったらしい。エリカ・エリングソンは、カセグレン式のプラットホームにキャスターつきの椅子があったことを覚えている。最初は快適だったが、観測が進むにつれて状況は変わった。椅子は次第にすみのほうに移動し、しまいにはホームから飛びだし、四・六メートル下に落ちた（幸い、エリカはキャスターが一つ端からはみ出したときに、あわてて立ち上がったので無事だった）。

平らな床でも、快適に観測できるとはかぎらない。冬のコンクリートの床の冷たさは骨身に染みるし、自由に動けるとなると、コンセントにつないだフライトスーツを着ていることを忘れて駆けだしてしまったりする。接眼レンズのところまで梯子をのぼらなければならない望遠鏡もあったので、つまずいたり、梯子から落ちたりした話は枚挙にいとまがない。ディック・ジョイスはある夜を振りかえった。三・七メートルの梯子をのぼり、しっかりと梯子をつかみながら接眼レンズをのぞいたときのことだ。おそらく小型望遠鏡に力をかけてしまい、動かしてしまったのだろう。気温が低く、空気が乾燥した夜、金属製の梯子をのぼってレンズをのぞきこんだそのとき、文字通り火花が散って激しい痛みを感じた。（接地していた）望遠鏡から（接地していない）彼の眼球まで電気が走ったのだ。振り返ってみて、感電してふらつきながらも、梯子にとどまったことに彼自身驚いている。

こうした話を聞けば、この時代の天文学者は観測についてみじめな思い出しかないだろうと思うかもしれない。たしかに凍える寒さのドーム、手間のかかるガラス板、手動の操作、感電といった世界に戻りたいと言う者はいない。しかし、同時に、ほぼ全員があの時代の観測の思い出を大切にしているとも言う。

高さや寒さや尿意のコントロールに慣れてしまえば、ドームのなかで望遠鏡のそばで観測するのは、楽しく、ロマンチックな経験になる。音楽をかけながら長時間すわり、接眼レンズを通して星を見つめて、望遠鏡を操作し、写真乾板を交換する。エリザベス・グリフィンは、南フランスにあるオート・プロヴァンス天文台の夏の夜を思い出す。夜中の澄んだ空気のなか、一四個のドームのあいだを歩きながら、それぞれのドームから聞こえてくる音楽に耳を傾ける。ときどき「完了！次行くぞ！」といった掛け声が聞こえる。観測者が露出を終え、ナイト・アシスタントに知らせているのだろう。そこには、ひんやりとした夜、望遠鏡が動くときの静かな機械音、頭上に広がる星がきらめく空があった。

ドーム内の骨の折れる仕事と、望遠鏡のそばにいないときの観測者の山の上での暮らしは正反対の様相を見せる。

山の上の天文台は、観測者に食事とベッドを提供しなければならない。近くに宿泊施設はないのがふつうだからだ。長期の観測の場合、観測者は山の上に何週間も滞在することになるし、短期の訪問者でも夜に仕事をしたあとは、次の夜まで休んで体力を回復させる場所がいる。そのため、天文台には宿泊専用の建物が必要となり、たいていは簡素だが居心地のよい宿泊施設を併設している。

ウィルソン山天文台とパロマー天文台の宿泊所は「男子修道院（the Monastery）」と呼ばれるようになった。名前の由来ははっきりしている。どちらの宿泊所も公式には女性は泊まることができず、観測も女性は責任者としてあたることはできないことになっていたからだ。この方針は一九六〇年代まで続いた。もちろん、女性研究者たちは最初から抵抗し、さまざまな手を使って闘った。一九四〇年代後半、バーバラ・チェリー・シュヴァルツシルトは夫マーティンといっしょに観測を行ない、技術的な課題に取り組み、乾板を現像し、望遠鏡を操作した。夜のランチに参加することは許されなかったので、そのあいだ天文台のルールを破って一人で観測したりもした。マーガレット・バービッジ、ヴェラ・ルービン、アン・ボーズガード、エリザベス・グリフィンといったほかの高名な女性天文学者たちもみな、正式に女性も観測できるようになる以前に、これらの天文台で観測をしていた。ただし、宿泊所に泊まることは許されなかった。

どちらの「修道院」でも夕食の席には決まりごとが多かった。その天文台でもっとも大きな――

ゆえにもっとも栄誉があるとされる――望遠鏡の観測責任者はテーブルの上座に着き、その次に小さい望遠鏡の観測者がその隣にすわり、という形で席に着く（場合によっては正装してのぞむこともあった）。全員が着席すると、上座の観測者が小さなベルを鳴らし、それを合図にコックが最初の皿を持ってあらわれる。やがてまたベルが鳴り、次の皿が運ばれる。こうして何もない山の上で洗練された食事を楽しむのである（ウィルソン山天文台でこうした食事時に窓の外に見えたのは、ベランダの手すりにはためく、長期観測者の洗濯された下着だったらしい）。ベルの音とともに進められる形式ばったコース料理を食べたあとは、観測者はそれぞれの望遠鏡のもとに散る。そしてケージにおさまり、ガラスの乾板で自分の手を切り、古いフライトスーツに身を包んで震えながら、魔法瓶に用を足す。

当時は、夜間に一時間の休憩があり、夜のランチのためにみながふたたび食堂に集まった。この時間は、足を伸ばしたり、メモを比較したり、体を休めたりするチャンスだった。有名な天文学者であるマーティン・シュミットは、パロマー天文台でこの時間を利用して、ナイト・アシスタントを相手によくビリヤードをしていた。当時彼は年に二〇日ほど天文台で過ごしていた。若手研究者は二〇時間のビリヤード時間は三日分の夜に相当するとして、マーティンが休憩を取らなければその分若手に観測時間が回ってくるかもしれないのに、と文句を言った。別の天文学者のフランソワ・シュヴァイツァーはのちに、あわてて次の観測に取り組まず、リラックスして考える時間があったからこそ、シュミットはクエーサー（その中心に太陽の一〇億倍以上の質量のブラックホールを持ち、莫大なエネルギーを放出するきわめて明るく輝く銀河）を発見できたのだと主張した。正直に言えば、私は若手研究者の意見に賛成だ。宇宙の謎に思いを巡らすのは重要なことかもしれないが、観測に適した晴れた夜にしなくてもいいだろう。それにビリヤードが終わるまで放置された望遠鏡を使えていれば、熱意あふれる研究者なら何を発見しただろう、と思わずにはいられない。

一方、ほかの天文台では早い時期に、夜のランチを望遠鏡のところに持っていって、仕事をしながら食べるようになった。データを取得できる晴れた夜に一時間も無駄にするのは哲学に反すると言う人もいた。ジョージ・プレストンの論文の指導教官だったジョージ・ハービッグ（この章で四人目のジョージだ。ウォーラーステイン、ヘール、プレストン、そしてこのハービッグ）は、一秒たりとも観測時間を無駄にすべきではないと主張していた。それは望遠鏡について実践的な知識を持って、観測計画を慎重に検討してから天文台に来るように、ということでもあった。結局のところ、望遠鏡を遊ばせておけば、光子を無駄にし、少しでも長く宇宙を見るチャンスを失うことになるのである。

写真乾板を準備し、望遠鏡によじのぼり、寒くて長い夜をはるか彼方の宇宙から届く光子を集めて過ごすという観測方法は、冒険心をくすぐり、ロマンチックかもしれないが、肉体的な負荷も時間もかかるやり方だった。優秀な観測者はその時代の最先端の技術に精通していたが、つねに進化を求めていた。

一九七〇年代、ＣＣＤ（電荷結合素子）が生まれたことで、大きな変化が訪れた。このシリコンチップは写真乾板より光によく反応し、さらにその受けとめた光をデジタルのシグナルに変換する能力を備えているため、はるかに詳細なデータを取得できる。これはデータの保管にも大きな変化をもたらした。一枚のガラスプレートに保管するしかなかった昔と違って、デジタルデータはテープでもディスクでもサーバーでも保管でき、必要ならコピーもできる。研究者は都合のいいときに、コンピューターさえあれば、いつでもアクセスできる。

ＣＣＤチップなどの技術革新は、電子工学を望遠鏡にとってなくてはならないものにした。同時に、天文学者が観測中にカメラのそばにいる必要をなくした。別の場所から望遠鏡を操作し、観測できるようになったからだ。「別の場所」はすぐに暖かい部屋になった。コンピューターと照明と、そしてありがたいことに暖房がついた小さな部屋が、ドームに隣接して用意されるようになった。コンピューターが徐々に、ただし着々と観測を支配するようになるにつれて、天文学者は暖かい部屋で過ごす時間が増え、ドームにあわただしく出入りする時間は減っていった。今では、観測中にドームに足を踏みいれようとする者はほとんどいない。望遠鏡のオペレーター（昔のナイト・アシスタントにあたる職種で、天文学者より望遠鏡の技術面に詳しい）が、短時間入ることはあるかもしれないが、望遠鏡は開いたドームのなかに単独で存在し、別の部屋とのあいだで指令やデータがやりとりされている。

望遠鏡は進化するにつれて、サイズも大きくなっていった。パロマー天文台の二〇〇インチ（五・一メートル）望遠鏡は三〇年近く、世界最大の口径を誇ってきたが、一九七五年にはロシアで（問題の多い）六メートル望遠鏡が完成し、その後一九九三年には、ハワイのマウナケア山の頂上に一〇メートル望遠鏡が二基建設された。それ以降は、アリゾナ、ハワイ、チリといった天体観測に適した地に、六メートルを超える望遠鏡がつくられるようになった。新しい望遠鏡は高性能で、これまでより遠くにある暗い星が観測できるようになり、さらに宇宙を開拓できるようになったが、望遠鏡の数にはかぎりがあった。望遠鏡の観測枠をとる競争は恐ろしく激しくなり、運よく枠を手に入れた研究者には、夜中にビリヤードに興じている余裕はなく、みな夜のランチのサンドイッチをコンピューターの前でほおばり、数分でも多く観測しようとした。ジョージ・ハービッグの哲学――晴れた夜空を一秒でも無駄にするな、望遠鏡を遊ばせてはいけない――は、天文学の基本となり、望遠鏡を使って観測する時間の一分、一秒に価値と緊急性があると戒めている。

古い世代が新しい技術を毛嫌いするように、天文学の世界でもアナログなやり方にこだわる人たちがいるに違いないと思うかもしれない。しかし、ジョージ――ヘール、ハービッグ、プレストン、ウォーラーステイン――も、彼らと同年代の科学者たちも、大多数は新しい技術を積極的に取り入れ、乾板や主焦点ケージの代わりに、コンピューターや暖かい部屋を利用している。たとえ懐疑派であっても、ほとんどの人はＣＣＤや望遠鏡のオートガイド機能や、すぐに利用できるデータといった明らかなメリットに接して考えを改めた。理由はただ一つで、それは誰にも反論できない。科学にとってそのほうがいいからだ。

手間がかかってデータ量に制限のある写真乾板、寒いドーム内で震えながら過ごす時間、男性しか利用できない宿泊所――こうしたものが失われて嘆く人はほとんどいない。天文学の世界は信じられないほどのスピードで進化し続けているが、現在の観測方法の有用性はほとんどの人が認めるところだ。それでも、主焦点で観測するスタイルには、喪失を悲しむに値する特筆すべき側面がある。

主焦点ケージで観測するということは、文字どおり、望遠鏡の主焦点にいるということで、そこは夜空から集められた光が反射されて像を結び、何も損なわれないまま拡大されて、検出器に記録されるのを待っている場所だ。この検出器は今ならＣＣＤで、昔は写真乾板だったが、ときには人間の目でもあった。

アビ・サハは、パロマー天文台で一・五メートル望遠鏡を予定より少し遅れて利用したある夜を振りかえった。彼は昼間は鏡を保護しているカバーをはずしに望遠鏡の上までのぼった。ドームはすでに開いていて、暗い夜の空を背にしてカバーをはずした。望遠鏡を見下ろす形で一・五メートルの主鏡を見たとき、目の前に光の群れが漂っているのに気づいた。視界をゆっくりと漂いながら、小さな明るい光は集まって大きな集団になっていった。

その瞬間、アビは背後にある星を見ていることに気づいた。星の光は一・五メートルの鏡に反射して、自分の目の間で焦点を結び、地球が回転するにつれてゆっくりと動いている。ライターのリチャード・プレストンは、パロマー天文台の二〇〇インチの主焦点で同じような体験をしたことを、著書『ビッグ・アイ——世界最大の天体望遠鏡の物語』のなかで述べている。「もし手を延ばしたならば……一握りの星がつかめるように思えた[2]」

主焦点にもはや人の目を置く必要はないだろう。そこに最先端の技術を置けば、科学はよりよく、より速く、より豊かに、より美しく機能する。魔法のように目の前に星が広がるなかで主焦点ケージにすわりこんだ時代は完全に終わったようだ（この本を書くにあたって、自分でも実際に体験したくて、今でも主焦点に入って観測ができる天文台を探したが、見つからなかった）。それでも、自分の手を使った観測や、文字どおり手を伸ばしたところに星があるという体験には、感動があり、物語がある。

✴第３章　コンドルを見たか？

ドン。

鈍い音がして、私は視線を左に向けた。それまでは望遠鏡のコンピューターに表示される風速の数字と、猫の画像を代わる代わる眺めていた。時刻は午前二時。私はラスカンパナス天文台の口径六・五メートルのマゼラン望遠鏡のコントロール室にいて、風速計と開いたブラウザの数が語るとおり、この夜はまだ望遠鏡のドームを開けられずにいた。観測計画を何度も練り直し、雲の出方に応じたさまざまなパターンを用意し、過去のデータを見直した。しかし、午前零時を過ぎるころには脳みそは動かなくなり、「論文に取り組んで」いたのが、「望遠鏡の計器のマニュアルを見つめて読むふり」に変わり、しまいには「面白い動物のＧＩＦ画像」をネットであさっていた。雲に覆われたときの天文学者にありがちな過ごし方だ。

ただし、この夜は雲には覆われていなかった。数時間前に二基のマゼラン望遠鏡の間にあるキャットウォークに出て見上げた空は、文句なく美しかった。完璧に晴れわたり、瞬く星の海が広がっていた。研究者なら観測するときにはまさにこうであってほしいと望む空だった。

私はキットピーク国立天文台でフィルとはじめた研究の続きとして、赤色超巨星をもう一度観測したかったが、今回は望遠鏡の大きさが三倍で、観測しようとしている超巨星はずっと遠く、二〇〇万光年離れた別の銀河にあった。赤色超巨星は生まれてからせいぜい一〇〇〇万年程度（天文学的に言えば昨日に等しい）なので、まだ銀河内のまわりのガスと化学的には同じ成分を有している。前回の研究を別の銀河にも当てはめてみて、化学的性質の違いがこうした星の物理的性質と最期にどのような影響を与えるのかを分析したかった。それは私の博士論文の核となる疑問でもあった。巨星はどのようにして最期を迎えるのか。そして、化学的な性質はその最期にどう関係するのか。

もし私が研究室にいるなら――赤色超巨星を空から取り出してあれこれいじったり、部品から組みたてたりできるなら――二つの実験を並行して行なうだろう。一つは私たちがいる天の川銀河のガスと同じ化学的性質を持たせてつくり、もう一つは近くの別の銀河に似せて、もう少し水素とヘリウムを増やしてつくる。そうして時間を進めて、爆発したときに何が起こるか確認する。

しかし、実際には、地球が氷河時代だったころに星から放たれた光を観測することしかできないので、私はここ、アンデスの山の上にいる。観測を申請して、時間をもらい、この山までやってきて、観測する星のリストを慎重につくり、望遠鏡は準備万端。すべては順調だった。二六時間かけて移動してきていきなり夜型に突入し、目はぱっちり開いていたし、冬（チリの八月）の夜の空気は冷たく引き締まり、空は天文データを取得するには文句のつけようのない状態だった。

ただし、とてつもなく風が強かった。

天文台の方針として、マゼラン望遠鏡は風速が秒速一六メートルを超えるとドームを閉めることになっている。土埃などで鏡が傷つくのを防ぎ、また風がドーム内部に吹きこむのを防ぐためでもある。そして、秒速一三メートル以下になっても、ドームを開けても安全だと見なされるまで数分は待たなければならない。風がやむまではドームは完全に閉まり、望遠鏡は準備万端で静かに音を立てながら、じっと壁を見つめている。私もオペレーターも、それぞれのコンピューターのモニターに表示される風速を一晩中見つめていた。日没以後、秒速一八メートル以上の風が続いていたが、この一時間はおさまりつつあった。一六……一五……一四……一三！

ぼんやりしていた私の意識を呼び戻したドンという音は、オペレーターが机に自分の頭を打ちつけた音だった。風速計はふたたび秒速一九メートルとなっていた。私はスペイン語はほとんど話せないが、彼の反応は世界共通だった。

精神的に疲れ果てていたし、自分が正常な睡眠サイクルからどれだけ外れているのかわからなくなっていた。この望遠鏡を使えるのは二晩しかなく、すでに二夜目に入って六時間たっているのに、まだドームを開けてすらいない。もしこのまま状況が改善しなければ、私は閉じた望遠鏡に向かってすわり、あてもなくインターネットを閲覧するために八〇〇〇キロを飛んできたことになる。この夜が終われば数時間の睡眠をとり、一筋の光も観測することなく家に帰ることになるだろう。

ここで観測する星は論文の一章を埋めるはずだったが、どうやらその可能性は消えたようだ。論文は年内に書きあげるつもりだったので、永遠に失われた一章になるだろう。もちろん、それは私が論文を書きあげるのに十分なデータを持っている場合の話だ。運悪く曇りで観測できず、学位取得やキャリアプランやプライベートで一年を棒に振った人たちを実際に知っている。このとき私は実家から九七〇〇キロ離れたハワイ大学の大学院にいて、家族とも、ＭＩＴの大学院にいたデイヴとも離れて暮らしていた。デイヴとは大学四年間のつきあいを経て、卒業後は遠距離恋愛をしていたが、二人とも時差のないつきあいに戻りたいと強く思っていた。天文学では世界有数の大学で研究できることはうれしかったが、通常は六年か七年かかる博士課程をなんとか四年で終えようとしたのは、そのためだった。アンデスの風のせいでこれまでの苦労と計画が水の泡になるのはやりきれなかった。

「天文学者になりなよってみんなが言うの。きっと楽しいよってみんなが言うの」と私はつぶやきながら、消えゆく観測対象リストを見つめた。強風で建物が揺れるなか、私はどうしてこれを仕事に選んだのだろう、と考えずにいられなかった。

「私はなんでここに来たのだろう」

もし質問が「どうやってここに来たのか」という意味なら、アンデスの山のなかとは思えない先端技術が詰まったコントロール室に私を運んだのは、アメリカからチリのラ・セレナまで乗り継ぎながら丸一日かけて飛んできた飛行機と、二時間のドライブだ。天文学者が実際に天文台を訪れ、一晩中起きていて観測する「クラシカル観測」は、ほとんどの場合、望遠鏡を空に向ける何日かまえにはじまる。最高の天文台は、必然的に人里離れた、たどり着くのが困難な場所にあるからだ。たいていは飛行機に乗れば、天文台から数時間の場所まで行ける。アリゾナ州のトゥーソン、チリのラ・セレナ、あるいはハワイ島の空港をよく利用する人なら、注意深く観察すれば、天文台に向かう、あるいは天文台帰りの研究者を見つけることができるかもしれない。衣服やノートパソコンを入れたバッグにNASAや天文台、あるいはなんらかの会議のロゴが入っている人、寒くないのに防寒着を持っている人、夜なのに不自然に元気な人がいれば、まず間違いなく天文台に向かう人たちだ（実は帰りのほうが見つけやすい。とくにラ・セレナやハワイといった夏のリゾートではすぐにわかる。日焼けをして楽しそうな観光客が午後の便を待つなか、天文学者は青白い顔に今にも閉じそうな目をして、大量に摂取したカフェインでぼーっとした頭をかかえて、日陰でぐったりとしている）。

空港から天文台までは、車かシャトルバスで最低でも数時間かかる。移動中に何かが起こるとすればこのときだ。

研究者が天文台に行く途中で起こした事故をまとめたら、それだけで一冊の本ができるだろう。複数の学位を持ち、物理学と工学について博士並みの知識を持つ科学者たちは、たいていこの行程でパンクする、溝にタイヤがはまる、岩に乗りあげるといった車のトラブルを経験する。なかには車が横転して大破し、骨折して救急搬送された者もいる。しかし、睡眠不足で、レンタカーなど乗りなれない車を運転していること、さらに道路状況を考えれば、こうした事故が起きてもなんら不思議はない。ほとんどの天文台は、そこに行くためだけにつくられた、曲がりくねった粗い山道を通っていくことになる。光害を最小限にするために道路に照明はない。山頂近くでは、ドームに光を当てないように、ヘッドライトを消すように警告した標識がある。そのため運転手はつづら折りの山道を暗闇のなか、そろそろと進んでいく。道路そのものも最小限の整備しかされていない。舗装された道もあるが、未舗装の道もあり、轍《わだち》を頼りに進むしかない道もある。

山道の運転経験がほとんどなくても、山頂近くの急こう配の道を運転するしかない観測所は多い。望遠鏡は宿泊所や管理施設から少し離れたところにあるため、天文台では移動のための車を用意して管理している。それでも、「運転席とハンドルの間の問題はどうにもできない」という。とくに南半球の天文台では車の修理が多い。アメリカ人を中心に、マニュアル車に不慣れな運転手が増えてきたため、駐車ブレーキをかけ忘れた車が建物に衝突したり、崖下に転落したりする事故が発生するからだ（チリのセロトロロ汎米天文台では、フォルクスワーゲンのビートルを何台か失っている）。山道ではブレーキの使い方も問題となる。山頂から急な下り坂をブレーキを酷使しながらおりてきた結果、ブレーキがきかなくなり、宿泊所の駐車場（あるいは宿泊所）に猛スピードで突っこむケースも少なくない。

建物が反撃に出ることもある。アリゾナ州のある望遠鏡のドームはちょっと変わった設計になっている。ふつうはなかの望遠鏡が回転し、それに合わせてドームの上部が回るようになっているが、この天文台では、建物全体が観測対象に合わせて回転するようになっているのだ。そのため、建物のまわりには白線が引かれ、その内側には車を停めないように標示されている。回転するときに突き出た階段が通るので、当然の警告だ。それにもかかわらず、白線内に車を停めて、「望遠鏡に車を壊された」という報告書を書くことになった人がいたらしい。

山道を運転した経験が少ないせいで事故を起こす天文学者はたくさんいるし、なかには望遠鏡に車を壊されたりする人もいるが、実は私自身、信じられないほど間抜けな事故を起こしている。

そのとき私は大学院の観測で、ハワイのマウナケア天文台に向かう道（らしきもの）を走っていた。天文学部が拠点を構えるオアフ島からハワイ島へ飛び、同じ学部のティエンティエンといっしょに赤い小型車を借りて、山を目指した。マウナケアはハワイ島の東海岸にあるヒロから車でわずか一時間ほどのところにあるが、スリル満点の一時間となる。島の中央に向かう曲がりくねったサドルロードは、ジェットコースターのように小高い丘をあがったりおりたりしながらも、着実に高度を上げていき、海抜ゼロメートルの高さから一八〇〇メートルまでのぼっていく。最初は青々した南国らしい風景だったのが、次第に低い雲の下にまばらに生える木と黒く固まった溶岩が見えるようになる。

私は二四歳で、自分が車を借りるときに追加の料金と保険料を払った未熟なドライバーであることを意識していた。だからめずらしい風景のなかをカーブさせるときには、道を外れないように慎重にハンドルを握り、霧のなかをのぼるときには、マウナケア山の斜面の下のほうで草を食《は》む牛に注意した。「見えない牛に注意」と書かれた標識があるのは、標高が高くなるとよく発生する霧のなかからとつぜん牛があらわれたりするからだ。

とはいえ、私たちが目指していたのは山頂ではない。目的地は、マウナケアの山腹、標高二七〇〇メートルの場所に建てられたビジターセンターと宿泊施設だった。私たちは、四二〇〇メートルでの数日にわたる観測に備えて、事前にそこで体を慣らすことになっていた。山頂まで行くときには、天文台のスタッフが乗せていってくれる。山頂までの最後の道はとくに悪路だった。宿泊所を出るとすぐに、がたがたと体に響く細い砂利道となり、四輪駆動車以外は走行が禁止されている。しかし、これを無視して頂上に向かう観光客は毎年いるし、動けなくなったレンタカーを救出するのにヒロからレッカー車を呼び、多額の費用を払う羽目になる観光客も毎年いる。

　霧の向こうにようやくビジターセンターと宿泊施設が見えてきたとき、私は自分に自信を持った。赤い小型車はよくがんばってくれたし（薄い空気のなかを走ってきたエンジンは不満の声を上げていたが）、車のステレオにつないだＭＰ３プレーヤーから流れる音楽と、ティエンティエンとのおしゃべりを楽しむこともできた。今回は指導教官なしで観測することになっていたが、ここまではすべてが順調だった。マウナケアで観測するのはもう四回目だし、「見えない牛に注意」しながら霧のなかを安全に運転してきた。もう経験豊富な観測者と言ってもいいと思った。

　駐車場に入れようとしながら、私はＭＰ３プレーヤーのスイッチを切ろうと視線を下げた。そちらに気を取られた瞬間、車は突進し、駐車場の端にある大きな三角形の縁石を乗り越え、ガリッという音とともに停止した。

ああ、やっちゃった。

　誰もけがはなかったが、いったいどうしちゃったの、とティエンティエンが思っているのは間違いなかった。とにかくエンジンを切り、駐車ブレーキを引き、おそるおそる車をおりてみると、問題の大きさがはっきりと理解できた。よりによってこのあたりで唯一の縁石に車は乗りあげ、車輪の一つが宙に浮いていた。バックで脱出を試みるのはやめたほうがいいというのはすぐにわかった。

　乗りあげたときの音を聞いて、マウナケア山のパークレンジャーが集まってきた。車を一目見て、これ以上傷をつけたくなければ、ヒロに電話して（値段が高いことで有名な）レッカー車を呼んだほうがいいということで彼らの意見は一致した。私はうめき声をあげながら、宙に浮いた車をうらめしく見つめてから、電話をかけはじめた。ショックだった。レンタカー会社に迷惑をかけるだろう。予約をしてくれたハワイ大学の天文学部にも、それにたぶん天文台にも。それから、ああ、いったいいくらかかるのか。観測計画に影響したらどうしよう。そういえば前に車をだめにした人の話を聞いたことがあるけど、もしかしたら卒業できないかも……。

驚いたことに、電話がつながらないうちに、霧のなかからレッカー車があらわれたかと思うと、駐車場に入ってきて、赤いレンタカーを見つけてくれた。レッカー車の運転手は、レンタカーで山頂を目指した愚かな観光客に対処してきた帰りだった。そして、もう一人愚かな天文学者の相手をすることになったというわけだ。どこからともなくあらわれて、車を持ちあげようかと言ってくれたレッカー車の運転手を、ティエンティエンは「スーパーマン」と呼んだ。それはまさにスーパーマンがすることだったから。

いくらかかるのか事前に訊く勇気はなく（それによって結果が変わるわけでもなかったし）、霧がますます深まり、日が傾くなか、私はスーパーマンにお願いした。赤い車は無事縁石を脱出し、私とティエンティエンとパークレンジャーとスーパーマンはみんなで車の下をのぞきこんで、傷を確認した。信じられないことに、オイルパンもエンジンも無傷で、フレームとバンパーの下に小さな擦り傷がついているだけだった。それでも、レンタカー会社になんて言ったらいいのだろうと思い、事故報告書か何かを書く必要があるだろうかと訊いてみた。

このとき私はすっかり忘れていた。自分がおおらかな人々の土地、ハワイにいることを。スーパーマンは真剣な顔で少し考えてから言った。「結局、前をちょっとこすっただけだろう？　もし訊かれたら、そうだな……縁石にちょっと近づきすぎたって言っとくよ。それでどう？」

パークレンジャーを見ると、うなずいていた。たしかに「近づきすぎた」というのは、間違いではない。「乗りあげた」のは、たしかに近づきすぎだ。私もうなずくと、スーパーマンは言った。「レンタカーってだいたいバンパーに傷があるだろう。誰も何も言わないんだよ。万が一訊かれたら縁石でちょっと、って言えばいいよ。それでどう？」異論はありません！

スーパーマンは、もうすでに山にいるからと言って、レッカー代の六五ドルしか請求せず、霧のなかに消えていった。私は人生でもっとも慎重に車を動かして、縁石のない近くの駐車スペースに入れ、それからティエンティエンと建物に入って食事をした。このあと数日は、ことの顚末《てんまつ》を知ったまわりの研究者からいろいろ訊かれた（どうしてそんなことが起きたのか、というのがほとんどだった）。おそらく大学に戻っても話はついて回るだろう。しかし、結局、この話のなかでいちばん傷ついたのは、私のプライドだった。同時に、天文台に行く途中でトラブルにあった天文学者の仲間入りができて、しかも、「マウナケア山で唯一の縁石で車を壊して、修理に給与の一カ月分が飛んだ」という話ではなく、「縁石があって、ちょっとこすっちゃった」という話にできて、秘かに喜んでもいた。

強風の夜を迎えるラスカンパナス天文台へ向かう道中、トラブルは起きなかった。ラ・セレナ空港で天文台の車に拾ってもらい、二時間かけてチリの砂漠を走りながら、片方の窓の外に太平洋、もう片方の窓の外に小さなサボテンが散在する砂漠を眺めていた。ラスカンパナスの山頂は広くなく、望遠鏡は宿泊施設から一五分ほど徒歩でのぼったところにあった。私はマニュアル車の運転ができなかったので、望遠鏡と宿泊施設のあいだは歩いて移動したが、まったく苦にならなかった。

到着すると一晩かけて観測者の睡眠スケジュールに体を合わせる。正午ごろに起きて（根っからの朝型の私にはもっともつらいところ）、中央の建物の食堂で昼食のような朝食をとり、夜のランチを頼み、夕食時に受けとって観測に持っていき、コントロール室で食べる。日中は、観測計画を準備したり、休息をとったりする以外に、天文学者として山の上ですることはほとんどない。昼間の天文台は技術者が仕事をする場所で、エンジニアたちは昼まえから午後にかけて山頂を忙しく動きまわり、望遠鏡や各種装置をチェックし、カメラを取り替えたり、検出器を冷やしたり、調子の悪い装置を修理するなどして、その夜に必要な調整を行なっている。

ラスカンパナス天文台には望遠鏡は四基しかない――六・五メートルのマゼラン望遠鏡が二基と二・五メートルと一メートル――が、山の上には天文学者、望遠鏡のオペレーター、天文台スタッフと結構な数の人間がいて、夕食のテーブルはかなりにぎやかとなる。もちろん「男子修道院」時代の厳しい席順や次の皿を呼ぶベルは、遠い過去のものだ。食事は、ほとんどの天文台と同じように、シンプルだがしっかり食べられる内容になっている。肉料理に穀物かポテトとスープがつき、時にはパスタが出る。ベジタリアン向けの料理もある。ラスカンパナス天文台がほかと違うのはエンパナーダ・デイがあることで、日曜日には、キッチンでキツネ色に焼けたおいしいエンパナーダ（南米のミートパイ）が大量につくられる。頼めば、夜のランチにも入れてくれる。

食堂の光景はなかなか面白い。濃い色の木製テーブルの上には塩入れ、ケチャップ、ナプキンが並び、たっぷりとしたカーテンを備えた窓の外には、どの方角を見ても何もない茶色の丘陵地帯が広がっている。北側の窓の外はのぼり斜面になっていて、その先にマゼラン望遠鏡があり、六角形の金属製のドームが夕日に照らされて光っている。東側には、もっと高い丘陵地が見え、遠くには雪を被った山が見える。西側は下っていて遠くには太平洋が見える。南の遠方、何もない丘陵地帯に建っているのはヨーロッパ南天天文台のいわば出先機関であるラシヤ天文台で、尾根に沿って一連の真珠のように、一三の白いドームが並んでいる。チリは間違いなく世界における望遠鏡の首都だ。アンデスの西側の丘陵地帯にはたくさんの天文台があり、多くが互いに見える。

ほかの観測者といっしょにテーブルを囲んで温かい食事を楽しみながら、天文学のこと、共通の知っている研究者や大学のこと、観測にまつわる冒険話と、しばし話に花が咲く。しかし、日が落ちて空が暗くなってくると、次第にみなに興奮が高まってくるのが感じられ、一人また一人と荷物をまとめて夜のランチをつめこみ、その夜に観測するそれぞれの望遠鏡に向けて出発する。デュポン望遠鏡とスウォープ望遠鏡は山の下側にあるが、二基のマゼラン望遠鏡を使う観測者たちは二つのドームのあいだのキャットウォークに立ち、背後で望遠鏡が動く音を聞きながら、赤紫に染まった丘陵地帯の向こうの太平洋に沈む夕日を眺める。動きがとまった辺境の土地で見る夕日は、静けさを堪能できる時間だが、活動の兆しが聞こえだすときでもある。望遠鏡のもとで仕事をする人たちにとっては、ここからが一日のはじまりであり、空が暗くなればなるほど気を引き締める。これから忙しくなるぞ、と。

ただし、それは天候が味方をしてくれれば、の話だ。

もしあなたが観測天文学者なら、生きるも死ぬも天気予報次第となる。観測スケジュールは枠取りの競争が激しく、びっしりと詰まっているので、もし天気が悪くて観測できなくても、次の夜を待つという選択肢はない。申し込んだ夜が割りあてられたら、その一夜かぎりとなる。天気が悪いことを見こして予備日を申し込むことは許されない。「どうしても一日観測したいけど、この時期は天気が悪いことが多いから、三夜お願い」というわけにはいかないのである。長年の慣習により、申し込みは天気がいい前提で提出される。観測日についても、あまり選択の余地はない。時期によって見える空は異なるため、研究したい観測対象が決まれば、おのずと観測時期も決まる。もし観測対象が夏にあらわれるなら、夜が短いので観測時間がかぎられるほか、モンスーンの影響や、画質が劣る可能性も考慮しなければならない（夜になると地表近くの熱がのぼって揺らぎが発生するため）。冬に観測するなら、観測に適した長くて寒い夜を期待できるが、猛吹雪になるリスクもある。

月の位相も重要だ。美しい満月は明るく、太陽の光を受けて反射する青白い光で空を覆ってしまう。薄暗い青い物体を観測したい人にとって、観測対象をかき消してしまう満月は敵となる。逆に、明るく赤い物体を観測するなら、月はあまり問題にならない。赤外領域では、月は大して光を発しない。この観点から、観測時間は明るい夜、薄暗い夜、暗い夜に分けられる。満月が輝く明るい夜は、赤外線の光やとくに明るい観測対象を研究する人に割りあてられる。一方、暗い夜は、月のない夜を必要とする、薄暗い観測対象や青い光を研究する人に割りあてられる。

観測者は、いつでも好きなときに観測するわけにはいかない。それぞれ講義や出張、休日や家族の行事など個人の予定もあるからだ。これらをやりくりするだけでも大変なのに、そのうえで天気まで予測するなんて無理に決まっている。結局、観測者にできるのは、申し込んで、運よく割りあてをもらい、良い夜になることを強く願いながら天文台に向かうことだけとなる。

良い夜というのは、晴れればいいというものではない。望遠鏡の安全性が確保される環境が必要だ。風は問題の一つで、ちり、砂、雪、岩の破片などがドーム内に吹きこむと困る。湿気のある空気や霧も危ない。鏡に水滴がつく可能性があるときは稼働させるわけにはいかない。厚く垂れこめる雲は論外だが、浮雲やすじ雲も問題を引き起こす。星が瞬いたり、雲に阻まれて実際よりも暗く見えることがあるからだ。

良い夜のキーワードは「測光」だ。目に見える雲がなく、星の光に対する大気の透過性にばらつきがなく、大気の向こうに広がる空に実際にあるものを正確に表していると考えられる像を得られる状況が好ましい。観測に適した夜というのは「シーイング」が良い夜でもある。シーイングとは像の鮮明さを示す言葉だ。大気のわずかな乱れによるゆらぎやよどみは星が瞬く原因となり、そうなると像がぼけるので観測者にとっては大問題となる。シーイングとは、その瞬間ごとの星のぼけ具合を測ったもので、観測天文学者にとってはもっとも重要な数字となる。誰もが大気の影響が少ない低い数字を切望する。

月の位相、出張予定との折り合い、研究対象が観測できる時期という諸条件を満たす夜を運よく割りあてられたあとは、風がなく、雨も降らず、霧もなく、低い雲も高い雲も出ない夜であることを祈るのみとなる。山頂の上空の大気が安定していればなお良し。

これだけ切実な事情があれば、天文学者は気象の予想にのめり込むだろうと思うかもしれない。たしかに天気予報に詳しくなる者もいるが、私自身も含めて多くの天文学者は運命を受けいれ、事前の予想はあまり気にしない。それに対してできることはたいしてないからだ。曇りに備えた計画——万全の環境でなくても観測できる明るい星を中心にしたまったく別の計画——を立てることもあるが、とくに何もせずデータが取得できるくらい晴れますようにと祈るのみ、ということも多い。

天文学者の天気予報は科学的であるとはかぎらない。チリのセロトロロ汎米天文台の観測者は、アンデスコンドルが飛んでいるかどうかで夜の天気がわかるという。チリの天文台がある山のほとんどで見ることができる巨大な鳥だが、その観測者によれば、午後にコンドルを見ると、その夜はシーイングが悪いという。なんでもコンドルが乗る熱気流に関係するらしいが、私が知るかぎり、データを集めて検証した人はいない。

天気だけはどうにもならないことから、天文学者のあいだには、科学的にものを考える人たちとは思えないような験担《げんかつ》ぎや迷信が広まっている。ある同僚は、観測のときにはかならず履く幸運の靴下がある。また別の人は、雲を寄せつけないように、午後のだいたい同じ時刻に毎回バナナを食べる。幸運のクッキーや軽食を持ってくる人もいれば、食堂で毎回すわる幸運の席を決めている人もいる。私自身は、観測の日まで天気予報を絶対にチェックしないようにしている。そうすれば良い夜だと信じて計画に集中できると思うからだが、心の底では、ほかの験担ぎとたいして変わらないとわかっている。なかにはいつも運に恵まれない人がいる。場合によっては、やがてその人がいるだけで嫌がられるようになることもある。その存在が雲や雨や風を呼び、自分の望遠鏡にも不運が乗り移ると思われるらしい。

一晩か二晩しかなくても、観測はじめの天気が悪いからといって、投げだすことはない。夜の前半が曇っていても、真夜中には晴れてきれいな空があらわれるかもしれない。観測時間は一分でも無駄にしてはいけない、という教えにしたがって、観測者は閉じたドームのなかにすわりこみ、幸運のプレッツェルを食べながら、ちょくちょく外に顔を出しては天気が好転しないか確認する。悩ましいのは「騙し穴」だ。雲の隙間に空が見えれば、観測者は喜び勇んで望遠鏡を稼働させる。問題は、望遠鏡を稼働させるのはカメラのキャップを外すより手間がかかるということだ。なかに入り、ドームを開け、望遠鏡を起動させて、準備し、焦点を合わせて、さあ観測というころには、穴はふたたび雲に覆われ、振りだしに戻ってしまう。曇りや雨の夜には、あちこちの山の上のドームのなかで天文学者がうずくまっている。一時間でも観測できれば、絶望の夜から大当たりの夜に変えられるかもしれないと期待しながら。

晴れわたった夜、太陽が沈むのを見届けると、私たちはそれぞれの望遠鏡のもとに戻り、暖かいコントロール室におさまる。そこに並んだコンピューターは、ドームを開けて回転させたり、望遠鏡の向きを変えたり、鏡を調整したり、データをとらえるカメラの設定やシャッターを管理したりしている。データはCCDのおかげでデジタルで収集されるため、すぐに利用でき、コントロール室のコンピューターでも見ることができるし、ハードドライブにも保存される。

望遠鏡の操作のほとんどは、一晩中観測者といっしょに仕事をするオペレーターが行なう。天文台や仕事の性質にもよるが、望遠鏡のオペレーターはたいてい天文学と工学のいずれか、あるいは両方の学位を持ち、全員が望遠鏡を動かす訓練を受けている。ラスカンパナス天文台には、何十年もそこで働いているオペレーターもいる。そのなかの一人、ヘルマン・オリヴァレスはプロの漫画家でもある。彼の作品は全国紙に載ったことがあり、食堂の壁にも飾られている。

天文学者は、望遠鏡をどこに向けるか決め、取得したデータを分析するが、それが実現できるかどうかはオペレーターにかかっている。オペレーターはドーム、望遠鏡、鏡、計器類を管理するのが仕事で、すべてがいい状態で使えること（あるいは使えないこと）を確認し、夜の観測に備える。天文学者は学校で望遠鏡の基本を学ぶだろうし、特定の施設についてはまえもって研究して、計器をちょっといじってみたり、露出の開始と終了といった仕事ぐらいは引き受けるかもしれない。しかし、オペレーターは技術的な専門家であり、終始望遠鏡を動かす。

技術的なことをオペレーターに任せた天文学者は、観測計画にしたがって指揮をとる。この計画は非常に細かくつくられている。何回か観測を経験したあと、家族や友人からは「昨夜は何か発見した？」と訊かれた。一般に、天文学者は観測中は定期的に望遠鏡のところに行ってのぞき、星の爆発とか彗星の到来といったドラマチックな出来事の兆しを待っていると思われているようだ。たしかに驚きの発見をすることもあるが、ふつうの観測は、八時間ほどの時間をどのようにして過ごすかについて細かく定めた計画書を天文学者が持参して、それに沿って行なう。計画書には重要性や明るさによって並べられた目標天体のリストがあり、それらがもっとも高くなる時間や、それぞれをいつどのように観測するかという手順が書かれている。

望遠鏡を向ける目標は、事前に観測者が用意した天球座標系のリストから選択される。それから、オペレーターはドームと望遠鏡を回転させ、天文台のコンピューターにしたがって正しい位置に望遠鏡を向ける。

座標を入力し、望遠鏡に探させるというやり方は、天文学者のイメージをもっとも裏切る部分かもしれない。私たちは自分で星を探せないのである。

もちろん上手な人もいる（天文学の入門クラスで教える人や、子どものように星を見ることに夢中になっている人など）が、私たちの多くができるのはせいぜい、有名な星座を見つけたり、夏と冬に見える星座の違いを知っていたり、見える惑星を適当に言ってみたりすることぐらいだ。困ったことに、「天文学者」が「空に見えるものすべてについて百科事典並みの知識を持っている」と思っている人は多い。私自身、星の名前を訊かれて「ええっと……」と口ごもったり、「あの惑星は何？」と訊かれて「なんだろう、木星かな？」と答えて、大勢を失望させてきた。天文学者の名誉のために言えば、望遠鏡のコンピューターは私たちとは比べものにならないくらい星探しに長けていて、軌道の変化と長い算式を組み合わせて、裸眼よりはるかに正確に星を探しあてる。それでも天文学者が自分の目ではたいして星を探せないと言うと、ほとんどの人は驚く。

望遠鏡は空の特定の場所にほぼ完璧に「向ける」ことができるが、それでもデータを収集するまえには微調整が必要となる。望遠鏡は空の特定の区画に照準を合わせたあと、ガイドカメラで画像を送ってくる。ガイドカメラとは、望遠鏡に取りつけられた小さなカメラで、何枚か写真を撮ってオペレーターと観測者に望遠鏡が向いている先を見せてくれる。天文学者はそれを星図――プリントアウトしたものや、オンラインのアーカイブから落としてコンピューターに保存したもの――と比較する。この柄合わせはなかなかの難関だ。ガイドカメラの映像に合うように、プリントアウトした紙やノートパソコンを傾けて、この三角は目的の天体近くの三角だろうかと頭を悩ませたことも一度ならずある。とくに薄暗い星はガイドカメラの短時間の露出では見つけにくく、長い時間露出する本物のデータをとってはじめて見えるものもある。この確認と微調整のせいで観測が遅れるかもしれないが、たとえば二時間、間違った対象に向けてデータを取得するよりずっといい。望遠鏡の時間を無駄にするのは十分に罪だが、違う天体を観測するのはそれを超える罪となる。

望遠鏡のもとで過ごす時間を賢くやりくりするのは、科学の面から見て望ましいが、資金の節約にもなる。望遠鏡の建設には多額の資金が必要だ。天文台建設に適した土地を整え、山の上に建物を建設し、精巧に磨かれた巨大な鏡や、望遠鏡を形づくる最先端の技術を詰めこんだ計器類を製造するための資金は、数億万ドルに達することもある。現地のスタッフの給与から電気代まで、年間の運営費も必要だ。そうした費用をほとんどの天文台は、大学、研究団体、ＮＡＳＡや全米科学財団といった組織から助成金や支援金を得て賄っている。基本的には、観測をする天文学者が直接費用を払うことはない。しかし、一晩の観測にかかる費用は、望遠鏡を利用する時間が学界にとっていかに貴重なものであるかを示している。建設費と運営費を合わせると、世界有数の望遠鏡で一晩観測するには、一万五〇〇〇ドルから五万五〇〇〇ドルかかる計算になる。そうして得られるのはただ一つ、科学の進歩である。

ぎっしり詰まった観測スケジュール、観測にかかる費用、貴重な晴れ間、観測予定の天体リスト。こうなるとすべてのプロセスに切迫感が漂う。次の観測対象をできるだけ早く見つけてデータ収集を再開したいが、正確性は犠牲にできない。その結果、観測者はできるだけ早く望遠鏡の位置を合わせようと、神経をとがらせることになる。時計が進み、鼓動が速まるなか、観測者は最終的に判断する。「よし、ほぼ間違いなくこれが正しい位置だ、さあ、カメラのシャッターを開けてデータを取得しよう」一度決まれば、望遠鏡は位置を定め、地球の動きに合わせてターゲットを追い続ける。観測者は露出が終わるまでじっと待ち、ふたたび同じ工程を繰り返す。

露出が終われば、望遠鏡から待望のデータが送られてくる。モニターに映ったそれは……つまらないものにしか見えない。さまざまな色がまじりあって美しく見える銀河や星やガスの画像は、画像化の工程を経てはじめて見えるものだ。科学データの見た目に対する失望は、映画の影響が大きいと思われる。本物の天文学者は、コンピューターのモニターに赤い矢印のマークを見たり、「新星発見」とか「プルトニウムの最高値を観測」とか「人類は滅亡する」といったメッセージを受信することはない（データをもとにこうしたメッセージをつくるコードとユーザーインターフェイスを設計する、進歩的な科学者が出てくれば話は別だ）。

おおまかに言って、天文学者が手にする観測データには二種類ある。画像とスペクトルだ。画像は言葉のとおり、夜空の写真である。写真を撮るときには、特定の波長の光だけを通すフィルターを使い、青だけ、緑だけ、あるいは赤だけの光を、カメラを通して検出器に送る。これにより、その星が特定の波長域でどのくらいの光を放出しているか、きわめて正確に記録できる。異なる波長域の写真を撮って合成すればカラー画像となるし、データは研究対象について多くを教えてくれる。こうしたデータがあれば、銀河の形状、星雲のなかのガスの分布、星の明るさ、正確な位置がわかる。

スペクトルは写真ほど見映えはしないが、科学的には劣らず重要である。スペクトルデータは、非常に細かい溝の入った反射板あるいはプリズムを利用して天体からの光を自動的に分け、波長にしたがって並べたものをいう（ＤＶＤの裏に光を当てたときに虹色に反射して見えるのがその一例だ）。波長が短い青い光はＣＣＤの左側に、波長の長い光は右側に、そのあいだの波長はその長さによって順番に配置される。光を分けて、それぞれの波長の光の量を測定したものが、観測した天体のスペクトルとなる。この測定器は、基本的にはスペクトルを撮影《フォトグラフ》するので、分光器《スペクトログラフ》と呼ばれる。スペクトルは、物体の化学組成を分析するのに役立つ。特定の分子や原子に吸収される、あるいはそれらが放出する光は特定の波長を持つことがわかっているからだ。水素が発するもっとも明るい光は黄色、イオン化した酸素は青、イオン化カルシウムは三本の赤い線となる。ある物体のスペクトルは指紋のようなもので、それがあれば観測対象がなんであれ、そのなかで作用する物理と化学が垣間見える。さらに、スペクトルを分析すれば、その天体の移動速度や回転速度、あるいはどのくらい離れているかまでわかる。

画像とスペクトルデータはそのままでは使えず、そこから科学的な発見につなげるためには、さまざまな後処理をしなければならない。ＣＣＤチップの生データはジャンクデータに覆われているからだ。検出器の電子ノイズや、望遠鏡が天体といっしょに観測した月や大気の光、さらにはCCD内に生じる熱や画素の感度のむらといった細かいものまでが、視界を妨げる霧のようになって本物のデータの上に覆いかぶさっている。これを処理することを、データ整約という。研究したい天体からの科学データを手にするために、余計なデータを入念に取りのぞいていくのである。これは神経を使う作業だ。データの完全性を損ないたくないので、本物のシグナルは一つも削除したくないし、ジャンクデータは一つも残したくはない。公開される美しい天体画像に対して、「どうせデータに手を入れているんだろう」という声があがることがある。見当外れもはなはだしい。私たちがしているのは、古生物学者が発掘されたばかりの壊れやすい恐竜の化石に身をかがめ、小さなブラシで慎重に汚れや砂を払って、化石化した骨を取りだそうしているようなものだ。その下には手つかずでありのままの科学がある。私たちはそれをはっきりと見るために、電子の砂を最後の一粒まで払いおとさなければならない。

つまり、望遠鏡のもとで「これだ！《ユリイカ》」という瞬間を体験することはめったにない。データについて何か言うまえに、慎重に調べなければならないからだ。それでも現代の天文学者は、訓練すれば、望遠鏡の近くにいるうちに、基本的な整約をこなして大まかでもデータを見ることができるようになる。ここがデジタルデータの強みだ。一枚しかないガラスプレートや壊れやすい恐竜の骨と違って、天文学者はデータを複製して、恐竜の骨に送風機を当てて余計なゴミを一気に吹き飛ばすようなことができる。データを処理ソフトにかければ、中身がざっと見られるものになるのだ。これは大きな意味がある。データが届き次第チェックできれば、できるだけ良い観測をするために――ひいてはより良い科学のために——必要に応じて、露出時間や望遠鏡の設定を変えるといった微調整ができるからだ。

もしあなたが天文学者で、気象条件の良い夜に観測をしたならば、目標天体のリストにしたがってテンポよく観測し、その合間に届いたデータの整約を行ない、すべてが順調であることを確認するだろう。天文学者のマイク・ブラウンは、この一連の作業を「世界でもっとも刺激的でもっとも退屈な仕事」と表現したが、まさにそのとおりだ。[3] 良い観測ができた夜とは、すべてが計画どおりに進んだ単調な夜と言えるかもしれない。

同時に、自分が天文学をやっていることを意識せずにはいられないだろう。あなたのノートパソコンにコピーされる０と１からなるデータは、巨大な望遠鏡に取りつけられたＣＣＤに進入した光子が生みだしたもので、砂漠の真ん中でストーリーを奏でている。光子は、銀河のはずれ、あるいは星の外層から数百万年前に飛び出て、銀河と銀河のあいだを通り抜け、遠くに星雲をながめながら、ときには星やダストとの衝突を避けながら、数百万年かけて宇宙空間を突き進んできた。そして旅の終わりに、地球の大気を突き抜け、地球上のほかのどこでもなく、あなたが使っている望遠鏡の鏡にたどり着き、跳ねかえってカメラに送りこまれ、それであなたはその光子の故郷についてほんの少し知ることができる。

次に夜空を見上げるときには、あなたがたまたま見ている星の光はこのような旅をしてきたのだということを思い出してほしい。

光子の旅や宇宙の謎は心躍る物語をつくる。そんなことを頭の片隅に置きながら進める観測にはロマンがある。

しかし、どれだけロマンに浸っていようと、午前三時はやってくる。そのころには宇宙の美しさなんてどうでもよくなり、ほとんどの観測者が天空の光の美しさと枕の誘惑を天秤にかけるようになる。

睡魔は朝が近くなるにつれてどんどん強くなっていく。とくにはじめての観測のときはそうだ(はじめて観測をする学生はみな午前三時になると、目がどんよりしてきて平らなところを探しはじめる)。なんとか計画を遂行しようとがんばるが、夜は無限ループで、頭上の宇宙が重くのしかかってくるような気がする。こうなってくると、データの確認はうまくいかない。できるのはせいぜい本をめくる、ネットサーフィンをする、仲間とおしゃべりするといったところだ。観測者は少人数のチームで仕事をすることが多いが、午前三時に望遠鏡のもとで繰りひろげられるおしゃべりは、同じ時刻に世界のどこかで展開している酒を飲みながらの会話となんら変わりはない。話題に一貫性はなく、とりとめもなく話をしていたかと思うと、疲れた表情でだまりこむ。それが繰り返される。

午前三時に襲ってくる睡魔を考えれば、音楽の選択は重要だ。誰に訊いても正しい音楽をかけることが大切だと力説するだろう。ほとんど魔除けのようだ。観測者の多くは観測専用のプレイリストを持っていて、夜の時間帯によって異なるリストをつくっている。一般に、夜遅くなればなるほど、音楽もエネルギッシュになっていく。ある人の夜はボブ・ディランではじまり、朝方にはAC

／ＤＣが流れている。

ヘッドホンでスポティファイを聴きながら観測する者もいるが（一人で観測する人に多い）、基本的には暖かい部屋で誰かのプレイリストをみんなで聴く。グループで観測するときに全員の好みを考慮して、各人が楽しめる、あるいはみなに好きになってもらえそうな曲を並べてつくるのは至難の業だ。前者なら、ギルバート・アンド・サリヴァンのオペレッタをみなで歌い、モータウンやブルース・スプリングスティーンの曲に合わせて指でリズムをとり、レディオヘッドや「スター・ウォーズ」のテーマ曲に合わせてドームを開ける。後者のおかげで、私は観測をはじめたころにインディゴ・ガールズやユタ・フィリップスを知った。ある友人は、指導教官が繰り返しかけていたので、ルイ・アームストロングのホット・ファイブとホット・セブンを完全に覚えたという。

逆に、ある天文学者は友人のオペレーターにいたずらをしようと、モーリス・アルバートの「愛のフィーリング」を毎回かけ、ほかの観測者にも同じことをするように仕向けた。天文学者のダーラ・ノーマンは何人かの観測者が順番に音楽をかけた夜のことを話してくれた。彼女は雰囲気を変えたくて、スクリーミング・ジェイ・ホーキンス（ヴードゥーの世界を取りいれたショックロックのパイオニア）の曲を何曲か入れておいたが、一曲目がかかったときに部屋を出ていた。戻ったときには、明らかに困惑していた人が何人かいたという。

音楽の迷信もある。いい天気が続くことを願って特定の一曲、あるいは同じジャンルの曲で観測をはじめ、毎回同じ音楽で観測を終える。天文学者が好きな音楽は広範囲にわたる（天文学者には音楽をやっていた人が少なくない。趣味で熱中している人もいれば、クイーンのギタリストのブライアン・メイのように天文学者でミュージシャンという人もいる)。観測時の音楽について話を聞いてみて、みなの意見が一致したのは、一晩中静かなクラシックをかける人と無音で仕事をする人は信じてはいけないということだった。

コーヒーと興味深いデータとヘビーメタルを組み合わせれば、夜明けまで乗り切れるだろう。太陽が昇るなか、宿泊施設まで戻る道のりはいつも非現実感が漂う。どれだけ疲れていても、気持ちは少々高ぶっている。観測は成功だった、興味深い新たなデータが分析を待っている。宿泊施設に歩いて、あるいは車で向かいながら、世界がちょうど目覚める時間であることを実感する。部屋に入ると、何よりも重要な遮光カーテンを引いて(いちばんいいのは、一筋の光も入らないように金属製のシートで窓を完全にふさぐこと)、ベッドに倒れこみ、自分の脳にこれから寝る時間だと言い聞かせる。五、六時間眠り、正午ごろに起きて、シャトルバスで山をおりて空港に向かうか、前夜と同じことを繰り返す。

強風が吹き荒れるラスカンパナス天文台で、私はこうした夜を過ごすはずだった。だが、実際には閉じたドームのなかにいて、次々と観測をこなすこともなければ、耳に心地よいジェイムス・テイラーを聴きながら、データをダウンロードすることも処理することもなかった。ただ風速計をにらみつけていた。

私は天文台をまだ暗いうちに出た。つまり、うまくいかなかったということだ。午前四時半には、オペレーターと観測中止を決めた。風がおさまる兆しはまったくなかったし、もしおさまったとしても、ドームを開けて望遠鏡を調整し、観測対象に照準を合わせてデータを取得するまでの時間はなかった。私の観測は終わった。八〇〇〇キロを飛んできて、閉じたドーム内で二晩過ごし、手つかずの観測リストを見つめながら、一年で唯一のチャンスが文字どおり吹き飛ぶところを目の当りにした。すべてはチリのアンデスの風のせいだった。

帰り道、私は恨めしい気持ちを抑えきれずに最後に一度振りかえった。繊細な望遠鏡は、私のジャケットとジーンズを持っていこうとする強い風など関係なく、閉じたドームのなかで静かにたたずんでいる。はるばるやってきて収穫はゼロだった。

少し歩みを進めたところで、私は自分がいる場所を把握した。月は沈んでいて――観測は暗い時期の二晩をリクエストして（失って）いた――ドームが私に影を落としていたにもかかわらず、足元の道はよく見えた。遠くにある食堂と宿泊所は真っ暗だった。暗いなかで建物間を歩く人の暗視能力を妨げないように歩道の位置を知らせる暗赤色灯まではまだ距離があった。それなのに、建物だけではなく、まわりの山の稜線までぼんやりと見え、さらに東側の高い丘陵地帯もかすかに見えた。光が一切ない夜なのに、どうしてこんなに見えるのかちょっと考えて、わかった瞬間、私は足をとめた。

星明かりで見えているのだ。

頭上に星が氾濫する南半球の夜空は壮観で、北半球の夜空を見なれた者にとってはとくにそうだった。地球の軸が傾いているため、北半球では天の川銀河の外側が見えるが、南半球では星が詰まった銀河の中心を直接眺めることができる。南の空には光り輝く帯が弧を描いて伸びている。銀河の星は隙間なくきらめいているので、インカの人々が「暗黒星雲」と名づけた、星を遮る星間雲を容易に見つけることができる。インカの人々はその形をヒキガエル、キツネ、ラマの親子などの動物に見立てた。

　町や高速道路から遠く離れた山の上につくられた天文台の暗闇は、科学的に求められたものだが、その暗闇のなかで見上げる南の空は、心臓が止まるかと思うほど美しい。天の川以外にもたくさんの星があり、空は星で埋まっているように見える。もう少し光害がある場所では、私たちは見える星を線でつないで星座をつくり、星と星のあいだは何もない空間と見なすが、暗くなるにつれて、その空間に星があらわれる。ラスカンパナス天文台のように暗いところでは、空には星がありすぎて、立体的に見えるほどだ。地上に光子を届ける明るい星は見逃しようがない。それより暗い星は層をなしているように見え、実はもっとたくさんの星が暗い場所に隠れているんじゃないかと思ってしまう。ほかの場所ではほとんど判別できない色も見える。青白い寒色、浅黄色、オレンジがかった淡い赤、まるで宝石箱をひっくり返したようだ。

　私はいったいどのくらいの時間、そこで息を凝らして空を見上げていたのだろうか。一分かもしれないし、一時間かもしれない。風は相変わらず吹きつけていたが、私は頭上の星に貫かれて大地に立っていた。

　そう、だから私はここにいるのだ。

✴第４章　観測不能時間・六時間／理由・噴火

朝型の人間であるのは、天文学者としてはおかしいかもしれないが、二〇〇六年一〇月一五日の朝はしかたがなかった。興奮しすぎて眠れなかったのだ。私はハワイ大学の大学院に入ったばかりで、ハワイ島にあるマウナケア天文台ではじめて観測するために空港に向かおうとしていた。現地では、指導教官のアン・ボーズガードといっしょに、天の川銀河の恒星をいくつか観測することになっている。アンは名の知れた天文学者で、その指導のもと、観測する恒星の外層にどのくらいのベリリウムが含まれているのかを調べる計画だった。元素の周期表で四番目に位置するベリリウムは、宇宙の化学やビッグバンを研究する者にとって大きな謎となっている。星の内部ではなかなか生成されないが、されても簡単に崩壊するので、存在は希少だ。私たちは外層に残った少量のベリリウムを測定することで、星の一生やその深層で起きる化学反応について新たな知見を得たいと思っていた。

そのためには、きわめて解像度の高い分光器を使って、星からの光を波長ごとに細かく分け、ベリリウム原子がわずかに多く光を吸収していることを示すスペクトルを特定しなければならない。それが可能な分光器を持つのが、世界で二番目に大きな直径一〇メートルの鏡を持つ二基のケック望遠鏡だった（一番はスペインのカナリー諸島のロケ・デ・ロス・ムチャーチョス天文台にあるカナリー大型望遠鏡で、口径は一〇・四メートル）。ケック望遠鏡はその大きさとマウナケアの山頂という立地のおかげで、地上にある望遠鏡のなかで、天文学的にとくに大きな成果を出している望遠鏡だ。別の恒星のまわりを回る惑星の写真をはじめて撮影し、もっとも遠くにある銀河発見の記録を何度か塗りかえ、天の川銀河の中心に巨大なブラックホールがあることを星の動きを追って証明した。この日の夜、私は経験豊富な一流の観測者であるアンといっしょに、この望遠鏡を使うことになっていた。

太陽はまだ上がっていなかったが、ベリリウムとハワイ島と一〇メートルの望遠鏡に興奮していた私は、とても眠れる状態ではなかった。そこで、夜通しの観測に備えて体を休めるのをあきらめて荷づくりをはじめた。七時ごろには、ホノルルの共同住宅の一室で、テレビをつけたまま、小さなバックパックに一泊分の服を入れたり出したりしていた。

布団の上に足を組んですわってカメラを持っていくべきかどうか悩んでいたとき、ベッドが揺れだした。私は驚いたプレーリードッグのように、背筋を伸ばしてあたりをきょろきょろと見回した。部屋全体が揺れ、数秒間でとまった。

「揺れた……かな？」マサチューセッツ州で過ごした二二年間、地震を経験したことはただの一度もなかったが、ハワイに二カ月暮らして、すでに小さな揺れは何度か経験していた。それでも、このときの揺れはかなり微妙だった。私は思った。「うん、きっと地震だった」

それで地球は言い返したのかもしれない。「違う。これが本番よ！」と。あとでグーグルで検索すると（科学者だけど、ほかにどうすることもできないじゃない？）、最初の揺れはP波で、親切にも次に大きな揺れのS波が来ることを教えてくれたのだとわかった。

　部屋全体が揺れはじめた。床が震動し、天井のファンがゆらゆらと揺れ、クローゼットの扉ががたがたと音を立てた。はじめての経験に最初は固まったが、揺れが続くなかでアドレナリンが噴出した私は部屋のなかを走って……どうすればいいんだろう？　部屋は五階で、おろおろしながらただ建物が耐えられますようにと祈る以外に、私にできることはなかった。とりあえずレインコート、鍵、携帯電話、救急セットとナイフ、ヘッドランプ、ビーチサンダルをまとめて（今思えばどうしてちゃんと選べたのかわからない。頭のなかは「どうしよう、どうしよう、どうしよう」でいっぱいだったのに）、急いでドアをあけ、ドアの枠を押さえて立った。地震のときには戸口に立つといいとどこかで聞いた記憶があったからだ。建物はまだ揺れていた。地震ってこんなに続くものなのだろうか。もしかして地球が壊れちゃうのかも。

　戸口を支えてから少しして揺れはおさまった。私は廊下を見渡したが、部屋から出ていた人はいなかった。どうやら、そんなに大ごとではなかったらしい。私はあわてて部屋に戻った。大きな揺れだったけど、たぶん自分の反応は過剰だったんだろう。私は自分を落ちつかせながら、観測用の幸運の靴下を選びにかかった。ケーブルテレビはやっているし……と見ると、ローカルのニュース番組は映っていなかった。これって……いや、きっと大丈夫。充電が完了したノートパソコンの電源コードをはずし、ショルダーバッグに入れたとき、照明が徐々に暗くなり、やがて完全に消えた。大丈夫、大丈夫。窓の外が騒がしくなり、人々が通りに集まってきているのがわかった。財布と観測用のファイルをバッグに加えたそのとき、床がふたたび揺れだした。余震だ。どうやら大丈夫じゃなさそうだ。

ショルダーバッグと急ごしらえの救急セットを持って――天体観測に行くのか、ボーイスカウトに行くのかどっちつかずの装備で――階段を下りると、そこでは建物の住人たちが集まって、ラジオでニュースを聴こうとやっきになっていた。聴こえてくるのはウクレレか雑音ばかりだったが、私たちは辛抱強く待った。そのうち私は不安になってきた。空港は大丈夫だろうか。今日、ハワイ島に行けるだろうか。今夜観測はできるのか。

ついにラジオがニュースをとらえた。先ほどの揺れはマグニチュード六・七の地震で、震源地はハワイ島だった。

ホノルルの電気も携帯電話の基地局もダウンしていたが、私はなんとか大学院の仲間に連絡をとり、アンと私の観測だけではなく、この夜にマウナケア山で予定されていたすべての観測が中止になったことを確認した。この日は秋期に割りあてられた唯一の日だったので、スペクトルを取得して、ベリリウムの謎を解明するには、もう一年待たなければならなくなった。その後、私は天文学部の学生がふだんよく集まる学部近くの家に行った。部屋には八人が、日持ちしない軽食と懐中電灯を持って集まった。私たちは地震の被害についてあれこれ言いあった。ハワイ島で負傷した人はいるのか。津波はあったのか。道路は被害を受けたのか。望遠鏡は大丈夫だろうか。

翌日、天文学部にメールが届いた。幸い、大きな人的被害は報告されていないが、マウナケアへの道は一部が通行止めとなり、ケック望遠鏡を含めた何基かが損害を受けているという。ドームと望遠鏡は地震に備えて設計されているので、被害はいずれも致命的なものではなく、鏡と建物は無傷ということだった。それでも構造に被害が生じている以上、すぐに使用を再開するわけにはいかず、観測は今後、最低でも数日間は中止されるという。

メールはこう結ばれていた。「慰めがあるとすれば、今の天候は最悪だということだ」

天文台には難問がつきまとう。天文台は先端技術を結集した科学活動の中心であり、この世でもっとも巧みに設計された施設でもある。しかし、その機能を最大限に発揮するためには、人間のいない僻地になければならない。必然的に望遠鏡とそこで働く人々は、過酷な環境にさらされる。望遠鏡の機器も研究対象にしている天文学者のサラ・タトルの言葉は言いえて妙だ。「私たちは精密な科学機器を使っておいて、それを痛めつけている」[4]

天文台がよく建設される山の上は、人が住む場所から遠く離れ、風雨にさらされる環境にあり、条件が整っていても容易に行ける場所ではない。山の厳しい気象によっては望遠鏡に大きな被害を与えることもある。ロッキー山脈の標高四三〇〇メートルのエヴァンス山の頂上付近にあるコロラド州のマイヤー・ウォンブル天文台は、二〇一一年の冬、秒速四二メートルの暴風に襲われた。一〇月から翌年五月までは山頂への道は閉鎖されているが、デンヴァー大学の研究者は天文台のウェブカメラが風で曲がり、異変が起きたことに気づいた。調査をすると、エヴェレスト登山の前哨戦として冬のエヴァンス山を登った地元の登山家が撮った写真が示したとおり、望遠鏡を収めた六・七メートルのドームが暴風で崩壊していたことがわかった（この天文台は悲しい結末を迎えた。デンヴァー大学はドームを建て直そうとしたが、資金不足でかなわず、最近、壊して望遠鏡を撤収することに決めた)。

そこまでの暴風ではなくても、問題は起こる。アパッチポイント天文台はニューメキシコ州南部のサクラメント山脈にあるが、広大な白い砂丘のホワイトサンズ国定記念物から三〇キロほどしか離れていない。強風が吹けば、白い砂がドーム内に入りこみ、磨き抜かれた鏡に傷をつけてしまう。モロッコの沖合一六〇キロにあるカナリー諸島でも、カリマと呼ばれる強い東風がサハラ砂漠から砂を運んできて同様の問題を起こすことがある。

山の上では吹雪も危ない。とつぜんの嵐に襲われたときに下山し損ねれば、身動きが取れなくなってしまう。ドームに雪や氷がついて開かなくなることもあるし、開いたとしても開けるときに氷のかけらが望遠鏡の鏡に落下するかもしれない。アパッチポイント天文台のオペレーター、キャンダス・グレイは、吹雪のなかで風を利用して雪を落とそうと、三・五メートル望遠鏡のドームを回転させたことがあるという。アン・ボーズガードはもっと原始的な手段を取り、マウナケアの頂上にある二・二メートルの望遠鏡まで全地形対応車でみなで行って、ドームにのぼってショベルとアイスピックで落としたと話してくれた。

高所であるがゆえのリスクがもう一つある。雷だ。山の上に散在する高い建物は、当然雷が落ちやすい。宿泊施設や管理施設で落雷にあったという話は何人かから聞いた。ウィルソン山天文台のあの「男子修道院」にも雷は落ちた。エリザベス・グリフィンによれば、嵐の日に夕食をとっていたときに、近くのモミの木に雷が落ちて、窓ガラスがすべて粉々に割れて室内に散らばったという。

デイヴ・シルヴァは、雷雨のなか、キットピーク国立天文台の二・四メートル鏡で観測していて、ドームに雷を受けた。そのすさまじい音に驚いていると（ドームに落ちるのはめずらしくないが、経験した人はみな口をそろえて人生であんなに大きな音を聞いたことがないと言う）、電気も落ちた。急いで電気室に行って扉を開けると、大量の煙が出てきた。これは火事になると思ったデイヴは、外に出て助けを求めた。たまたま山頂近くでとくにすることもなくコーヒーを飲んでいたスタッフがいて、すぐに反応した。幸いドームが炎に包まれることはなかったが、電気室の電力ケーブルには四五センチほど燃えたあとがあった。

ルーディ・シールドは、一九七六年のある日、アリゾナ州のホプキンス山で観測をしていた。嵐が近づく山には彼のほかに二人しかいなかった。ルーディは一人から電話を受け、落雷したときに電気系統に負荷がかかりすぎるのを防ぐために、建物につながるメインの配電網を切ってほしいと頼まれた。ルーディも嵐はまだ五キロ先にあるが、雷対策はしたほうがいいと同意し、スイッチが収納されている小さなケージのところに向かった。ところが、その夜ホプキンス山に落ちた雷が直撃したのは、建物でも配電網でもなく、ほかならぬルーディだった。

ルーディから作業を終えたという連絡が入らず不安になったスタッフは、もう一人に電話をした。探しに行くと、ケージのなかに眼鏡と懐中電灯が置かれ、下にはルーディが倒れており、長靴は三メートルほど離れたところにあった。

そこに、まったくの偶然により、空軍の憲兵として従事した経験があり、救急処置に詳しい観測者が到着した。弱い脈があることを確認した観測者は、すぐに備えてある酸素ボンベを吸入した。

森林局のヘリコプターが手配され、パイロットは強風が吹き荒れ、視界は二メートルしかないという悪条件のなか、小さな平地を見つけてなんとか着陸した。ルーディは近くの病院に運ばれて、足のやけどを治療してもらったが、数日後には仕事に戻った。ルーディは自分のウェブサイトにこの出来事を記している。天文台のスタッフは「しばらくは私のことを注意深く見守っていたが、私の努力には気づかずに、いつもと変わらないと思ったようだ」[5]。

　風も雪も雷も望遠鏡に被害をもたらすが、多くの天文台にとって本当の脅威は山火事だ。望遠鏡がつくられる乾燥した丘陵地帯は森林火災の温床でもあり、たいていはもっとも高い場所に建設されるが、それでもまわりには樹木ややぶが多く、火が回りやすくなっている。カリフォルニア州南部やアリゾナ州の山火事は、パロマー天文台などの観測所や、ヴァチカン先端技術望遠鏡を脅かした（パロマー天文台では、火の手が迫った場合にはヘリコプターで脱出できるように、全員が二〇〇インチ鏡のあるドームに集まって待機したことがある）。

　オーストラリアの天文台はとくに山火事の被害を受けやすい。ストロムロ山天文台は、最先端の望遠鏡とともに一九世紀の望遠鏡も活躍する観測所だが、二〇〇三年のキャンベラ森林火災で大きな被害を負った。五基の望遠鏡のほかに、ワークショップなども行う施設や宿泊所も失った（のちにオーストラリア人アーティストのティム・ウェザレルは、焼け落ちた望遠鏡の部品を利用して「天文学者」という彫刻作品をつくった。現在は、キャンベラの国立科学技術センターの外に飾られている）。二〇一三年には、ワランバングル国立公園の大規模火災により、十数基の望遠鏡を持つサイディング・スプリング天文台が避難を余儀なくされた。建物は被害を受けたが、幸い望遠鏡は無事で、観測を再開することができた。

嵐や山火事に加えて、望遠鏡はカリフォルニア、ハワイ、チリと、地震から逃れられない場所に建っていることが多い。

チリで過ごしたことがある観測者なら誰でも、少なくとも一度は小さな地震を体験している。揺れに対する望遠鏡の反応はちょっと面白い。観測中の望遠鏡は慎重に狙いを定めて動かないように固定されているので、地震のはじめのわずかな揺れでも、望遠鏡の視界は大きく影響を受ける。私が観測をしているときに、オペレーターがとつぜん「あ、地震が来る！」と叫んだことがある。その一、二秒後には建物全体がはっきりとわかるくらい揺れた。オペレーターが目にしたのは、望遠鏡を導くための明るい星がモニターからすっと消える場面だった。とはいえ、望遠鏡はこうした揺れに強くできているので、揺れがおさまると星はすぐにガイドカメラの中心に戻り、観測は再開された。だが、主焦点ケージで観測していた時代には、カリフォルニアの天文台で、地震のせいでケージに数時間閉じこめられた人もいたらしい。ジョージ・ウォーラースタインによれば、こうした山では、消防士――カリフォルニアでは対応できるように近くに配置されている――は、科学を守るために真っ先にいちばん大きな望遠鏡に向かうということだ。

最後に、火山の影響を受ける天文台もある。マウナケア山の望遠鏡はときどき、火山（volcano）とスモッグ（smog）を合わせたヴォグ（vog）と呼ばれる現象に悩まされる。ハワイ火山国立公園でときどき起きる噴火は、大量の二酸化硫黄を放出し、それが大気中の水蒸気が凝縮するときにまじりあって弱酸性の霧となり、湿度に弱い望遠鏡に悪影響をおよぼす。二〇一八年五月、マウナケアの山頂にあるウェブカメラは、ハワイでもっとも火山活動が活発なキラウエア山の噴火をとらえた。幸い、火山灰はマウナケアとは逆方向に流れ、ヴォグの影響は心配されたものの、観測はほぼ予定どおり行なわれた。

マウナケアからハワイ火山国立公園までは五〇キロもないので、そこには噴火と観測の驚くような話を語れる人がいると思うかもしれない。しかし、そうした話を語るのにもっともふさわしいのは、ダグ・ガイスラーだ。

ダグは当時ワシントン大学の大学院生で、一九八〇年五月一七日、ワシントン州中央にあるマナスタッシュ・リッジ天文台で満足のいく観測を行なった。山に一人きりで、博士論文に向けた最初のデータ収集として、天の川銀河のなかの誕生から一〇億年経った恒星を観測した。翌朝、観測を終了し、いつものように後片づけをしてから、近くの宿泊施設に向かった。しっかり休んで次の夜の観測に備えるつもりだった。

ベッドに入って数時間後の午前八時半ごろ、ダグは目を覚ました。何か音を聞いたような気がしたのだ。遠くでとどろくような低音だったと思った。だが、あたりにとくに変わった様子はなく、彼は眠りに戻った。世界が終わる夢を見た。

しばらくしてまた目を覚まし、天文学者の標準的な朝の支度にとりかかった。昼の時間に朝食をとり、晴れわたった山を背景に静かに午後を過ごすのである。だが、すぐに何かがおかしいと気づいた。遮光カーテンの周囲から光が漏れる様子がまったくない。一瞬、壮大に寝過ごしたのだろうかと思った。もしくは天気が急に悪化したのだろうか。時計を見ると正午だった。彼は外をのぞいてみることにした。

宿泊所のドアを開けると、そこには明るい昼の代わりに、暗闇と硫黄のにおいがあった。懐中電灯で照らしても、見えるのはせいぜい三メートル。暖かく静かな昼間だった……ただ、日の光が完全に失われていた。ダグの脳裏に最初に浮かんだのは、核爆発か何か歴史に残る大惨事が発生したのだろうということだった。核爆発ではなかったが、歴史に残る大惨事だったのは間違いない。

この日の朝、マナスタッシュ・リッジ天文台から一四〇キロほど西にあるセントヘレンズ山が大噴火を起こしたのである。アメリカの歴史はじまって以来の規模で、噴煙は上空二四キロ以上に達した。ダグが耳にした低い音は、最初の二六メガトンに匹敵するエネルギーを持った噴火か、火山の熱が近くの水を気化させて大量の水蒸気を発生させた二回目の噴火の音だったと思われる。それから数時間で、噴煙は卓越風に乗って東に流れていき、天文台とダグを覆った。

優秀な観測者の習いとして、ダグは詳細に観測を記録していた。毎夜の観測の流れ、天候や機器の問題で観測できなかった時間、気温、雲、空の状況といった内容である。ふつうは、こうした記録は研究者が観測の詳細を思い出したり、天文台のスタッフが予想される問題の芽を摘むために利用される。ダグのこの日の記録は、永遠に保存されるべき貴重な資料となった。[6]

観測不能時間／六時間、理由／噴火（最強の理由じゃないか！）、空の状況／真っ黒＋硫黄のにおい

戦争で生きのびたのはぼくだけだ――とどろく音を聞いたのを覚えている。すぐにラジオを

つけた。ほとんどの局はまだチャチャチャを流していた。世界の終わりにチャチャチャだって！　しばらくしてヤキマのラジオ局KATSが、セントヘレンズ山がぶっ放したというニュースを伝えた。それを聴いてなぜか安心した。二時まで真っ暗で、夕方には1／2マイル（約800メートル）くらい先までは見えるようになった。望遠鏡と機器にはカバーをかけた。細かい灰が入りこむだろうが、被害は最小限に抑えられると思う。真っ暗闇のなかで観測、というのは聞いたことがあるけど、これはあり得ない。

火山の噴火や落雷は、天文学者に自分たちが仕事をしている場所は、活動的でときには激昂することもある惑星なのだと声を大にして教えてくれる。観測と科学にどっぷり浸かるのは簡単で、私たちはこの地球が傾いた状態で観測対象の天体とともに宇宙を移動していて、噴火や雷雨は単にこの地球の地質学的特性であり気象であるという事実をつい忘れてしまう。同時に、さまざまな生き物とこの地球を共有していることも忘れがちだ。

山のうえで目にする生き物の多くは人間に害をおよぼさない。よくいるのは、リスやキツネ、小さな鳥で、人間の近くで生息することを覚えた動物たちだ。ほとんどの天文学者が観測に来てはじめて見る動物で、見つけるとうれしい生き物もいる。アリゾナ州南部にいるハナグマは、アライグマの遠い親戚で大きさは猫と同じくらいで、縞模様の尻尾と上向きの鼻を持ち、茶目っ気のある顔をしていて、ときどき天文台にあらわれる。なかにはドームのなかに入ってきて、鏡に足跡を残していく強者もいる。チリの天文台でよく見るのは、グアナコ（ラマの仲間）とフクロウだ。後者は、観測所の全天空カメラ――空の状況を監視するために魚眼レンズを搭載した小さな塔――が、獲物をうかがうのに最適な場所だと学んだようだ。ときどきカメラをチェックする観測者は、画面いっぱいに広がるフクロウのふわふわのおしりを見ることになったり、好奇心いっぱいの大きな瞳に見つめ返されたりすることになる。

チリをはじめて訪れる観測者に対して、先達はタランチュラに気をつけるように言いながら、うれしそうに語る。アンデスの砂漠に生息し、あの大きな体からは想像できないが、どこにでも入りこめるらしい。大人になると人の手ほどの大きさになり、灰色と黒の厚みのある体に毛むくじゃらの長い脚がついているという、クモ嫌いの人にとっては最悪の生き物だ。チリの天文台では、涼しくて暗い隅っこや隙間にいることが多く、恐ろしいことに、夜になると活発に行動する習性がある。そのため、暗い階段で手すりにいたタランチュラを知らずに握ってしまったり、トイレからコントロール室に戻って椅子の上に見つけたり、宿泊所に戻って寝ようとするとベッドで遭遇したりすることになる。

タランチュラの話は、チリではじめて観測するまえに散々聞いていたので、きっと大げさに言って女の子を怖がらせてやろうという類の話だと思っていたが、宿泊所の部屋のドアに鎮座するタランチュラに早々に遭遇した。私たちは一瞬にらみ合った――手をのばす勇気はなかった――が、タランチュラは跳びあがり（私は後ろに二メートル以上跳んだ）、そそくさと砂漠に逃げていった。

実はタランチュラは臆病でおとなしく、乱暴に扱うとすぐに弱ってしまう生き物だ。チリの天文台を訪れる観測者の多くは、タランチュラと平和的な共存とはいかないまでも、停戦状態くらいは維持している。結局のところ、たいていはコントロール室の隅でおとなしくしているし、ちょっと驚いただけですぐに逃げていくのだから。そうは言っても、はじめて見る人のショックが和らぐことはないだろう。

タランチュラに比べればかわいいものに思えるかもしれないが、アメリカ西部の天文台で人々をもっとも悩ませるのは、どこにでも入りこむ蛾だ。恐れを知らぬ蛾が天文学者を困らせたことがある。明るい星を観測しているのに、望遠鏡の視野には何も映らないのだ。調べてみると、焦点に接する検出器に一匹の蛾がとまっていたという。蛾の大群が狭い空間に押しよせて電子機器やモーターをとめ、観測者が望遠鏡のなかに入って取りのぞかなければならなくなることもある。長年、さまざまな対策が試されてきた──音、エアスプレー、懐中電灯、蛍光灯、ラベンダーオイル、ひたすら罵《ののし》る──が、現在多くの天文台が採用しているのは、「モスネーター」と呼ばれる、ランプとファンと大型のごみ箱を組み合わせた単純ながら効果的な装置で、蛾が大量発生する季節には、数日で蛾の死骸でいっぱいになる。テントウムシも同じような問題を引き起こす。毎年初夏にアメリカ南西部を横断するテントウムシの群れが山頂に舞いおりて建物の壁にはりつき、赤い壁がかすかに動いているように見えることもある。

しかし、これまで述べた生き物もサソリのまえではかすんでしまうだろう。アメリカ南西部とオーストラリアの天文台では、サソリはとくに危険だ。新参者はこの小さな茶色い生き物に注意するように警告され、ベッドに入るまえには、タオルを振って、足を踏みならし、枕とシーツを調べるように言われる。サラ・タトルはある夜、キットピーク国立天文台で観測をしていて、自分の足に何かがいるのを感じた。ジーンズの内側を何かがのぼってくる。とっさに膝のあたりを押さえて足を踏み鳴らしたが、サソリはカーペットに落ちるまえに彼女の足を刺した。鋭い痛みに、すぐに駐在の救急救命士が呼ばれたが、幸いアレルギー反応は起こさなかったので、治療は痛み止めと氷と休息ですんだ。しかし、サソリはまだほかにもいたので、その夜はみな椅子の上に足を折ってすわるか、パンツの裾を靴下にたくしこんで観測した。こうした災難も山の上では定番のうわさ話となる。数年後、サラはキットピークの夕食の席で、「ある女性の足をサソリがのぼってきたんだって。怖いよね」と滔々《とうとう》と語られたという（私がキットピークで聞かされた「ヘリコプターでトゥーソンに運ばれた」という話もここから派生したと思われる）。

サソリや虫はどこにでも入りこんでくるが、大きな動物は音やにおいや人の動きを察して近づいてこないことが多い。ただし、思いがけず招いてしまうことはある。キットピークである夏の夜、誰かが山のさわやかな風を入れようとドアを開け放しにした。新鮮な空気を入れようとしたのに、入ってきたのはスカンクだった。姿を見つけたときには、建物の奥まで入りこんでいたので、驚かせて追いはらうのはいろいろな意味で難しかった。科学者は集まって策を練り、パンくずを並べて開いたドアまでもうすぐというところに来た。ところが、そこではたととまった。外から入ってきてドア口まで誘導しようとした。計画はうまくいき、スカンクはパンくずをたどって廊下を進み、開いたドアまでもうすぐというところに来た。ところが、そこではたととまった。外から入ってきてパンくずを逆方向にたどってきた別のスカンクと鉢合わせになってしまったのだった。

しかし、ドアを開けておいてはいけないという教訓を学ぶのに、アパッチポイント天文台にいた観測者ほど怖い思いをした人はいないだろう。アパッチポイントの望遠鏡は敷地中央の建物で管理されていて、建物内には望遠鏡ごとのコントロール室のほかにラウンジやキッチンがあり、長い廊下の終わりには外に通じるドアがある。ある朝、建物からはほとんどの人が出ていき、ドアが開いたままになっていた。最後に残ったオペレーターはドア近くにある三・五メートル鏡のコントロール室で、開いたドアから入ってくるさわやかな空気を味わっていた。作業を終え、帰ろうと廊下に出て対面したのは……アメリカクロクマだった。

大きな動物が天文台の敷地内に入ってくることはあまりないが、たまには姿をあらわす。アメリカクロクマはアメリカ本土の山に生息しているが、天文台とは平和的に共存している。懐中電灯を照らして人間がいることを教えるだけでいい。オーストラリアの天文台では、夜中に同じように外に向けて電灯を照らせば、こちらを見つめるカンガルーの一団の目が光ることがあるという。チリでは、夜に外を歩いてロバに出くわしたという話をよく聞く。たいていは叫ぶ観測者に驚いてロバがあわてて逃げていくらしい。

幸い、アパッチポイントでも同じ結末を迎えた。オペレーターとアメリカクロクマはどちらもパニックになり、クマはあわててドアから出ていき、オペレーターは近くのコントロール室に逃げこんで事なきを得た。

観測者に天文台で見かける好きな動物のアンケートをとったら、おそらくビスカッチャが票を集めるだろう。ビスカッチャはチンチラの仲間だが、おじいさんウサギといった風貌で、長い耳、くるりと丸まった長い尻尾、眠そうな目、長くて垂れさがったひげを持っている。チリの天文台ではよく見かける動物で、観測者は長年観察するうちにあることに気づいた。どうやらビスカッチャは夕日を眺めるのが好きらしい。

　チリの観測者が集まって夕日を眺めるとき、近くにはかならずビスカッチャが一、二匹いる（食堂が食べ残しをクルペオキツネにあげるようになり、捕食者の数が増えるまでは、もっといたと思われる）。ビスカッチャはいつもそこにいて、いつも静かにすわっていて、いつも地平線に沈む夕日をじっと見つめている。

　山頂と夕日をこの瞑想をする動物と分けあうのは面白い構図だ。夕日を愛でる観測者はこれから夜を過ごそうとしている。その心は文字どおり、数千、数百万光年先にある。ビスカッチャにとっては草やコケを食べる時間なのだろう。ハワード・ボンドは、セロトロロ汎米天文台でビスカッチャと夕日を眺めながら、暗くなるまでいっしょに過ごした時間を思い出す。「この広大な宇宙で二つの生命体が並んで、天空のショーを見ている……ショーはわれわれとは無関係かもしれない……だが、たしかにそこにある[7]」

　宇宙から見れば、天文学者もビスカッチャも、自分たちが住む惑星の回転を目にしながら山の上にたたずむちっぽけな生き物にすぎない。

✴ 第5章　銃で撃たれた望遠鏡

ピート・チェスナットは仕事に行く途中で、望遠鏡がなくなっていることに気づいた。

ピートは、米国指定電波規制地域内にあるウェストバージニア州グリーンバンクの口径九一メートルの電波望遠鏡のオペレーターだ。電波はいちばん波長の長い電磁波で、目には見えない。その電波にとって、ここは地球上で暗い地域であり、この地域で使われるものは、発する電波が最小限になるように厳しく規制されている。現在まで、天文台の半径三二キロ圏内では、携帯電話とWi－Fiは使用が禁止されており、車もガソリン車はエンジンをかけるときのスパークが観測に影響する可能性を考慮して、ディーゼル車しか許されていない。

グリーンバンクの九一メートル電波望遠鏡は、一九六一年につくられたとき、単体で世界一の大きさを誇る望遠鏡だった。可視光線ではなく波長の長い電波を集めて反射させて焦点に合わせるよう設計された九一メートル電波望遠鏡は、磨きあげられた主鏡を備え、ドームに守られている光学式の望遠鏡とは別物だった。衛星放送用のパラボラアンテナを巨大にしたような見た目で、皿の部分は白い金属製の網でできていた。二三階建てに匹敵する高さに、五四〇トンという重さだったが、その巨大さにもかかわらず、こうした望遠鏡を操作する特別な訓練を積んだピートのようなオペレーターのおかげで、正確に目標をとらえることができた。新しく誕生した星の発生場所を観測し、暗黒物質《ダークマター》の発見に貢献し、徹底的に観測して電波を放出する天体のリストの作成につなげた。その大きさとまぶしい白は地域のランドマークだった。ルート二八号を北に走れば、農場の向こうの丘に巨大な姿をあらわすので、見逃すことはない。

だが、ピートには見えなかった。一九八八年一一月一六日、この日は昼間のシフトだった。何度も通って眺めていたので、この日見たもの——というより見なかったもの——を認識するのに時間はかからなかった。しかし、不可解だった。そのまま運転を続け、やがて確信した。望遠鏡がなくなっている。ありえないと思った。

ところが、ありえたのである。

数日前から、オペレーターや整備の担当者が、望遠鏡から何かが折れるような音や摩擦音が聞こえると報告していたが、誰も異常だとは思っていなかった。巨大な金属の構造物はきしむ音やはじける音など、いつも何かしらの音を立てていたからだ。一一月一五日の夜はいつもどおり観測が行なわれた。観測は順調に進んでいた。翌日は定期点検が予定されており、特定の波長の電波を変換する受信機が交換されることになっていた。オペレーターと整備士は、実際にアンテナにのぼって交換作業をするはずだった。

その夜、九一メートル電波望遠鏡に起きたことは、『*But It Was Fun: The First Forty Years of Radio Astronomy at Green Bank*（だけど楽しかった——グリーンバンクの電波天文学の最初の四〇年）』という、この天文台の歴史をまとめた本に詳細に記されている。グレッグ・モンクはオペレーターで、その夜は九一メートル電波望遠鏡の下にある建物内のコントロール室に一人で勤務していた。望遠鏡がいつもどおり電波を集めているあいだ、彼はその場を離れ、廊下に出て、キッチンに食べ物を取りにいこうとした。

本のなかで書かれているように、そのとき何かが折れる鋭い音がして、それから「頭上にジェット機が飛んで、それが墜落したかのような轟音が響き」、何かが天井に衝突した[8]。天井のパネルや照明器具が落ちてきて、電気はすべて消えた。視界に入ってきたのは、廊下いっぱいに広がる粉塵だけだった。

グレッグはコントロール室に戻り、緊急停止ボタンを押して建物から出て、助けを求めて車に飛びのった。駐車場で車の向きを変えたとき、ヘッドライトが地面にあった何かの残骸を照らしたが、グレッグは同じ敷地内にある四三メートル電波望遠鏡のもとへと急いだ。そこには誰かいるはずだったからだ。車を走らせながら、ガラスが鳴る音がしたので目をやると、車のリアガラスが割れていた。のちに、九一メートル電波望遠鏡と同じ色の大きなボルトが後部座席で見つかった[9]。

四三メートル電波望遠鏡の管理者ジョージ・リプタクとオペレーターのハロルド・クリストといっしょに戻ってみると、車のヘッドライトは全貌を映しだした。望遠鏡の皿も支持機構もすべてが崩れ落ち、残骸の山と化していた。リプタクは「腐ったマッシュルームがばらばらになったみたいだった[10]」と言い、クリストは「壊れて転覆した巨大な蒸気船のようだ[11]」と表現している。あとから到着したスタッフの天文学者ロン・マダレーナは「鋼鉄がこんなに曲がるとは知らなかった。まるでキャラメルみたいに見えた[12]」と言っている。

話は広まり、予想どおりの反応が展開した。一報を聞いた天文台のスタッフは、最初は信じず（崩れ落ちた？　まさか。望遠鏡が崩れるわけがない）、それでも嫌な予感とともに現場に向かい、そこで望遠鏡の残骸を見て言葉を失い、それから嘆き悲しんだ。現場を見れば、望遠鏡が修復不可能なのはすぐにわかった。それでも、その夜勤務になっていたスタッフは、電子機器を回収し（屋根に穴があいていて雨の予報だったため）、それ以上の被害がなかったことに驚いた。たくさんの金属材が建物から飛びでてあたり一面に散らばっていたが、負傷者は一人もいなかった。

望遠鏡がなくなっていることを覚悟しながら運転してきたピート・チェスナットは、午前八時に着いて、白い残骸の山を目の当たりにした。彼は自分の勤務先の望遠鏡がなくなったことを、世間の人とほぼ同じタイミングで知った。話はあっという間に伝わり、全国ニュースになっていた。『*But It Was Fun*』のなかで、ピートはこう話している。当時、彼は家を買おうとしていて、この前日に銀行でローンを申し込んでいた。彼は同僚といっしょに呆然と残骸を見つめていたが、九時になると天文台の管理施設に車で行き、銀行に電話をかけて「ローンをキャンセルさせてほしい。失業するかもしれないから」と伝えた。[13]

建設計画や安全点検から、崩れ落ちるまで、というより崩れ落ちている最中も記録されていた望遠鏡のデータに至るまで、徹底的に調査が行われ、一一二ページに及ぶ報告書がまとめられた。大惨事を起こした原因は、望遠鏡を支えるトラスの要であるガセットプレートに過度な荷重がかかったことだった。調査の結果、責めを負うべき人間はいないとされた。保守管理は適切に行なわれており、崩壊を予測させる構造上の問題はなかった。さらに、ほかの電波望遠鏡に同様のリスクがあると考える理由はないとした。

要するに、すっきりしない結論ではあるが、望遠鏡はただ崩れ落ちたということになる。

この九一メートル電波望遠鏡の崩壊は、望遠鏡の強みと弱みをこのうえなく劇的な形で示した事例だ。負傷者こそ出なかったが、私たちはこのような巨大で複雑な装置をつくって使いこなすことができる一方で、いとも簡単にそれが崩れ去るということを知った。

望遠鏡は光学と工学の粋を集めたものだ。一軒家のような大きさの機器を集めて、山の上の厳しい気象に耐えられるように設計されていながら、同時に、地球の動きに合わせて信じられないほど正確に動く。

鏡や皿は集めた光で正確に焦点を結ばせるために、数学的に完璧な曲面をしていて、誤差は驚くほど小さい。ここまでの精度を求めるのは、物理的特性によるものだ。適切に光を反射して焦点に集めるためには、鏡面精度は観測する波長の五パーセント以内にしなければならない。光学望遠鏡の場合、これは約二〇ナノメートル――髪の毛一本の太さはこの数千倍――という精度を意味する。そのため、どんなに小さなゆがみであっても、鏡に問題があればデータを台なしにする可能性がある。ハッブル宇宙望遠鏡はよく知られているように、焦点が合わない鏡を搭載したまま打ち上げられてしまったので、宇宙飛行士に補正レンズを組みこむ修理ミッションが課されることになった。焦点が合わない原因は二・四メートルの主鏡が、設計より一万分の一インチ平たくなっていたことだった。

鏡は、想像されるとおり、望遠鏡の弱点だ。結局のところ巨大なガラスだから壊れやすいのだろう、と思うかもしれないが、かならずしもそうではない。たしかにガラスには違いないが、ほとんどの望遠鏡の鏡は、ホウケイ酸を原料とした数トンもの重さがある分厚いもので、割れても粉々にならない強度を備えている。もちろん、絶対に割れないということではない。ジェイ・イライアスはそれを目の当たりにした不運な一人だ。ウィルソン山天文台で、天文学者のジョージ・プレストンとアニーラ・サージェントといっしょに、昼の朝食をとっていたとき、ジョージが前夜の観測はどうだった、とみなに訊いた。そこでは比較的小さい六一センチ鏡で観測をしたジェイは答えた。「ええと……ちょっと大変だったかな」[14] どう大変だったのか問われたジェイは、支持板に緩みがあって副鏡が落ちたと説明した。驚いたみなは鏡が割れたのかと訊いた。

ジェイは少し考えて言った。「ええ、一部は[15]」

私が経験した、もしかしたら鏡を落としたかもしれないすばる望遠鏡の一件もある。私はついていた。あのときのエンジニアの言葉は正しく、望遠鏡のアラームは誤報で、再起動で問題は解決した。もし一八〇キロの副鏡が支えを失い、二〇メートル落下したら、間違いなく割れていただろう。コンクリートの床もへこんだはずだ。

しかし、もっとも心配されるのは、慎重に磨き上げた鏡の表面に傷がつくことだ。だから雪、雨、砂、風から守るために望遠鏡はドームに格納されている。ふだんから注意はされているが、現代の鏡は定期的に外されて、コーティングを落とされ、洗って磨かれ、ふたたびアルミニウム処理（通常の劣化から表面を守るためにアルミニウムか銀を薄くコーティングすること）がされる。アルミニウムをコーティングする設備を備えた天文台もあるが、それ以外のところでは数年に一度、手入れしてもらうために別の場所に送り出される。動かす距離が数メートルであろうが数十キロであろうが、巨大な鏡を外す作業は、落とさないようにとつねに緊張感が伴う。

鏡に傷をつける原因としては、天候によるものが大きいがほかにもある。すばる望遠鏡の主焦点に搭載されたカメラがある夜、液体漏れを起こし、オレンジ色の冷却液――車に使われる不凍液と同じ水とエチレングリコール――が、下にあるほかのカメラや主鏡に垂れたことがある。汚れ一つない鏡に明るいオレンジ色の液体が広がったので、最初は騒然となったが、幸い漏れはドーム内で収まり、液体に腐食性はなかった。一方、ついていなかったケースもある。その望遠鏡では、副鏡を支えてバランスをとる役割を果たす内管から液体水銀が漏れた。ドーム内のカーペットに水銀が落ちているのが発見され、すぐに除去と調査が行なわれた（最後は労働安全衛生局が来た）。しかし、最大のショックは鏡を見たときに訪れた。水銀とアルミニウムは相性が悪く、鏡に落ちた水銀のせいで、アルミニウムのコーティングが大きくはがれていたのである。

回転部品を使った大きな精密機器にはよくあるように、望遠鏡も驚くほど自然に故障する。ガセットプレートの不具合が九一メートル望遠鏡に起こした惨事はその最たる例だが、唯一の例ではない。小さな故障が長期にわたって損害を与えることは多くないが、その日の観測を中止させたり、遅らせたりすることはある。私が観測をはじめて間もないころ、セロトロロ汎米天文台でカメラのシャッターが故障し、車で二時間かかるラ・セレナから新しいものを取り寄せなければならないということがあった。私は研究仲間とドームの外に立って美しい空を観賞しながらも、ラ・セレナからシャッターを運んできた車のヘッドライトが、眼下の丘をうねうねと曲がりながらゆっくりと上がってくるのを目で追った。

動くドームも故障がつきものだ。開閉や回転の機能に問題が生じれば、観測は絶望的となる。天気が悪いときと同じように、観測者はじっと待ち、早く修理が終了して貴重な観測時間を少しでも取り戻せるように祈るが、ときには数時間以上かかることもある。

マイク・ブラウンとその仲間は、ある夜、マウナケア山頂にあるケック望遠鏡で観測する予定になっていた。ケック望遠鏡は、山の上ではなく、ハワイ島北部にあるワイメアに設けられたコントロール室から、現地のオペレーターとモニターでつないで観測する。長期にわたった観測の最終日、マイクは自分の観測がはじまるまえに挨拶をしようと、コントロール室に顔を出した。ちょうどそのときモニターから、何か壊れるようなすさまじい音が聞こえた。

それは望遠鏡を守るドームのシャッターが壊れて地面に落ち、ワイヤーや機器の一部が飛んだ音だった。幸い、望遠鏡は無事だったが、スタッフは直ちにドームの修理にとりかかった。どう見ても機械に大きな問題が生じており、おそらく観測は無理だろうと、マイクは告げられた。ドームを閉めることもできない状況で、スタッフは一丸となって取り組んでいたが、観測の準備をしても無駄だろうと思われた。

マイクたちは長期の観測で疲れ切っており、帰り支度もすんでいたことから、綿密にたてた計画が流れることにはなるが、報告を受けいれた。それで飛行機を変更し、西側にあるコナまで一時間かけて移動して、空港でレンタカーを返却したあと、町に出ておいしいピザとビールを楽しもうということになった。観測が終わったときの定番の行動だった（観測をするまえに酒を飲む天文学者はいないだろう）。

数時間、酒で悲しみを紛らわせたあと、タクシーで空港に戻り、搭乗手続きをしようとしたそのとき、マイクにメッセージが届いた。ケックのスタッフからだった。午後のあいだにドームのシャッターを修理するのは無理なので、代わりに観測ができる態勢を整えることに注力した。だから、マイクのチームはこの日の夜、観測できるという。面食らったものの、ケック望遠鏡で観測する機会を逃すわけにはいかないと、みなでタクシーに乗って酔いを醒ましながら一時間かけてワイメアに戻った。その夜は一晩中観測をして、完璧なデータを手にすることができた。

はっきりと観測終了を告げる故障もある。ある天文学者がセロトロロ汎米天文台の四メートル望遠鏡で観測していたとき、画像の質がどんどん悪くなっていくことに気づいた。大気の揺らめきがゆっくりと、だが確実に進み、画質が落ちていったのである。彼は当惑した。観測をはじめたときは空気は澄んでいたし、シーイングがこんなに急に悪化することはふつうない。不思議なことに、気温の低い空気が澄んだ夜から、暑い夏の道路か熱源のそばで観測したような画質に変わっていた。

彼は階段をおりて、何が起きているのかドアを開けてなかをのぞいた。熱源は明らかだった。望遠鏡近くの壁が燃えていたのである。

望遠鏡の機器から漏れが生じてグリコールが壁に伝わり、なかの配線のスパークによって引火したのだ。観測者は冷静に消火器を噴射し、火を消した。彼の同僚が言うには、天文台の責任者がとめなければ、彼はきっと部屋に戻って観測を続けただろうということだった。結局のところ、シーイングの問題は解決したのだから。

天文学者は観測を再開させるためなら手段を選ばず、それが革新的な解決方法を生みだしてきた。ときには、技術的な問題や故障した機器を、手元にあるものでなんとかする。ビームスプリッターを夜のランチのサンドイッチを包んでいたラップでこしらえ、分光器の部品をカミソリの刃二枚で代用し、望遠鏡の台の後ろに梯子をかけたり、自分がぶら下がったりして回転を調整しようとする。

望遠鏡が大きすぎるときにも、その場かぎりの解決方法が生まれる。

鏡が大きいことの利点は主に二つある。たくさん光を集められることと、より鮮明な像を得られることだ。鏡が大きければ大きいほど、暗くて遠い天体を観測できるので、集光力の高さは天文学においては大きな強みとなる。しかし、問題となることもある。八メートルという大きな鏡を使って明るいものを撮影しようとすれば、うまくいかないのは想像できるだろう。携帯電話のカメラを太陽に向けて撮影すれば、同じことが起きる。飽和して失敗作となるはずだ。天文学で使われるCCDは感度が良いので、飽和したものがチップに残ってしまうことがある。明るい光を見たあとに目に残像が残るようなものだ。

そのため、たとえば明るい天の川銀河の星を研究する学生とその指導教官であれば、大きな望遠鏡ならではの鮮明さや高性能な計器はほしいが、鏡の集光能力は抑えたいと思うだろう。こういう場合には、発泡スチロールの真ん中に大きな穴をあけて鏡の前に置く方法がある。鏡のサイズをわざと小さくして、明るい星を飽和させずに観測できるようにするのである。ジャングルジムのような望遠鏡をのぼってお手製の部品を取りつけるのに決まった安全な手順はないので、実施にあたっては臨機応変な対応が求められる（大きな発泡スチロールとダクトテープを携えて、滑らないように裸足になって、望遠鏡の支持構造をよじのぼったときのことは忘れられない。鏡に近すぎない適切な場所を探りながら、頭のなかではもし失敗したらどれだけ面倒なことになるだろうと考えていた。幸いうまく取りつけることができた）。

どうにもできないこともある。そんなときには与えられた条件でどうにかするしかない。経験豊富な観測者のほうが有利なのはそういうときだ。ヴェラ・ルービンはキットピーク国立天文台で観測していたときに、望遠鏡が途中でとまってしまったことがある。観測は可能だし、データも取得できる。だが動かない。ふつうの観測者ならそこで観測は中止にするところだが、ヴェラはその場でプランを変更し、望遠鏡の先を通る天体をリストにして、最後まで観測を続けた。

望遠鏡が壊れたときに、優秀な人間が機転を利かせて問題を解決した話はたくさんあるが、その一方で、人間が問題を起こした話も同じようにたくさんある。

少し考えてみれば、天文台でミスが起きるのは別に驚くことではないとわかるだろう。疲れた人間が辺鄙な場所で精密機器を相手に仕事をしているのである。睡眠と酸素が足りない状態が長時間続けば、判断力は鈍り、データを取得するためなら「魚雷がなんだ！　突っこんでやる！」という精神状態になる。どんなに慎重でどんなに優秀な天文学者でも、つねに最適な判断ができるとはかぎらないし、いつも望遠鏡を守れるとはかぎらない。実際に望遠鏡を壊したこともなければ、「どうしよう、やっちゃったかも」と冷や汗をかいたこともない、という人を見つけるのは難しいだろう。この恐怖の瞬間は、はじめて望遠鏡を使う若い観測者をすくませる。

はじめての観測で、フィル・マッシーとキットピーク国立天文台のコントロール室にいたとき、私は望遠鏡を使ってみたくてたまらなくて、それでいて壊したらどうしようとおびえていた。作業をしながらフィルは、チリのセロトロロ汎米天文台での出来事を話してくれた。その夜、彼は九一センチ望遠鏡で観測していたが、当時出はじめたばかりのＣＣＤに不具合があり、観測の中断を余儀なくされた。同じ日に大きな四メートル望遠鏡でも問題が発生したので、技術者はそちらの修理にまわり、九一センチのほうは後回しにされた。フィルはＣＣＤの故障の原因は電子回路にあるとわかっていた。現物のＣＣＤからは二本のワイヤーが出ていて、片方の先はプラグ、もう片方はソケットになっていて機器からぶら下がっている。フィルはつなげてみようと思った。

残念ながら、これにより問題は解決せず、それどころか、ＣＣＤに電流を走らせることになった。ワイヤーを接続した瞬間、検出器全体が焼けてしまい、検出器は最先端の撮像装置から高価なペーパーウエイトとなり代わってしまった。フィルはショックで呆然とした。

この話はここで終わらなかった。翌日の夕方、フィルが夕日を眺めながら自分のキャリアの終わりについて考えていると、技術スタッフの一人がやってきて隣にすわり、自分の話をはじめた。ある夜、五万ドルの撮像管を扱っていたときに、撮像管を机の上に置いてちょっと目を離したすきに、管はころがっていき、床に落ちて割れてしまったという。フィルはうなずきながら耳を傾けた。その裏にある心配りを感じながら。

そのスタッフは今でも天文台で働いているし、フィルはこの世界で輝かしいキャリアを重ねてきた。それで私のキットピークの最初の夜に話してくれたのだろう。新米観測者は、コントロール室で酸欠を起こしたらどうしよう、望遠鏡の取り換えのきかない部品を壊したらどうしようと思うだけで、恐怖で萎縮してしまうものだ。もちろん、こうしたことが起きるのはうれしくない（CCDの話はフィルが帰るまえに上司に伝わり、フィルは観測から戻るやいなやこっぴどく叱られた）が、こうして伝え聞く話は教訓になるし、聞けば安心もできる。注意を払って慎重に行動すべきだが、こうしたことは起こるものだし、誰にでも起こりえるということは理解しておいたほうがいい。

本書の執筆のために仲間にインタビューしたとき、私は人づてに聞いた観測話で面白いものはないかとかならず訊いた。興味があったのは、裏のとれた細かい話ではなく、語り継がれるうちに天文学の世界で伝説になった話だった。

もっとも多かった反応は「銃で撃たれた望遠鏡の話は知ってる？」だった。

銃で撃たれた望遠鏡の話は、実際に起きてから五〇年間語り継がれてきて、その過程でこういう話にはよくあるように、少しずつ脚色されていった。それでも基本的な事実関係は変わらないし、確認も容易にとれる。

事件は一九七〇年二月五日、テキサス州で起きた（この話をするとテキサスの人はすぐに、撃ったのはテキサスの人間ではなくて、オハイオから来たばかりの人だったと指摘する）。被害にあったのは、マクドナルド天文台の一〇七インチ（二・七メートル）望遠鏡だ。天文台はテキサス州西部の辺鄙な場所にあり、観測がはじまってから一年もたっていなかった。語り継がれるうちに生まれた相違点のなかで大きいのは、いつ撃たれたかということだ。日中なのか、観測が行なわれていた夜なのか。だがこれは事件の記録を見ればすぐにわかる。銃が発射されたのは、観測中の夜、一二時少しまえだった。

狙撃手の人となりも話によって異なる。精神に異常をきたした天文学者という人もいれば、不満を抱えた大学院生だという人もいるし、極端な話では振られた腹いせに復讐に出た男という人もいる。実際には、天文台に雇われたばかりのスタッフで、上司によれば、ノイローゼになっていて、その夜は酔っぱらっていたという。原因はともかく、その結末ははっきりしている。彼は一〇七インチの主鏡をなんとしても破壊しようと思い、九ミリ拳銃をオペレーターに向けて、鏡が見えるように望遠鏡を動かせと要求した。それから、主鏡に向かって七発撃った。

しかし、一〇七インチの鏡は、溶融石英ガラスで四トン近くあり、厚さは三〇センチ以上あった。鏡を粉々にして望遠鏡を破壊するという希望はかなわず、銃弾は鏡に埋まってとまり、ダーツボードにあいた小さな穴のようになった。

ショックを受けた男は銃を投げ捨て、今度はハンマーを持って鏡に襲いかかった。しかし、幸いにしてここで男は取りおさえられ、保安官が呼ばれた。ところが、ここで一件落着とはならなかった。到着した保安官は被害を確認しようと望遠鏡をのぞきこみ、青い顔をしながら鏡が破損していると報告した。鏡の真ん中に大きな穴があいている！　だが、保安官を動揺させた主鏡の穴は、副鏡から跳ねかえった光をカセグレン焦点に通すためにもともとあいている穴だった（男は九ミリ拳銃しか持っていなかったのに、なぜ保安官はそれで真ん丸な大きな穴があけられたと思ったのだろう）。事件はあっという間に広がり、全国ニュースになった。ウォルター・クロンカイトは真剣な面持ちで、大きな被害があったと伝えた。画面に映しだされた写真は、一〇七インチ鏡ではなく、別の望遠鏡のもので、しかも上下逆になっていた。

できたばかりの新しい望遠鏡が撃たれたというニュースによって、天文学界に動揺が走ったため、天文台の責任者のハーラン・J・スミスは声明を発表し、事件の概要と望遠鏡に実質上の被害はないことを伝えた。「銃撃とハンマーの打撃により主鏡が受けた被害はきわめて小さいものだ。半径三センチから五センチ程度の穴があいただけで、これにより集光効率は一パーセントほど下がる……翌日の夜には観測を再開し、この望遠鏡の使用が開始されてからの一年で、最高の写真が撮影されている」[16]

人々は、結局一〇七インチ鏡が一〇六インチ鏡になっただけ、と笑った。今でも銃弾の跡はそのままになっている。

銃撃を受けることはないとしても、天文台は危険な場所になりうる。ほとんどの天文台は整備されていない道の先にあり、高度の高い場所にある。まわりに人の姿はなく、医療設備までは数時間はかかる。なかには可動する巨大な装置があり、疲れた人間がいる。

高度一つとってみても危ない。標高数千メートルとなると、空気が薄くなって身体に影響する。

激しい頭痛、めまい、疲労感、判断力の低下、どれも科学研究に取り組んでいる最中にあらわれる症状としては好ましくない。熟知しているはずの物理の概念があやしくなったり、観測中にとったノートを山から下りて見直すと何が書いてあるのかよくわからない、といった経験をした人は少なくないだろう。

マウナケア山のすばる望遠鏡は、標高約四二〇〇メートルの地点にある。私自身は深刻な症状を経験したことはないが、仲間と面白がって、天文台に備えつけてあったパルスオキシメーターで何度も指を挟んで、血中酸素飽和度を測定してみたときには、数値が徐々に下がっていくのを目の当たりにした(こんなことを面白がっている時点で、酸素不足で正常な判断ができなくなっていることを示している)。マウナケアは世界でもとくに標高が高い場所にあるため、観測者の安全には注意が払われている。宿泊施設は標高二七〇〇メートルと、高所だが快適に睡眠がとれる場所にあり、観測に向かう人は一晩そこで過ごして体を慣らさなければならない。ほとんどのドームには酸素ボンベと酸素マスクが備えてある。悲しいことに、酸素が足りなくなると視力が落ち、星のような小さな物体は見づらくなる。そこで酸素ボンベの面白い使い方を何人かが教えてくれた(ただし本来の使用目的からは完全に外れる)。外に出て、酸素が足りない脳でそれなりに星が広がる空を見上げてから、酸素を吸ってもう一度見上げると見える星が一気に増えるというのだ。

医療施設がないことにも留意すべきだろう。救急のときには、急いで文明社会に戻るしかない。俳優のアラン・アルダは、ＰＢＳの番組「サイエンティフィック・アメリカン・フロンティアーズ」で天文台を紹介し、天文学者にインタビューするために、チリのラスカンパナス天文台を訪れた。そこで手術が必要となる腸閉塞を起こし、山頂からラ・セレナの病院まで救急車で運ばれるという体験をした。彼の著書『*Never Have Your Dog Stuffed: And Other Things I've Learned*（犬を剥製にしてはいけない――そのほか私が学んだこと』にその顛末が記されている。

チリのアタカマ砂漠にある天文台では、救急に備えて設備が整えられている。理由の一つは、チリの北部は山頂よりもたどり着くのが大変な場所で、そこで働くのは肉体的な危険を伴うからだ。二〇一〇年に三三人の炭鉱夫が六九日間地下に閉じこめられたサンホセ鉱山も、このアタカマにある。チリでは法律で、こうした辺境の地では緊急事態に備えて医療従事者を待機させなければならないことになっている。ある天文学者は、ドームのなかで観測をしていた時代に、セロトロロ汎米天文台で仲間の一人が観測に夢中になって、邪魔だった安全チェーンをはずし、プラットホームから転落して、背中からコンクリートに落ちたときのことを語ってくれた。医者のところに連れていくと、煙草を離さない老いた医者がちょっと歩いてみろ、と言う。少し歩いてみせると、医者は大丈夫だ、と正しい診断をくだした。医者は四〇年鉱山で働き、転落して負傷した人をたくさん見てきたので、歩き方を見ればわかるということだった。

転落には気をつけなければならないが、梯子をよじのぼって主焦点ケージに入ったり、高所のプラットホームに移ったりしていた時代にはよくある事故だった。暗いなかでカセグレン式望遠鏡のプラットホームや、ドーム内部のキャットウォークから転落して、脚や背中を骨折した人はかなりの数にのぼる。そうした話を聞くと、だいたい落ちた観測者は、運びだされるときに痛みに顔をゆがめながらも、観測時間を失いたくないので「露出をとめろ！　次のターゲットに移れ！」などとアシスタントに指示を出していくという。

ドーム内の暗さも危険に拍車をかけた。暖かい部屋から真っ暗なドームに駆けこんで、望遠鏡やその台に頭をぶつけて怪我をしたり、脳震盪《のうしんとう》を起こしたり、中には気絶する人までいた。手動で望遠鏡を操作し、ドーム内で仕事をしていた時代には寒さも問題だった。接眼レンズに長時間目をつけて、気づいたときには凍って金属に張りついてしまったという人も一人や二人ではない。聞くところによれば、ある人は苦労して接眼レンズをはずし、目につけたまま暖かい部屋に移り、溶けるのを待って無事外し、それから観測に戻ったという。

こうした話は面白い。笑いを伴うこともあるし、自業自得の怪我を思い出して苦笑いをしながら語ってくれる人もいる。だから聞いているほうは笑い話のように思えるかもしれない。疲れた科学者がめまいをこらえながらドーム内をふらふらと走り、三ばか大将さながらに、突き出た装置に頭をぶつける――そんな絵を想像するのは難しくないだろう。しかし、現実はもっともっと深刻なのだ。

たまに起こる事故はそれぞれが一度きりのものに見えるかもしれないが、実はその一つ一つが、天文学者の置かれた状況がいかに危ないものであるかを伝えている。事故が起きないように安全手順を確立しようが、二人一組のバディシステムを導入しようが、結局のところ、天文学者というのは、科学への情熱に突き動かされながら、照明を消した巨大な可動式の建物のなかで、特別な訓練を受けた人でなければ操作できない大型の機器を使って、仕事をする職業なのだ。

この厳しい現実を思い出させてくれるのが、マーク・アーロンソンだ。マーク・アーロンソンはアリゾナ大学の天文学者で、長年にわたり答えが出ていない刺激的な問題に取り組んでいた。ハッブル定数の値である。一九二九年、エドウィン・ハッブルが提唱した定数――速度を距離で割った比率――は、宇宙の膨張を示す驚くほどシンプルな等式におさまる。しかし、その値を求めるのはおそろしく難しく、数十億光年離れている銀河までの距離を正確に測ることができるかどうかにかかっている。そのため、ハッブル定数の値は、天文学界において一〇〇年近く議論の的となっている（長年五〇から一〇〇のあいだで議論されていたが、最近では六五から七五くらいまでに縮まっている）。

一九八〇年代、マークはこの分野で最先端を行く若き研究者で、ハッブル定数に関する会議にはかならず彼の顔があった。また、カリフォルニア工科大学の学部にいたときから巨大望遠鏡で観測して経験を積んでおり、観測者としての腕と情熱も抜きんでていた。アリゾナ大学でジョージ・フアン・ビースブルック賞、ハーヴァード大学でバート・ボーク賞、アメリカ天文学会からニュートン・レイシー・ピアス賞と、三六歳のときには、すでにさまざまな賞を受賞していた。

一九八七年四月三〇日、マークは学生といっしょにキットピーク国立天文台の四メートル望遠鏡で観測を行なっていた。ほかの銀河までの距離を測り、ハッブル定数を再定義する研究の一環だった。観測がはじまってすぐに、彼は望遠鏡とドームを新しい銀河に向けるように指示してから、空の様子を見にキャットウォークに急いだ。

四メートル望遠鏡は、多くの望遠鏡と同じように、円柱状の建物の上のドームに格納されている。

一つの観測が終わり、次の観測対象に移るときには、望遠鏡の視野を確保するためにシャッターを開けたまま、ドーム全体が望遠鏡といっしょに回転する。キャットウォークはドームの回転部分のすぐ下にあり、壁には膝の高さにドアがあって、キャットウォークとドーム内部をつないでいた。ドームのシャッターは開けたままだと下部がドアにあたる設計になっていた。そのため、インターロック・システムにより、モーターがドームを回転させているときには、ドアは開かないようになっていた。ところが、モーターのスイッチを切っても、ドームはすぐにはとまらないという盲点があった。五〇〇トン近い重さのものが一秒に三〇センチのスピードで動いていれば、停止するまでに一、二メートルは進んでしまう。

その夜、マークと学生たちはキャットウォークに出るドアにたどり着いた。モーターがとまるとすぐにマークはドアを開けた。ドームがまだ動いていたことに気づかずに。ドアを通り抜けようとしたそのとき、シャッターがドアを横切った。挟まれたマークは即死した。

マークの死は天文学界に衝撃を与えた。恐ろしい事故により、私たちはキャリアの頂点にいた才能あるすばらしい仲間を失った。二カ月後、「宇宙の大規模構造」と題した研究会議が彼に捧げられた。会議後、マークの研究成果と最後の研究についてまとめた文書（なかには彼の死後、彼を筆頭著者にした論文もあった）がつくられ、そのなかで彼の同僚のエド・オルシェフスキはこう記している。「私たちは、マーク・アーロンソンのような、たくさんのアイデアと、そのアイデアを実現するエネルギーを持った科学者を必要としている」[17]

山の上の望遠鏡はすべて精査され、四メートル望遠鏡のドームにはインターロック・システムが三重に設置された。ほかの天文台でもこの事故のあと、安全手順やシステムが見直された。アリゾナ大学ではマークに敬意を表して、毎年、「観測天文学の分野で、私たちの宇宙への理解を深める研究成果をあげた」人に、アーロンソン・レクチャーシップを授与している。[18]

✴ 第６章　山は誰のもの？

「オブザーバーはどこかな？」

私は質問の意味がわからないまま、モニターから振りむいた。この人は私に話しかけているのだろうか。この部屋――マウナケアのケック望遠鏡のためにワイメアに設置された遠隔観測室――には私一人しかいないのだから、部屋に入ってきた彼は私に話しかけているはずだが、私はその観測者《オブザーバー》でもあった。博士論文のために観測中で、散らばる雲と格闘し、赤外線分光器の不調に弱り、その場で観測リストを作りなおすのに苦労していた。

私が観測しようとしていたのは、ガンマ線を放出しながら最期を迎える星をかかえる銀河だったが、この夜は距離がありすぎて、宇宙の膨張により光に近い速度で私から離れていっていたのだ。その速度が速すぎるために、これらの銀河が放出する光は相対効果によりゆがみ、赤方偏移と呼ばれる現象を起こしていた。いわば電磁波のドップラー効果である。ドップラー効果は基本的なものだ。車があなたに向かってクラクションを鳴らしながら走ってくれば、その音は近づいてくるときは高い音で、遠ざかっていくときには低くなっていく。これは聞き手であるあなたに対して、音波が圧縮される、あるいは伸張されるために起こる。車が近づいてくるときには、音波は圧縮され、波長は短くなる。だから高い音に聞こえる。一方、遠ざかっていくときには音波は伸張されて長い波長で届く。だから音は低くなる。

同じことが、光速で移動する私の観測対象でも起きていた。音は波長が短ければ高くなり、長ければ低くなる。電磁波、つまり光は、波長が短ければ青くなり、長ければ赤くなる。観測しようとしていた銀河は、宇宙の膨張とともに私から高速で離れていっていたので、放出する光は伸張されていた。もし私がその銀河まで行って直接見れば見えるだろう光は、大きく伸張されて、地球には赤外線として到達していた。波長が長すぎて肉眼では見えないので、特別に作られた機器を使って探知するしかない。

それが欲しいデータだったが、使っていた赤外線分光器が気難しいことは経験上知っていた。雲も問題で、全部の銀河を観測するにはすでに多くの時間を失っていたので、私は残された時間でどうにかしようとリストを作りなおそうとしていた。明るくて観測しやすい銀河にターゲットを絞るべきか、それとも遠くてとらえるのは大変だが、面白いターゲットを目指すべきか。それを決めるためには、それぞれの銀河を観測するのに最適な時期を計算しなおして、一カ月後の観測に回せるものを決めなければならない。さらに入ってくるデータを処理して、機器がきちんと作動していることも確認しなければならない。

だから、そう、私が観測者《オブザーバー》だ。しかも相当忙しくしている。見ればわかるだろう。

「私が観測者《オブザーバー》ですけど。何か?」私は〝愛想のないニューイングランド人〟全開だったが、一応笑顔を見せるのは忘れなかった。話しかけてきた男性も天文学者のようだった。中年で、バックパックを肩にかけ、Ｔシャツには別の天文台のロゴが入っていて、ぶらさげたキャンバス地のバッグは夜のランチではじけそうになっている。ケック望遠鏡ははじめてなのだろうか。それとも何度も来ていて、仲間に挨拶しようと顔を出したのだろうか。あるいは、望遠鏡か天文台か天気について何か知りたいのかもしれない。そのとき使っている人がいちばん詳しいだろうから。

男性は一瞬、間をおいて言った。「いや、責任者という意味で言ってるんだけど」

それも……私だ。私は露出の残り時間をチェックし、データ処理を続けるコマンドを入力してから言った。「何の責任者ですか」もしかしたら、ケックで働いている人を探しているのかもしれない。サポートの責任者とか保守管理の責任者とか。

男性は少しいら立っているように見えた。「この望遠鏡を今使っているのは誰？」

「私です。エミリーです。ハワイ大学で――」

「違うって。ＰＩはどこって訊いているんだ。スケジュール表を見たけど彼の名前がなかったから……」

そういうことか。

ＰＩとは、研究主宰者のことだ。大学では、ＰＩが資金や望遠鏡の使用を申請し、ＰＩに資金や時間を与える形になっている。ケック望遠鏡を利用するＰＩなら、知識と経験と肩書があるということになる。男性は私がＰＩだと思わなかったのだろう。

おかしな話だ。部屋のなかには私しかいなくて、私はメインのコンピューターの前にすわり、そのまわりには星図とノートパソコンと、論文で取りあげるつもりの銀河ごとにまとめた分厚いバインダーが散らばっている。男性が部屋に入ってきたとき、私は山の上のオペレーターに、電話会議システムで次の目標天体を指示していたところだった。PIでなければ、いったい何に見えたというのだろう。

とはいえ、自分がどう見えるかはわかっていた。私は大学院の四年目で最終学年にいて（院生のなかでは経験豊富と言える）、二五歳だった。長い夜を暖かく快適に過ごせるように、フランネルのだぶだぶのパンツに、ペンギンの絵がついた長袖のTシャツを着て、縞模様の毛糸の帽子をかぶっていた。髪の毛は三つ編みにして二つに垂らしていた。ずっとショートヘアだったが、入学時に博士号を取るまで髪を切らないと決めていたので、四年間で友人に三つ編みの仕方を習えるほどまで伸びていた。観測のお供として、手の届くところにゴールドフィッシュ（子供向けのスナック）とピーナッツバター味のエム・アンド・エムズの袋がある。私は背の高い人向けにつくられた大きなオフィス用の椅子のうえに、脚をおってすわっていた。靴は脱いでいて、鮮やかな黄色の靴下にはスマイルマークがついている。要するに、私は子どもみたいだった。

たしかにPIには見えない。

「私がPIで、エミリー・レヴェックと言います。ハワイ大学の院生です」

「あ、そう」彼はうなずきながら口をすぼめた。「明日はぼくなんだ」そう言って口を閉じる。

私は続きを待った。ふつうならここで、お互いの研究内容や望遠鏡の調子や天気について話がはじまる。

「ぼくはカリフォルニア工科大学から来て、研究しているのは……」言葉が途切れる。「ええと、とにかくちょっと訊きたいことがあって……誰か別の人を探すよ」そして部屋から出ていこうとして、ドア口で振りむいた。「調子はどう？」

「まあまあです。ちょっと雲は出てますが、昨日の夜から続いた霧は晴れたし、今のところ順調に稼働しています。シーイングは良好で、だんだん……」

「それはよかった。じゃあ、また」

私は仕事に戻った。露出を終え、望遠鏡を動かし、雲をもう一度確認し、次の露出をスタートさせ、新しいデータに取りかかる。だが、頭のすみから疑問が離れなかった。きちんと靴を履いて、ジーンズにして、三つ編みをやめるべきだろうか。私のふるまいはどうだろう。プロらしく見えるだろうか。ＰＩでこの格好は問題なのか。

もし私が男性だったら、先ほどのような会話になっただろうか。

ある意味、いちばん悩ましいのはこの疑問だった。「これは性差別です。この人は性差別主義者です」と、わかりやすくその人の頭の上にライトが灯ることはめったにない。このとき起きたことにも、たくさんの説明がつけられるだろう。彼はちょっと不器用で恥ずかしがり屋だったのかもしれない。会話をはじめたのは向こうで、明らかに誰かと話したがっていたけれども。あるいは私が若く見えたからか。実際に若かった。世界最大級の望遠鏡を扱う二五歳というのは異例かもしれない。となれば、私の年でＰＩなんて考えられなかったのかもしれない。しかし、ＭＩＴには世界から評価される若手の男性教授がいる。誰も彼の年齢など気にしていなかった。Ｔシャツのペンギンのせいだろうか。たしかに威厳があるとはいえないが、スーパーマリオや忍者タートルズのＴシャツを着て仕事をする男性――しかも教授だったりする――を私はたくさん知っている。それで責任者として不適格だと思われているようには見えない。私は椅子のうえで小さな子どものようにあぐらをかいてすわっていた。さぞ間抜けに見えただろう。一五七センチの私にとってその椅子は大きすぎたので、一〇時間の観測を少しでも快適に過ごそうとした結果だった。ゴールドフィッシュも子どもっぽかった。靴下もふざけすぎだったか。もし私が男だったら、やっぱりPIだと思われなかっただろうか。見た目はそんなに重要なのか。

私の専門や大学名を伝えると、驚くほどたくさんの人――知らない人も含めて――がこう訊いてきた。男性ばかりの世界で女性でいることは大変ではないか、と。私はいつもそんなことはないと答えてきた。本気でそう言っていた。そんな風に考えたことは本当になかった。

やっぱり三つ編みのせいか。

もしこれが五〇年前だったら、ことあるごとに性差別なのか、そうでないのか、頭を悩ませることはなかっただろう。答えは明らかにイエスだったはずだから。

一九六〇年代後半、カリフォルニア州のウィルソン山天文台とパロマー天文台の「男子修道院」では、女性の宿泊を厳禁としており、また女性はPIとして観測を申し込むことも実際に観測することも許されていなかった。ほかの科学分野と同じように、女性たちは熱意を持って天文学を研究したり、教えたりしていたが、望遠鏡にかかわる仕事は男性のものという風潮が根強かった。驚くことではないが、こうした規則で、女性たちを望遠鏡から遠ざけることはできなかった。道を多少険しくする困難が一つ増えただけだった。バーバラ・チェリー・シュヴァルツシルトはこうした女性たちの一人だ。夫のマーティンは優秀な天文学者だったが、望遠鏡に詳しかったのはバーバラだった。観測時間はマーティンの名前で与えられていたが、実際の観測はバーバラが行なった。

マーガレット・バービッジも同じような方法で、観測天文学者としてのキャリアを積んだ。一九五五年、ウィルソン山天文台は、公式には理論宇宙物理学者である夫のジェフに観測時間を与えた。しかし、当時の仲間は冗談で、ジェフには望遠鏡のどちらがうしろかもわからないだろう、と笑った。実際に観測したのは、ジェフの〝アシスタント〟のマーガレットだった。それは山の上では公然の秘密だった。マーガレットは研究を続けた。夫ジェフ、ウィリアム・ファウラー、フレッド・ホイルとともに執筆した論文のなかでは、もっとも軽い化学元素以外はすべて恒星内でつくられると提唱した。つまり、彼女はカール・セーガンの有名な「私たちは星の物質でできている」という言葉の裏にいる科学者の一人ということだ。それでも、マーガレットは修道院で寝泊まりできなかったので、ジェフと二人で敷地内の小さなコテージに宿泊することを余儀なくされた。

一九六六年、アン・ボーズガードはウィルソン山天文台の二・五メートル望遠鏡で、自分の名前で観測を許された女性観測者の第一号となったが、やはり宿泊先はコテージだった。同じころ、エリザベス・グリフィンは、ウィルソン山をケンブリッジ大学から当時の夫ロジャーとともに訪れるようになった。それ自体異例のことだった。二人とも天文学者だったが、専門とする分野は違ったため、イギリスの研究会議はエリザベスではなく、夫に助成金取得を認めた。夫はウィルソン山までの旅費二人分を含めて助成金を申請したが、この点が問題となり、数週間審議されたあと、最終的に王室天文学者（イギリス王室が任命する役職）のもとに持ちこまれた。その返事を要約すれば、「ロジャー・グリフィンが行く必要があるのはわかるが、なぜグリフィン夫人まで行く必要があるのか」というものだった。[19] それでもグリフィン夫妻は最終的には意見を通し、二人分の旅費を手に入れた。これで山はアンとエリザベスという二人の女性を迎えることになった。しかし、迎える側にとっては悩ましい問題だった。女性が修道院に滞在することは、まだ許可していなかったからだ。

初期の女性観測者は宿泊に関する規則のせいで、余計な困難を乗りこえなくてはならなかった。こぢんまりとした山のコテージに泊まると聞けば、堅苦しい修道院に泊まるよりよさそうに思えるかもしれない。しかし、コテージは簡素なつくりで、電気は通っているが、水道はなく、シャワーも浴槽もなかった。暖房は「オールド・ダッドリー」と名づけられた、気難しい老人のような薪ストーブがあるだけで、冬は寒い思いをした。アンもエリザベスも、冬の寒い夜の観測を終えて冷え切った体でコテージに戻り、オールド・ダッドリーに火をいれて部屋が暖かくなるまで寒くて眠れなかったことを思い出す。そのころ男性観測者は暖かい修道院でぐっすり眠っていただろうに。また、コテージはエコーポイントという展望台の近くにあったため、観測者が寝ている昼間には、登山客がうろついたり、大声を出しあったりして騒がしかった。

トイレも問題とされた。天文台のお偉方は、女性はどこで用を足せばいいのか頭を悩ませた。パロマー天文台では、そこに女性用のトイレがなかったため、女性には二〇〇インチ（五・一メートル）望遠鏡を使わせず、長いあいだ議論になった（男性は一晩中主焦点ケージで過ごし、ドライアイスを入れてきて空になった魔法瓶に用を足していた）。同じような議論が宿泊所でも起きた。アニーラ・サージェントとジル・ナップは、ウィルソン山の修道院に泊まったはじめての女性となったが、迎えるにあたってトイレが心配された。天文台のスタッフは、女性が男性観測者とトイレを共有することを気の毒に思って悩んだ。だが、二人とも観測者と結婚していた。「そんなこと、すでに経験していたのに」とアニーラはそっけなく言った。[20]

一九六五年、ヴェラ・ルービンは女性としてはじめて、パロマー天文台にあるカリフォルニア最大の二〇〇インチ望遠鏡の観測枠を得た。ヴェラは修道院に宿泊することを許されていたが、天文台にはまだ問題があった。雲が広がる夜、彼女ははじめて二〇〇インチ望遠鏡に案内されて、「トイレ」を見せられた。一人が入れる大きさで、ドアにははっきりとわざわざ「ＭＥＮ」と書かれていた。ヴェラは二〇一一年のアニュアル・レビュー・オブ・アストロノミー・アンド・アストロフィジックス誌に寄せた「An Interesting Voyage（面白い旅）」と題した回顧録のなかで、この問題をいかに簡単に解決したか綴った。「次の観測のとき、私はスカートをはいた女性の絵を描いて、ドアにはりつけた[21]」一件落着。

ヴェラは一九六七年に渦巻銀河の回転について研究をはじめ、観測天文学史上、画期的な発見をした。当時の天文学界では、渦の外側はゆっくりと回り、銀河の中心近くは速く動いているとされていた。理由は明快だ。銀河内の質量――恒星、ダスト、ガス――は中心に集まっているのがはっきりと見え、重力の法則により、この中心から離れているほうが引力が弱く、ゆっくりと回転するだろうからだ。

ヴェラはこの説を確認したいと思って研究をはじめたわけだが、予想もしなかったことがわかった。銀河の外側はゆっくりとは動いていなかったのだ。銀河の端にあるガスや恒星も中心と同じスピードで動いているように見えた。ヴェラは次々に銀河を観測していった――数十もの銀河を観測した――が、どれも同じ結果を示していた。数カ月考えた末に、ヴェラはもし銀河に目に見える恒星、ガス、ダスト以外に、質量を持つ物質からなる目に見えないハロー（渦巻銀河を球状に取り巻く領域）部分があるとしたら、入手したデータは完全に説明がつくという結論に達した。ヴェラは暗黒物質《ダークマター》の観測上の証拠をはじめて見つけたのだった。

今でも暗黒物質の正体はわかっていないが、存在していることはわかっている。ヴェラの発見後、暗黒物質は宇宙の歴史と進化を語るときの要となり、大量にあるこの物質の正体を突きとめるべく観測は続いている。この発見は物理学のなかに新たな分野を生みだし、ヴェラは天文学者に与えられる権威ある賞を次々に受賞した（ただし、ノーベル物理学賞をのぞく。女性研究者の受賞は長年空白となっている）。暗黒物質の研究に取り組んでいるあいだ、彼女は天文台で観測枠をもらえる唯一の女性観測者であり続けた。

数年後、ヴェラが同僚のディードリー・ハンターと、ラスカンパナス天文台で観測していたとき、その山で観測をしていた人が全員女性だったことがあった。ヴェラはその出来事を記念してコントロール室に集まって写真を撮った。エリザベス・グリフィンもウィルソン山天文台で同じことを体験している。二・五メートル望遠鏡で、同僚のジーン・ミュラーと女性アシスタントといっしょに観測をしていたとき、山で仕事をしているのは自分たちだけであることに気づいた。ウィルソン山はその夜、女性だけの天文台となった。どちらの出来事も一九八四年のことだった。その年、私は生まれた。

私は一九九〇年代の「女の子はなんでもできる」という精神のもとで育った。家族からも学校の先生からも、自分で決めた目標に突き進むべきだという明確なメッセージを受けとっていた。つきあっていたデイヴには、子どものころに観たキャリアを追求する女性が主人公の映画にはなかなか登場しない、強くてサポートを惜しまないパートナーとなる気質があった。彼は、私たちが対等な関係で、お互いのキャリアを尊重し、サポートしあい、それぞれがつねに大きな夢に向かってチャレンジしようと言ってくれた。

この世界に飛びこんだとき、私はいとも簡単にジェンダーは関係ないと思いこんだ。アンやヴェラたちの話をはじめて聞いたときには、私の脳は反射的にはるか昔の話として受けとめた。大学や大学院で「宿泊施設に泊まれず、望遠鏡での観測を禁止された女性たち」の話を聞くたびに、『赤毛のアン』と婦人参政権運動のドキュメンタリーがごっちゃになったセピア色の映像――男性は懐中時計を持ち、女性はエドワード朝の黒のロングスカートをはいている――が思い浮かんだ。女性が、女性だからという理由で行動を抑圧された理不尽な時代だから、そんな連想をしたのだろう。考えが及ばなかったが、女性観測者の話は一九六〇年代の話だ。カラー写真とジーンズの時代であり、ヒッピーと公民権運動の時代であり、話に出てくる女性たちは私の祖母よりもあとに生まれている。私はそのほとんどの女性と実際に会っているし、アン・ボーズガードはハワイ大学で私がはじめて師と仰いだ人だ。

　ヴェラ・ルービンがパロマー天文台で初の女性ＰＩとなった一九六五年から、女性だけの観測の夜が実現した一九八四年に至る変化のペースが、その後減速しているのか、加速しているのか、変わらないのかは一概には言えない。たしかに昔とは違う。アメリカ物理学会によれば、二〇一七年、天文学の博士号を取得した一八六人のうち四〇パーセントが女性だった。[22] しかし、性差の解消は別の側面から見れば、まったく進んでいないことがわかる。二〇一七年の博士号取得者の四〇パーセントは女性だったかもしれないが、ヒスパニック系の女性はわずか四パーセント、黒人女性は二パーセントしかいなかった。[23] 二〇〇七年のネルソン・ダイバーシティ・サーベイによれば、アメリカの天文学部の上位四〇の学部では、性別にかかわらず、黒人の教授はたった一パーセントしかおらず、ヒスパニック系の教授も一パーセントしかいなかった。学部生や大学院生のあいだでは状況は改善している（ハーヴァード大学にある初の黒人天文学者ベンジャミン・バネカーの名を拝したプログラムなども貢献している）が、数字としては依然として少数だ。そのなかで、理論天体物理学やほかの分野ではなく、観測天文学に従事している人の割合を示すデータもない。だが、歴史を振り返れば、有色人種の観測天文学者が実績を積み重ねてきたことはわかる。ハーヴェイ・ワシントン・バンクスは一九六一年、黒人ではじめて天文学の博士号を取り、分光学と軌道の計測を専門に観測を行なった。その後は、一九六二年にベンジャミン・フランクリン・ピーリー、一九七九年にギボール・バスリが続き、一九八二年にはバーバラ・ウィリアムズが黒人女性としてははじめて博士号を取得した。観測者にはめずらしくない物理学と工学を学んだ経歴を持ち、観測分野に貢献した天黒人天文学者もいる。アーサー・Ｂ・Ｃ・ウォーカー二世は、ロケットとエックス線を利用した天文学の礎を築き、ジョージ・カラザーズは、紫外線を検知する撮影装置と分光器の開発によって、あらゆる天文学の分野の父となっている。

おそらくもっとも重要なことは、望遠鏡を利用する権利や観測現場の問題などを含めた業界全体のありかたについて変化を求める声や、公平性や包括性を重視する声に、以前ほどの激しさが見られなくなってきていることだろう。ハッブル宇宙望遠鏡は最近、観測提案の年間審査を二重匿名方式に変更した。内部で調査した結果、女性の提案が採用される率は、男性の提案よりもつねに低いことが明らかになったからである。提案書から名前を削除した結果、性差による採用率の差はなくなった。

同時に、七〇年たった今でも、私や同業の女性研究者は研究室でも山の上でもたった一人の女性となることが多い。それに対してとくに何も感じなくなるほどふつうのこととなっている。天文台の夕食の席で女性は自分一人だけという夜は思い出せても、ディードリーやエリザベスのように女性だけの夜は思い出せない。その理由として考えられるのは、業界規模が小さいこと、単純な統計の問題、そして、力を持った役職者が数十年前の男女比を反映した年長者で占められていることだろう。だが、一九八四年の女性だけの観測の夜もまた、統計の気まぐれだと思われる。当時、ラスカンパナス天文台では「すべての木の陰には女がいる」というジョークがささやかれていたという(山頂には木は一本もない)。

天文台も性差別や人種差別の問題と無関係ではない。私がインタビューした女性のなかには、ハラスメントや攻撃された経験を語った人もいた。直接攻撃されなくても、天文台が不愉快な環境にあると言う人もいる。互いに面識はない二人の女性は、同じ天文台のオペレーターが、望遠鏡を操作していないときには、堂々と自分のノートパソコンでポルノ画像を見ていたと証言する。ほかには、機械室や整備室にヌードカレンダーやプレイボーイのヌード写真が貼られていると言う人もいた（このことに言及する男性もいた）。

女性を守らなくてはならないという姿勢が、皮肉にも性差別を生んでいると指摘する声もあった。女性を守ろうという姿勢は、中立の立場であれば、しごく真っ当な感情だ。仲間の安全を確保したいと思うのは当然だろう。だが、それがジェンダーと結びついたとたんに、存在しないはずの上下関係を押しつけてくる人が出てくる。二〇一〇年、私の知り合いは、アリゾナ州の天文台ではじめてPIとして観測していたとき、ほかの研究者からすぐに観測をやめるようにと電話をもらった。女性一人で観測するのは危険だから、というのが理由だった。観測を続けるなら、男性のつきそいを連れてくるべきだと言われた。ある女性は、妊娠中の観測で思い出すのは、肉体的につらかったことや医学的な心配ではなく、トランシーバーも自分たちが持つと主張して、彼女に何一つ持たせようとしなかった男性観測者のことだという。

私は、超大質量ブラックホールを中心に持つ銀河を研究するダーラ・ノーマンに、人種が観測者としての経験にどのような影響を与えたと思うか訊いた。ダーラは、チリの天文台に着いたとき、アメリカから来る天文学者が黒人女性だとは思いもしなかったとスタッフに驚かれたという。太陽系外惑星の発見に取り組むジョン・ジョンソンも同じような体験をしたことがある。黒人の天文学者が二十数人に一人しかいないのは現実であり、ジョンは天文台に行くと、研究者やスタッフのさまざまな反応――軽く驚く者もいれば、「来る場所を間違ってないか？」という表情を見せる者もいる――に遭遇する（ただし、この種の反応は有色人種の科学者や学者であればよく経験することだ、とジョンは指摘する）。

しかし、ほとんど全員が、望遠鏡のもとで仕事をしているときは、日常によくあるこうした問題とは無縁でいられると言う。技術的な問題や扱いが難しい数々の問題を前に、山の上ではある種の一体感が生まれるからだ。そこに集まった観測者たちは、科学者の集団であり、性別や人種は連帯を妨げるものでも、仕事に専念するのを邪魔するものでもない。

過去にハラスメントを経験した女性でさえ、それはハラスメントをした人やそういう行為を許した人が悪いのだと言う。科学者として彼女たちは観測を愛しているし、天文台は仕事をする場所としてすばらしいと思っている。

何人かの女性が、観測をしているときには、クラスでただ一人の女の子、あるいは唯一の女性教授といったことを意識せずにいられると言っていた。山の上では、仲間がまわりにいたとしても、ただ一人の人間として、一日中天文学に浸り、一晩中天候や気分屋の機器と格闘する。それは女性観測者であり、女性天文学者である私にとって、大きな意味を持つ経験だ。望遠鏡がある場所には、静けさがあり、暗闇がある。科学者として、そして人間として、一人たたずみ、夜空の美しさに浸るのに最適な場所だ。ヴァージニア・ウルフは、女性が美しい物語を書くためには自分の部屋が必要だと言った。もし自分の山で望遠鏡をのぞいたら何が起こるだろうか。考えるだけでわくわくする。

科学研究の世界が人間の関心事と無縁でいられたら、どんなにいいだろう。天空を探索するという高尚な研究が、ジェンダーや人種といった些細なものに見える問題を払いのけることができたら。科学的な真実を純粋に追求しているときに、人間同士のいさかいを排除できたら。現実は正反対だ。こうした問題は科学者にとって些細なものではなく、業界全体で取り組むにあたって、科学者としても市民としても役割を果たすことが欠かせない。天文学の世界でも、昔から論争や対立はあった。「天文学における論争」と言えば、ガリレオと教会の衝突に代表される宇宙と宗教の歴史的な対立や、ＵＦＯ論争などが思いうかぶだろう。後者についてはこれだけは言える。一五年間、自身で観測してきて、あるいは、ほかの天文学者と宇宙の不可思議や観測中に経験した信じられない出来事について話したりしてきたが、一度もＵＦＯを見たことはないし、見たという科学者に会ったこともない。とはいえ、天文学の専門家でも、光り輝く金星や通りすぎる衛星、空を飛ぶガンのお腹を見て、もしや、と思うことはある（いずれもＵＦＯと間違われることが多いものだ）。

望遠鏡が宇宙について教えてくれることに驚いたり、自分の不勉強を恥じたりすることがある一方で、ときにはそれらが科学的な論争に発展することもある（ハッブル定数や、冥王星の惑星論争など）。しかし、天文学の世界でこの数十年、もっとも熱く議論されているのは科学そのものではなく、天文台に関することである。

一九八〇年代のはじめごろ、急進的な環境保護団体、狩猟愛好家、サン・カルロス・アパッチ族は、アリゾナ州のグラハム山の天文台建設に反対し、法的に対抗した。一九九〇年代のはじめには、南アメリカのある天文台は、チリの独裁者アウグスト・ピノチェトによる命令の正当性を問ういくつかの訴訟の対象となった。二〇一五年、新しい望遠鏡の建設地に通じるマウナケア・アクセス・ロードは、建設に反対する人々によって閉鎖された。ニュースやインターネットでこうした映像を目にして、困惑する人は多いだろう。なぜ望遠鏡の設置に反対するのか。

こうした論争は、望遠鏡そのものではなく、それがどこに建てられるかを考えればその本質が見えてくる。天体観測に適した場所を見つけるのはきわめて難しい。望遠鏡の技術が進化するにつれて、その能力を生かせる場所に設置することがますます重要になってきているなかで、その場所そのものが火種となりうるからだ。アリゾナ州立大学の教授リアンドラ・スワナー博士は、二〇一三年に発表した博士論文「Mountains of Controversy: Narrative and the Making of Contested Landscapes in Postwar American Astronomy（論争の山――戦後アメリカ天文学における土地をめぐる戦いの物語とその構造）」のなかでこうした論争の分析を行なっている。

望遠鏡の建設に反対する声をまとめれば、大きく三つに分けられる。一つ目は環境保護のためである。天文台は未開の山に建てられる。望遠鏡建設の環境への影響は、ホテルやスキー場といったほかのプロジェクトにくらべれば少ないが、それでも道を切り開き、機材を運び、土地をならし、基礎をつくり、巨大な建物を建て、人と車両を往来させることになる。

二つ目は土地の権利が絡む問題で、これは深刻化しやすい。望遠鏡を建設する場所は、そのために区分された場所でなければならない。たいていの場合は、そこに建てていいという許可をもらうことになるが、土地の所有者と建設許可を出す権限を持つ者を特定するのは、言うほど簡単ではないことがある。

最後に、山という場所が地元住民の精神、文化に大きな意味を持っている場合だ。どんな天文台でも、人間が集まって光を発する場所からできるだけ離れているほうがいい。だから、街から遠く離れた無人の山の上であたりを見回し、ここなら大丈夫と判断するわけだ。しかし、昔から人々の家――物理的な意味ではなく精神的な意味で――であり続ける山もある。人々は外部から土地を守り、管理していかなければならない使命感を持っている。

アリゾナ州のグラハム山は、一九八〇年代のはじめに天文台の建設地として選ばれた。大気の条件が天体観測に最適な山の上には、当初、一〇基以上の望遠鏡が設置される予定だった。しかし、山はリス――正式名はマウント・グラハム・アカリスといい、一九八七年には絶滅危惧種に指定されている――にとっても、狩猟愛好家にとっても最適な場所だった。その結果、奇妙な連帯が生まれ、環境保護活動家と地元の狩猟クラブは手を取りあって、建設の反対運動を繰りひろげることになった。

最初の数年は法的に争っていたが、やがて争いは実力行使の様相を帯びてきた。急進的な環境保護活動家たちは天文台の装置を破壊し、送電線を切り(なかには天文台に関係ないものもあった)、建設機械を運べないように道路にすわりこんだ。建設支持者のなかには脅迫文を受けとった者もいれば、死んだリスを送りつけられた者もいた。

建設推進派は終わりの見えない論争と工事の遅れに嫌気がさし、アリゾナ州の上院議員とワシントンのロビー会社に協力を依頼して、一九八八年に付帯条項を議会で通過させた。それは、絶滅危惧種保護法の条件を満たさなくても直ちに建設を開始できるとするもので、反対派を激怒させ、この問題を全国ニュースにした。

この動きとは別に、一九九一年、サン・カルロス・アパッチ族の非営利団体も、グラハム山の望遠鏡建設の中止を求める訴えを起こした。山は神聖な場所であり、天文台の建設は、アパッチ族の信仰の地であり埋葬の地である山を冒とくするものだ、というのである。訴えは一九九二年に棄却されたが、反対運動は衰えることなく続いた。この時点で争点となったのは環境や生態系の問題や、神聖な場所とされた山の価値だった。また、スワナーが論文のなかで「文化の大量殺戮の象徴」[24]と表現した気運が一部の活動家のあいだで高まりつつあった。

全国ニュースにはなったものの、報道は誰の得にもならなかった。メディアは、うまく単純化すれば視聴者や読み手をひきつけられると踏んだ。たとえば、小さなリスと、環境を汚染する巨大な望遠鏡を建てるべくうなりをあげるブルドーザーといったように。ニュース番組は、リスの立場を代弁した抗議者の様子をとりあげた（環境保護団体「アース・ファースト！」のメンバーは望遠鏡とリスになって寸劇を行ない、公聴会の邪魔をした）。なかには、サン・カルロス・アパッチ族の反対を伝える報道もあったが、多くは複雑で多面的なこの問題を、「リス対望遠鏡」と単純化して伝えた。[25]

現在、グラハム山には天文台があって観測が行なわれているし、アカリスの数は順調に推移している。生物学者は毎年リスの数を調査している。ここで観測をする天文学者は事前に説明を受け、リスを殺したり傷つけたりしないと約束する書面にサインしなければならない。天文台はサン・カルロス・アパッチ族に大学の天文学プログラムを提供しようと申し出たが、賄賂だとして断られた。グラハム山は、環境問題、土地の権利、文化の問題という三つがすべて望遠鏡に絡みあった一例だ。ハワイ島のマウナケア天文台はまた別の様相を見せている。

マウナケア山はハワイ島の火山地帯にわずか一〇〇万年前にできた休火山だ。海底から測れば一万メートルあり、エヴェレストより高い。その斜面は高山ツンドラに分類される。草木の姿はまったく見えない赤い噴石丘が広がり、ふわふわとした綿菓子のような雲が山頂より低いところと、無垢な空に浮かんでいる。

この環境――雲の上に広がる地面、乾いた空気、完璧に晴れた空――のおかげで、マウナケア山は天文学にとって特別な場所となった。山頂の望遠鏡は、彗星や小惑星の発見もすれば、宇宙の果てが放出する光も観測し、そのデータは天文学のすべての分野に貢献している。一晩で、一〇以上もの研究プロジェクトのデータを取得し、地球上のほかの場所ではなしえない発見をしている。

マウナケア山は、ほかのハワイ島の火山同様、ハワイの先住民族にとっては聖なる山だ。山頂に雪が積もることから「白い山」という意味の名を持つマウナケア山は、ハワイ神話の雪の神ポリアフが住む場所と信じられている。また、ハワイ島のへその緒として、山を生んだ空と土地をつないでいるとされる。

ハワイ文化の宇宙とのつながりも強い。ハワイ人やポリネシア人は、航行者から代々口頭で伝えられてきた夜空の知識を何よりも頼りにした。ポリネシアの探検者は星を目印にして太平洋を数千キロ旅することができたという。

しかし、マウナケア山上の天文台は、一九七〇年に第一号の望遠鏡が観測をはじめて以来、ずっと論争の火種になっている。望遠鏡が山の環境や文化活動、ハワイ島の住人が楽しむ景色に与える影響が問われ続けているのだ（最初の抗議は、島のほとんどどこからでも見える白いドームは景観を損ねるに違いない、というものだった）。一九八三年に開発計画と環境への影響をまとめたものが二〇〇〇年までの計画として提示され、望遠鏡は一三基までしかつくらないということで建設は許可された。その上限は二〇〇三年に達した。

その後二〇〇九年、マウナケア山はＴＭＴ（三〇メートル望遠鏡）の建設地に選ばれた。超大型望遠鏡（直径二〇メートル超の鏡を持つ望遠鏡のことをいう）プロジェクトの一つであるＴＭＴは、世界の研究機関が共同で立ちあげたもので、二〇〇九年に、建設に最適な場所としてマウナケア山を選定した。完成した暁には、北半球で最大、世界で二番目に大きな望遠鏡となり、マウナケアのケック望遠鏡（一〇メートル）が小さく見えることになるだろう。画像はハッブル宇宙望遠鏡よりも一二倍は鮮明なものとなり、宇宙の初期の歴史やブラックホールの謎、生命体が存在するかもしれない惑星の発見に貢献すると思われる。マウナケア山にＴＭＴが建設されれば、すでに確立している天文学研究のトップとしての地位は、さらに強固なものとなるだろう。

マウナケアの望遠鏡を支持しない人々は、一九八三年の一三基という制限に違反するとして、ＴＭＴにはとくに強く反対し、建設中止に追いこむための活動をはじめた。建設許可をめぐる訴訟は、計画を数年間遅らせた。

二〇一四年までに、ハワイ大学は上限を一三基とする一九八三年の約束を守るため、既存の三基を撤去することに同意した。TMTのコンソーシアムは地元の雇用とSTEM教育（科学、技術、工学、数学に重点を置いた教育）のために数百万ドルの支援を約束した。TMTはできるだけ目立たないようにするために、空と地面を映す特別なコーティングが施され、高度が低い北側に建てられることになる。そのためハワイ島の八六パーセントの場所からはその姿は見えない。望遠鏡がつくられるあたりは、埋葬地でも遺跡でもないことが確認され、建設中は、考古学的な発見や文化的な発見があればすぐに工事をとめる権限を持った監視人がつく。こうして計画が整い、法的な問題も解決し、二〇一五年から建設することが許可された。

ところが、二〇一五年四月、大勢の人が山に押しよせ、マウナケア・アクセス・ロードを封鎖し、建設機材が現地に届かないようにした。抗議する人々は、山を冒とくするものだと書いたプラカードを掲げ、ハワイ州の旗をはためかせた（なかにはハワイ存続の危機が迫っていることを示すために上下逆さまになっている旗もあった。TMT反対運動がハワイの主権運動と結びついたことを示していた）。三一人が逮捕されたが、抗議の規模と激しさから、ハワイ州知事は一時的に望遠鏡の建設を延期した。六月にふたたび工事車両が現地を目指したが、ハワイの人々は今度は道路と現地に石塚を建てて、神聖な土地を破壊することに抗議した（一つはブルドーザーで撤去されたが、ほかはしばらくしてから自発的に撤去された）。同日、マウナケア天文台と麓を結んで埋設された光ファイバーケーブルが何者かによって破壊された。

ＴＭＴ反対運動はすぐにソーシャル・メディアにあがった。「ゲーム・オブ・スローンズ」や「アクアマン」の俳優で、ハワイ先住民族の血をひくジェイソン・モモアは、抗議活動のことを聞いて、インスタグラムに自分の裸の胸に「WE ARE MAUNA KEA（私たちはマウナケアだ）」と描いた写真をアップした。ほかの役者たちもそれに続き、#WeAreMaunaKeaというハッシュタグで次々に投稿された。ソーシャル・メディアで広まったので、マウナケア抗議運動は全国ニュースになった。グラハム山の問題をメディアが「リス対望遠鏡」と単純化したように、二〇一五年のマウナケアの反対運動もすぐに「信仰対科学」となった。どちらの利益にもならない、過度に単純化した構図だった。

激しい抗議活動とメディア攻勢に続いて、ＴＭＴの建設許可の交付に異議を申し立てる裁判は二〇一五年八月、ハワイ州の最高裁に持ちこまれた。裁判所は、公聴会前に交付したのは早すぎたとして、許可を無効とした。この年が終わるころ、工事はまだ手つかずだった。

二〇一五年の激しい対立から三、四年経った二〇一八年から二〇一九年のはじめごろ、私は仲間の天文学者にＴＭＴについて意見を聞いた。興味深いことに、そのころにはみなインタビューや公式な場では、それがいかに緊張感をはらんだ話題であるかを強調するばかりで、あまり話したがらなくなっていた。

話が通じない反対者にいらだちを示す人はいた。法的な手続きがなされ、ＴＭＴ側も譲歩したのに、反対を繰り返す人々に不満を感じているという。また、マウナケアの生態系に望遠鏡が影響を与えるという事実ではない話も根強く残っていた。望遠鏡を建設する際には山を七層掘削し、地下水を汚染するとうわさされたが、TMTと生態系の調査をした報告書はそれを否定した。望遠鏡は巨大でそれだけで五エーカーもの敷地を使うという人もいたが、実際には五エーカーには、ドーム、管理施設、砂利敷きの駐車場、一時的な建設機材置き場も含まれている。ネット上では、望遠鏡は原子力で動かされるという話があちこちでまことしやかに語られていた。こうした言説を完全につぶすことはできないため、もうあきらめて法的な勝利を待つほうがいいという者もいた。

しかし、セイン・カリーの意見は違った。二〇一五年当時、マウナケアとハワイ島で仕事をしていた天文学者で、TMT建設を強く支持していたが、同時に天文学者は、耳を傾けてくれるなら誰に対しても、計画について納得のいくように説明すべきだと考えていた。激しい抗議活動のなかで、彼は参加者に話しかけた。その多くは積極的に天文学者と話をしてくれたという。人々はTMTに対する疑問を口にしたので、セインは望遠鏡が帯水層を汚染することはなく、三〇メートル鏡がハワイの天文学にどれほど大きな意味を持つことになるのか説明した。ほとんどの人はセインの話に理解を示した。セインは、抗議運動の多くはマウナケアを守りたいという純粋な気持ちから生まれていると感じ、前進するためには双方が話を聞く姿勢を持ち、お互いの想いを伝え、妥協しあうしかないと思った。

セインと仲間たちは一年間、ヒロ・ファーマーズ・マーケットで情報発信を行なった。TMTの公式な活動とは認められなかったので、セインたちは自腹でビラをつくり、毎週朝七時からブースに詰めた。怒っている反対者に直接会って話をするのは危ないという同僚の言葉は無視した。逆に、地域のほとんどの人は望遠鏡について正確な情報を求めていて、天文学者と直接話ができることを喜んでくれた。セインが話をした人のなかにはＴＭＴを支持する人も多かったし、話をして支持する側に回った人もたくさんいた。納得しない人もいたが、とにかく対話は続けられた。

　現在もセインは、前に進むためには対話しかないと考え、ＴＭＴの支持者に対しても反対者に対しても、争点について互いの声を聞くように働きかけている。つまり、ハワイ島の住民と、ＴＭＴとＴＭＴが地域にもたらすものをよく知っている人々の双方に向けて呼びかけている。セインによれば、なかには、受けいれられる結論はＴＭＴ建設の撤回（あるいはマウナケアから望遠鏡を一掃する）だけという強硬派もいるが、多くの人は妥協点を求め、耳を傾ける価値があると思っているという。

　セインの批判は、彼が対話した反対派ではなく、ハワイ島や地域社会につながりを持たないにもかかわらずＴＭＴの反対派に回った天文学者に向けられる。「ぼくには彼らがこの問題を不当に利用しようとしているか、単なる偽善者のように見える」と、セインはＴＭＴを支持する先住民族を批判する天文学者や、支持するのは人種差別主義者だという同業者に向けて言う。[26] すでに十分に緊張をはらんだ対話において、情報不足のまま多数派の支持に回って意見を言うのは、対話を根底から揺るがすものだと思っている。

　実際に、ＴＭＴに反対する天文学者はいる。その一人がジョン・ジョンソンだ。彼は博士研究員としてハワイ大学に勤務し、マウナケアのケック望遠鏡で太陽系外惑星の観測をしたことがある。なぜＴＭＴに反対するのか訊いてみたところ、この論争には人種の問題とハワイ先住民族の歴史が絡んでいるという答えが返ってきた。そこにはハワイの人々から奪った神聖な土地をめぐる争いがある。彼らが味わった屈辱は時間がたっても消えることはない。自分の研究のためにマウナケアの望遠鏡を使用していながらそんなことを言うのは矛盾しているのではないかと指摘されても、ジョンは取り合わない。彼は沈黙したり、迫害に加わるのではなく、道徳的な見地から、彼らが持つ望遠鏡を建設させない権利——彼らに残された最後の抵抗——を認めなければならないと感じている。「TMTでどんな発見をしようとも、それに見合うものがあるとは思えない」[27]

ジョンとセインは一つだけ意見が一致している。結局のところ、この論争の争点は望遠鏡ではないということだ。

二〇一九年半ばまでに、TMTは四年におよんだ法的な争いを抜けだした。二〇一八年末には、ハワイ州最高裁は新たに条件を追加したうえで、三四五ページの報告書とともに、ふたたび建設を認める決定をくだした。

ハワイ大学は、TMTの建設がはじまるまえにマウナケア山の望遠鏡を三基撤去するという前回の約束に加え、さらに二基を撤去することに同意した。そのうちの一基は、ブラックホールの撮影という世界的な試みに参加したばかりの望遠鏡だった。TMTはゼロ・ウェイスト方針を採用することを約束し、環境への負荷を最小限にするために山からすべてのゴミを運び出すとした。TMTの従業員は全員かならず文化と自然に関する教育を受けることになり、TMTは、ハワイ島のプロジェクトを支援するために毎年一〇〇万ドルの給付金を支給することになった。セインたちのおかげで地域住民の支持は増えた。最高裁が最終決定をくだしたあとも、セインは反対派との対話の継続を提唱した。新しい許可が交付され、二〇一九年七月一五日から建設がはじまることになった。

その日、数百人がふたたびマウナケア・アクセス・ロードをふさいだ。信仰や環境の問題もさることながら、二〇一九年の抗議活動で目立ったのは、逆さにしたハワイの旗や、ハワイはアメリカの州ではなく主権国家で一〇〇年以上もアメリカに不当占拠されているという声やプラカードだった。反対する人々はTMTを植民地支配と白人優越主義の象徴と見なし、民族自決主義にもとづいて望遠鏡の建設の中止を要求していた。三日目、先住民の長老三三人が道路封鎖により逮捕されたが、一人ずつ連行されると、女性の長い列が道路を封鎖し、それ以上の逮捕者は出なかった。道路の占拠はこの後数カ月続くことになる。

道路の通行が制限されたことから、山の上のスタッフは退去を余儀なくされた。その後反対派との交渉により話がつくまで、観測は四週間中止された（マウナケア天文台史上もっとも長期にわたる休止期間となった）。TMTと山の未来はいまだ不透明のままだ。

TMTに対する抗議のなかで、天文学そのものに向けた声やプラカードやハッシュタグはなかった。反対派は望遠鏡そのものを悪と見なしているわけではない。天文学の研究をばかにしているわけでも、科学者を非難しているわけでもない。

抗議の理由は、問いかける相手によって変わってくる。環境保護、文化的権利、信仰、主権、あるいは単に力を行使したいという欲求。大多数の反対派にとっては、これらすべてがまじりあっているのだろうが、ＴＭＴそのものが理由になったことはない。いまや問題は、ＴＭＴやほかの望遠鏡がこうした論争のなかで共倒れになる運命なのか、それとも最終的には何らかの形で山に敬意を払いながら建設され、反対派と共存できるようになるのだろうか、ということだ。

本書を執筆するためにインタビューした天文学者は、ほとんどの人が話のどこかの時点で、自分たちが仕事をする山の美しさや希少価値を、愛情をこめて、というよりほとんど崇めるように語った。私たちはみな仕事をするために天文台を訪れる。0と1からなるデータと何時間も格闘したり、コンピューターや気難しい機器を相手に苦労することもあるが、山や夕日、頭上に広がる夜空の純粋な美しさを無視する者はいない。こうした場所がいかに希少で、いかに特別であるか。それを当然だと思っている人に私はいまだ会ったことはない。

私たちが生きるこの惑星、私たちが訪れる山の頂上、空に向かう人間の好奇心――こうしたものに価値を見いだす世界にいて、私は、天文学にかかわる人たちの人間性、宇宙の知識、山への愛をわかってもらい、共有する方法が見つかることを祈っている。それはのぼることができる窓で、のぞけば宇宙が垣間見える。

✴ 第７章　鳥とハリケーン

大学一年が終わったあとの夏休み、私はニューメキシコ州にある超大型干渉電波望遠鏡群（ＶＬＡ）でツアーガイドとして働いた。その場所については昔から読んだり、写真を見たりしてきたが、それまで実際にこの目で見たことはなく、初日は胸が高鳴った。夏のあいだ、国立電波天文台（ＮＲＡＯ）のオペレーションセンターで研究生として過ごすために越してきたばかりのソコロから車で向かい、天文台の敷地を案内するために気持ちを引きしめた。安全靴を履き、動きやすいようにジーンズとＮＲＡＯのＴシャツを着て、支給された送受信無線機と襲雷警報器を持った（後者は雷が近づくと警告してくれるので、その場合にはツアー客を安全なビジターセンターに案内する）。無線機と警報器をベルトにつけ、Ｔシャツの裾をジーンズにたくしこんだ。流行とは無縁のいかにも科学者といった格好すらもうれしかった。私は興奮のあまり倒れそうだった。

ＮＲＡＯに着いてから最初のツアーまで時間がなかったので、私はＶＬＡについていろいろ勉強してきた。そこには二七のアンテナ（二八基目は予備で、修理中のものがあるときに使われる）があり、その一つ一つが電波望遠鏡で、サン・アグスティン平原にＹ字形に並べられている。一つの白いアンテナは（ここでポケットに入れたメモをチェック）高さ二九メートル、重さ二三〇トンで、直径二五メートルのアルミニウム製の皿は、野球のダイヤモンドがおさまるくらいの大きさだ。アンテナは敷かれたレールの上を動くようになっていて、それでY字の大きさを変えたり、配置を変更したりする。配置にはA、B、C、Dがあり、いちばん大きなAは中心から一辺の端までの距離が二一キロあり、いちばんコンパクトにまとまっているDは「コンタクト配列」と呼ばれている。もっとも写真映えするこの配列は、一九九七年の映画「コンタクト」で使われたものだ。配置の変更には重要な意味がある。それぞれのアンテナがとらえた電波データは、最終的には中央のオペレーションセンターで、(ここでもう一度メモをチェック)干渉というプロセスを経て、配置全体の大きさに相当する口径を持つ一つの望遠鏡がとらえたデータとして機能することになるからだ。A配列の場合、三五キロの口径を持つ望遠鏡ということになる。

私はメモをポケットにしまった。準備完了! VLAは辺鄙な場所にあるが、少数ながら見学者は途切れることなく訪れる。アマチュア天文家やアマチュア無線の愛好家から、宇宙人陰謀論で有名なロズウェルを訪れたついでという人も来る。ガイドが訊かれるのは、望遠鏡の基本的なことや、観測している天体についてだ。どちらの質問にもちゃんと備えた。

しかし、私自身の疑問がいくつかあった。夏の研究プログラムの一環として、私たち学生はVLAの観測計画を提案することになっている。天文台はあらかじめ私たちのために数時間の観測時間を取っておいてくれている。私は赤色超巨星をいくつか観測したいと思っていた。これらの星は外層から質量を放出し、それが漂い、冷えて散りながら、いわばダストの殻《シェル》となって星を包む。このダストシェルはときどきメーザーと呼ばれる現象を起こす。刺激されて増幅されることで、ダスト内の分子から、非常に明るく特定の波長を持った電磁波が放出される現象だが、どうしてそれが起こるのか詳しいことはわかっていない。私はこのメーザーがどのようにして生じるのか、そしてそれが星の最期に何か関係があるのか知りたいと思っていた。電波望遠鏡を使えれば、自分の目で観測することができる。この夏いっぱいをかけて電波望遠鏡について学ぶことになっていたが、私は一足早くスタートを切りたかった。フィル・マッシーとの研究のおかげですでに光学望遠鏡は使っていたし、ジム・エリオットの観測天文学の講義も取得済みだ。電波望遠鏡の何が違うというのか。現場にいた天文学者が時間を取ってくれたので、私はとりあえず観測しているものについて訊いてみた。

「何を観測しているんですか」

「今はね、原始星近くの水のデータを較正しているんだ」

ふむ。私は頭を傾けて納得したというようにうなずいた。

「ええと、どのくらいの明るさなんですか」

「四ケルビンくらいだね」

なるほど……え？　ケルビン？　ケルビンは温度の単位であって明るさの単位ではない。頭の傾きはさらに深くなった。

「あー、観測の調子はどうですか」

「受信機は一秒あたり三〇キロメートル以下を中心にしているけど、もし原始星が一ビームあたり一ミリジャンスキー以下だったら……」

お笑いコンビのアボットとコステロのスキットみたいだと思った。どの言葉も聞いたことはあるが、何を言っているのかさっぱりわからない。頭を傾けた私はもはや「思案している科学者」ではなく「困っているシュナウザー」だった。理解力では犬といい勝負だったはず。

観測していた人は自分が取り組んでいる研究について喜んで語ってくれた。私たちは二人とも科学者だったが、向こうが使う専門用語を聞いていると、まったく別の分野に足を踏みいれてしまったような気がした。話についていこうと頑張ったものの、一抹の不安を禁じ得なかった。より長い波長を使うというだけで、研究はどれほど違ったものになるのか。どうやら相当違うものになるらしい（幸い、一〇週間に及んだ研究と犬にもわかる電波天文学講座のおかげで、私は夏の終わりには会話できるようになっていた）。

「ちょうどターゲットを変更しようとしていて……」観測者は話しつづけたが、このフレーズが引っかかり、大事なことに気づいた。電波望遠鏡は今まさに観測を行なっているのだ。頭ではわかっていたが、ピンと来てはいなかった。私のまわりにあるアンテナは、いまデータを取得している。集めている星や銀河の電磁波は、太陽のまぶしい光で人間の目には見えないが、電波望遠鏡なら観測できる。私は建物から出て、見学者たちを迎えに行く途中、このことを伝えなければと心に留めた。私たちは単なる科学機器に囲まれて立っているのではない。実際に稼働している科学機器に囲まれて立っているのだ。これが電波天文学の不思議で面白いところだ。

ＶＬＡやウェストバージニア州グリーンバンクの不運な九一メートル鏡といった電波望遠鏡は、

一見、ふつうの望遠鏡――光る鏡がドームの中に格納され、夜だけ慎重に操作されて顔を出す――とは思えない形をしている。ほとんどの電波望遠鏡はドームに収められていない。望遠鏡の鏡を思わせるカーブ状のものはあるが、鏡ほど光を反射することはなく、金属製の大きなボウルのように見える。

もちろん、人間の目にはそう見えるということだ。電波望遠鏡は電磁スペクトルの端の領域に対して機能し、ミリメートルやセンチメートル、あるいはメートルといった単位で計測される波長の光をとらえる。それは人間の目が探知できる狭い領域のはるか外側にある。この波長の長い光に対して、電波望遠鏡の表面は〝光る〟。空から降りそそぐ電磁波は、望遠鏡の皿で跳ねかえり、光学望遠鏡と同じように検出器に集められる。

波長が長い電磁波は、干渉という技術が使いやすい。このプロセスを経ることで、VLAのたくさんのアンテナは一つの望遠鏡として機能する。干渉するときの望遠鏡同士のあいだの距離は数メートルから、大陸の端から端までとさまざまだが、それぞれが一つの巨大な仮想鏡の一部となる。観測者はこれらの望遠鏡を同じ天体に向けて、各望遠鏡で電磁波のデータを取得し、それを施設に送る。そこではコンピューター処理が施され、最終的に画像となる。複雑な技術だが、波長が長いほうがデータを合成しやすいので、電波天文学ではこの方法がとられる。

その成果もすばらしい。望遠鏡間の距離があればあるほど、仮想鏡も大きくなり、画像も鮮明になる。ただし、その鏡はほとんど空間でできていることになる（このためにVLAのアンテナはレールに沿って動かして広げることができ、また四つの形に配置できるようになっている）。二〇一七年、世界の電波望遠鏡は干渉計として完全勝利を収めた。アリゾナ、ハワイ、メキシコ、チリ、スペイン、南極にある望遠鏡が地球規模の望遠鏡となり、はじめてブラックホールの撮影に成功したのだ。五三〇〇万光年離れた銀河の中心にある太陽の六五億倍の質量を持つブラックホールの画像は、二〇一九年四月に発表され、世界中を駆けめぐった。

たった一基の電波望遠鏡でも、この目には見えないが強力な波長域に足を踏みいれることで、私たちはたくさんのチャンスを手にできる。電磁波の観測によって、私たちは木星の磁場から星が生まれた場所、はてはビッグバンが残した宇宙背景放射が弱くなっていく過程まで研究できる。

さらに、電波望遠鏡はかっこいい天文台を生みだした。ＶＬＡは映画「コンタクト」の舞台となり、ミュージック・ビデオやコマーシャルでもよく使われる。「コンタクト」に出てくるもう一つの電波天文台はアレシボ天文台だ。プエルトリコ北西部のくぼ地につくられた直径三〇五メートルの巨大な皿である。固定されているので動かないが、皿の上一五二メートルに三本のケーブルで吊りさげられた受信機を動かして、ターゲットに向けることで望遠鏡として機能する。ジェームズ・ボンドのファンならアレシボに見おぼえがあるかもしれない。映画「００７／ゴールデンアイ」で、天文台は湖に隠されていた秘密のアンテナとして登場し、悪役が衛星をコントロールするために使おうとする。クライマックスでは、ボンド（ピアス・ブロスナン）と悪役（ショーン・ビーン）は、受信機のある不安定な足場で戦い、ボンドが敵を皿に突きおとす（これでアレシボ天文台は、輝かしいが非常に長い「ショーン・ビーンを殺したもの」リストに加わった）。

電波望遠鏡はすでに干渉計としての利用やブラックホールの撮影など目覚ましい成果をあげているが、波長の長い電磁波を対象としているということは、それ以外にも、ふつうの望遠鏡では不可能な観測ができることを意味している。

ＶＬＡでガイドをした初日に私が気づいたように、電波望遠鏡は日中も観測できるのだ。晴れでも曇りでも雨が降っていても構わないし、風も信号の質に影響するほど大きくアンテナを揺らさなければ問題ない。

多少なら雪が降っても大丈夫。電波望遠鏡の多くは雪が降るなかで、ときには吹雪でも観測をする。ただし、雪が皿に積もると困る。重みで皿がたわんだり、モーターに負荷がかかるからだ。この対処方法は天文台によって異なる。グリーンバンクでは、一時期望遠鏡の下で火をたく方法がとられた（融けた雪で火はすぐに消えてしまった。考えたのは天体物理学者ですよ、みなさん）。グリーンバンクは、ロールスロイスのジェットエンジンを使って雪を吹き飛ばす方法も試した。ＶＬＡには「雪落とし」ボタンがあり、二七基同時に皿を傾けて雪を落としたり、風で飛ぶように皿を回転させたり、太陽の熱で融けるように上を向かせたりできる。ほかには「大学院生に箒《ほうき》を持たせて」人海戦術で対応するところもある。

もし光学望遠鏡の鏡を箒ではいたり、ジェットエンジンで吹きつけたりすれば、エンジニアに殺されるだろうが、電波望遠鏡では何の問題もない。望遠鏡の反射面は、焦点に集める光の波長の五パーセント以内の精度でつくらなければならないことを覚えているだろうか。つまり、光学望遠鏡でとらえる波長の短い光は、髪の毛一本の太さよりずっと小さい誤差も許されないが、電波望遠鏡の場合は数ミリメートルまで許される。たいして大きくないように思えるかもしれないが、これは電波望遠鏡の場合、スタッフがつけば、実際に上を歩けることを意味する。VLAで過ごした私の夏のハイライトは、アンテナの上を安全に歩く方法を教わったことだった（継ぎ目の上を歩くこと、そして表向きの注意として、端に近づきすぎないように気をつけること）。私は両親とフィル・マッシーとその家族をアンテナの上に連れていった。オーストラリアのパークス天文台では、天文学者たちをアンテナの端にすわらせ、上空に高く上げてくれる。ここでは「ヘイライド」と呼ばれて楽しまれている（ヘイライドとは、干し草を積んだ荷台に乗って、トラクターに引かれて牧草地を走るアトラクション）。

ハリケーン・マリアが来たときも、アレシボ天文台では、秒速六九メートルの風に備えて詰めていた天文学者とスタッフによって、途中まで観測が行われた。その後、天文台は避難所として使われ、道路が復旧したあとは水や基本的なサービスを地元住民に提供し、さらにヘリコプターの発着所があったことから、連邦緊急事態管理局（FEMA）の救助拠点にもなった。残念ながら、望遠鏡は無傷ではすまなかった。ラインフィード・アンテナ――長い筒状の梯子のような形をした二九メートルの受信機――が暴風で折れて、網状の皿に落下し、いくつか穴をあけた。アレシボの場合、皿自体も宙に浮いていて、その下は歩けるし、車も通れるようになっている。遠目あるいは航空写真では頑丈そうに見える網状の皿は、光を通すのでその下は植物が茂っている。ハリケーンのあとは一面が水浸しだったため、ある観測者のカヤックを借りて皿の下から被害状況を確認した。

電波望遠鏡にも、ほかの天文台と同じ悩ましい問題がある。ただ様相が少し違う。動物はほかの天文台と同じように電波天文台にもいたずらをするが、なかには深刻な問題に発展するケースもある。

電波天文台でもっとも厄介なのは鳥だ。というより、鳥が残していくものだ。一九六四年、物理学者のアーノ・ペンジアスとロバート・ウィルソンは高感度のアンテナを使っていて、データに含まれるしつこいノイズを取りのぞこうとしていた。犯人とされたのは、望遠鏡近くに巣をつくっていたハトだった。ハトはアーノが「白い誘電物質」と呼んでいたものを落とすが、これが電波望遠鏡の場合、とくに問題となる。電気信号を伝え、検出器の邪魔になるからだ。アーノとロバートはノイズが消えることを期待してハトを駆除し、フンを掃除した。残念ながらノイズは消えなかった。しかし、そのノイズは、ビッグバンの名残の電磁波である宇宙マイクロ波背景放射だとわかった。二人はノーベル賞を受賞した。

電波望遠鏡に鳥を近づけないようにするために、天文台はあらゆる手段を取ってきた。電波を通す金属製の釘をつけたところもあれば、ゴアテックスの覆いで音をたてて鳥とそのフンを寄せつけないようにした天文台もある。イギリスのジョドレルバンク天文台では、皮肉な話だが、たまたまいちばん大きな望遠鏡に巣をつくったハヤブサのつがいが、小さな鳥を追いはらってくれている。

アレシボ天文台の鳥への反撃は、期せずして激しいものとなった。望遠鏡の送信機や受信機、その他の光学部品は、下が開いた大きなドームに格納されて皿の上に吊りさげられている。鳥はそのなかによく入りこんで混乱して、悲しい結末を迎える。タイミング悪く光学部品のあいだに入りこむと、電子レンジに入った状態になるからだ。ほとんどの電波天文台では、光学部品をドームに入れていないのでこのようなことは起きないが、タイミングによっては事故は起きる。カリフォルニアのある電波天文台では、送信機のスイッチを入れたところ、タイミング悪くミツバチの群れをチンしてしまったという。

近くの銀河の電波の強い区域を研究していたとき、ノーバート・バーテルとそのチームはカリフォルニアの電波望遠鏡からのデータを一時的に失った。のちに発表された論文のなかで、ノーバートは失った経緯をこう説明した。「観測所に電気を供給する高圧線（三万三〇〇〇ボルト）に、ヘビがひっかかったことによるものだった。しかし、私たちはデータ喪失の責任を（ヘビに）押しつけるつもりはない。どうやら送電塔の上につくったアカオノスリの巣が落ちて、ひな鳥だけではなく、餌として備蓄していたモリネズミ一匹、カンガルーネズミ一匹、ヘビが数匹落ちてしまったが、前述のヘビだけがどういうわけか電流密度が高かったようだ」[28]おかしな観測記録のなかには、「鳥がうっかりヘビを送電線に落としてしまった」という事例も入れておきたい。

アレシボ天文台には野良猫もたくさんいる。餌をもらえるところに集まってくるのは当然だろう。猫が増えはじめたとき、数人の天文学者が子猫を保護してアメリカにいる仲間に譲渡するようになった。天文学者による猫の譲渡ネットワークは広がり、近くの電波天文台にいる猫も保護されるようになった。トゥーソンの天文施設では、ネズミの鳴き声らしきものが聞こえたので、天井を調べたところ、二匹の子猫が落ちてきた。二匹はフォボスとダイモス（どちらも火星の衛星の名前）と名づけられた。二匹はツイッターのアカウント（@ObservatoryCats）を持ち、ハリケーン・マリア後のプエルトリコのペットを助けるための資金を募ったり、天文台にいる猫の様子を伝えたりしている。

鳥のフンや焼けたミツバチといった問題はあるとしても、電波天文台での仕事は楽勝だと思うかもしれない。どんな天気でも観測できるし、巨大なジャングルジムさながらに皿にのぼれるし、子猫までいる。

しかし、落とし穴はある。ノイズだ。電波望遠鏡で観測するには、光る鏡を持つ光学望遠鏡とは異なる条件を満たす必要がある。〝暗さ〟について、やはり常識では考えられない基準を持っているのだ。もし電波を見ることができたら、今あなたがこの本を読んでいる場所でも、さまざまなシグナルがひしめきあっているのが見えるだろう。もし私が波長の異なるさまざまな電磁波を見わけられたら、この原稿を書いている街のカフェでは、Ｗｉ－Ｆｉのネットワークに、ひっきりなしに飛びかう携帯電話のシグナル、ときには店が出すマイクロ波、それから外を走る車のエンジンの点火プラグが発する光まで見えるはずだ。

電波望遠鏡は無関係な電磁波が入るのをできるだけ防がなくてはならない。すべての波長域は国の規制と国際的な規制により保護されていて、使える人は限られているため（ラジオ局や軍の通信など）、そのまま科学研究に利用できる。それでも、電波望遠鏡にとっては、人里から離れれば離れるほどいい。ＶＬＡがある平原はぐるりと山に囲まれていて、近くの町から電磁波が流れこむのを防いでいる。光学望遠鏡を抱える山頂の天文台で、電波望遠鏡も一、二基あるとすれば、それは単純に設備が整った辺鄙な場所だからだ。キットピーク国立天文台には一二メートルの電波望遠鏡と、ＶＬＢＡ（アメリカ各地に一〇のアンテナを配した電波干渉計）のアンテナが一つあり、グラハム山天文台にはサブミリ波電波望遠鏡、マウナケア天文台には一五メートルのサブミリ波電波望遠鏡、ＶＬＢＡのアンテナ、八基のアンテナからなるサブミリ波干渉計がある。

孤立することをさらに追求した場所がある。グリーンバンク天文台があるウェストバージニア州の米国指定電波規制地域を思い出してほしい。望遠鏡近くでは、Ｗｉ‐Ｆｉ、携帯電話、電子レンジはすべて使用禁止で、車両はディーゼル車しか走れない。しかし、その見返りは大きい。電波天文学には最適な場所であるため、九一メートル望遠鏡が崩壊したあとも、ウェストバージニア州の上院議員のロバート・Ｃ・バードは再建を主張し、議会を通じて資金を募り、巨大な電波望遠鏡を建設した。口径一〇〇メートルのロバート・Ｃ・バード・グリーンバンク望遠鏡は、世界最大の可動式望遠鏡であり、今も観測を続けている。

電波望遠鏡があるからといって携帯電話まで使えないというのは大げさに思えるかもしれないが、電波天文学は必要としないシグナルに弱く、データを地上のものと宇宙のものに分けるのは容易ではない。

口径六四メートルのパークス電波望遠鏡は、オーストラリアのシドニーの西約三六〇キロに位置する、羊が放牧されるのどかな田舎にある。南半球最大の望遠鏡であり、一九六九年のアポロ一一号の月面着陸の映像を受信したことで一躍有名になったが、それ以外にも、天の川銀河の水素ガスの分布を示し、数千もの銀河を発見している。

長年、パークス天文台ではペリュトンと呼ばれるおかしな電波を探知してきた。雄ジカの体に翼を持ち、影は人間の形をしているという神話のなかの生き物の名前を付けられたこの電波は、データのなかに短時間ながら非常に強くあらわれた。あらわれる場所は問わず、平日の業務時間中にだけ報告された。宇宙は業務時間など気にしないだろうから、これはおそらく地上のノイズだろうと思われていたが、発生源は誰にもわからなかった。

二〇一二年、大学院生のエミリー・ペトロフが研究のためにパークス天文台を利用しはじめたとき、すでにペリュトンは厄介な問題として知られていた。エミリーの場合、高速電波バーストとして知られる、深宇宙からの本物の短い強烈な電波を研究していたので、とくに悩ましかった。高速電波バーストは謎の宇宙現象から発生しているように見えたが、エミリーが研究していたときには、それも定かではなかった。正体不明だが明らかに地上で発生しているペリュトンとの違いはどうすればわかるのか。

当然の疑問だが、これがはじめてではなく、電波天文学では以前にも同様の疑問が提示されたことがある。ジョスリン・ベル・バーネルは一九六七年、大学院生だったときに同じ問題に直面した。イギリスのケンブリッジにある電波望遠鏡から取得したデータのなかに謎のシグナルを発見したのである。それは瞬間的な電波の放出で一秒ごとに送られてきた。シグナルはまるで時を刻むように、驚くほど規則的にあらわれた。それまで天文学者が見たことのない現象だった。シグナルがあまりにも規則的だったため、ジョスリンたちは最初の四つのシグナルを冗談でＬＧＭ１からＬＧＭ４と名づけた。ＬＧＭは宇宙人をあらわす little green men（緑の小人）の略である。

ジョスリンは地上からの干渉の可能性もあると考え、夜のあいだの動きに注目した。彼女の場合は、シグナルが本当に宇宙から来ていることをつきとめた。最初のシグナルを数カ月観察して、それが夕方に発生し、夜のあいだずっと続き、地球の回転と同じ動きをたどっていたことに気づいたからだ。こうしてジョスリンは今ではパルサーとして知られる天体を発見した。最期を迎えた恒星の残りの核が高速で回転し、磁極に沿って明るい電磁波を、まるで宇宙の灯台さながらに放出していたのである。回転速度がもっとも遅いパルサーで一分間に数回、もっとも速いものだとハチドリの羽ばたきよりも速く回転しながら、一秒間に数百の電波を放出する。この発見にノーベル賞が贈られ（ここでもまた委員会は女性に賞を授与することを避け、彼女の指導教官とその同僚に授与した）、ジョスリンは長く輝かしい研究者人生を歩みはじめた。二〇一八年にはその研究成果を称えて基礎物理学特別ブレイクスルー賞が贈られている。

話をパークス天文台に戻すと、エミリー・ペトロフは、二〇一四年、電波天文学の最新の謎である高速電波バーストを研究するために、まずペリュトンの謎を解くことにした。エミリーはデータのなかのペリュトンを探知する方法を開発し、二カ月で数十のペリュトンを集めた。これらのサンプルの時期が最初の鍵となった。ペリュトンはほぼ毎回、昼どきに探知されていたのである。

パークス天文台のスタッフ全員が動いた。チームは前回ペリュトンを探知したときの位置に望遠鏡をセットし、スタッフは近くの管理棟に走って、ペリュトンが発生しそうなことをした。ドアを開閉する、磁石の鍵をかける、コンピューターの電源を入れたり切ったりする、と考えられるすべての機器を回って試した。エミリーのチームがペリュトンをリアルタイムで探知したときには、スタッフに電話をして何をしていたか訊いた。撮影スタッフが現場にいた？　近くで建設作業があった？　スタッフは実験を続け、シグナルはランダムにあらわれたが、ペリュトンの引き金となる行動は見つからなかった。

次の突破口が開いたのは、新しく設置された電波干渉モニターをスタッフが見て、ペリュトンが電子機器からの電波の発生とともに起きると気づいたときだった。望遠鏡はそれを検出していなかった。当然だ。電子信号でいっぱいの波長を観測しても科学的には意味はないからだ。この新しいデータを調査し、電子信号をつきとめたところ、ペリュトンについて大量の証拠が集まった。それははっきりと犯人を示していた。パークス天文台のキッチンにある二台の電子レンジだった。

スタッフはふたたび実験した。望遠鏡の位置をセットし、電子レンジをいろいろ使ってみた。数秒あるいは数分使う、何も入れずに使う、水を入れたマグカップを置く、誰かのお弁当を温める。しかし、いずれもペリュトンを起こすことはできなかった。ついに誰かが思いついた。もしルーズな科学者が電子レンジを使ったら？　お腹が空いて早くランチを食べたいスタッフが使ったら？　毎回実験のように設定した時間どおりに使わずに、我慢できない人がよくやるように、数秒残してレンジのドアを開けたらどうなるだろう？

この実験が奏功した。電子レンジを三回途中で開けると、三回ともペリュトンが発生したのである。エミリーは就職のための面接に行って、オーストラリアに戻る途中、シンガポール空港でこのニュースのメールを見た。彼女は残りの四時間のフライトで、この発見をまとめた論文を一気に書きあげた。パークス天文台のスタッフ全員が共著者に名を連ねた。

ペリュトンは既知数となり、本物の高速電波バーストは今でも観測され、エミリーやほかの専門家が研究を続けている。エネルギー値がきわめて高いこと、ほかの銀河で短い時間発生する力強い現象から来ていること、マイクロ波ではないことはわかっているが、その正体は今のところは謎のままだ。

パークス天文台の望遠鏡はマイクロ波を拾った。ほかの電波天文台でもＷｉ－Ｆｉや携帯電話はリスクとなる。グリーンバンク望遠鏡は偽のシグナルを避けるために、外界から隔絶された場所に建てられている。それでも電波望遠鏡が直面する問題は、大きな問題の一部でしかない。地球は天文学には厳しい場所なのだ。人間が発生させるシグナルは電波望遠鏡のアンテナに割りこみ、天文台のまわりの空は光害で明るくなり、水蒸気や気流は宇宙から望遠鏡に光が届くのを邪魔する。地球の表面で仕事をするには、多数の困難がつきまとう。いっそのこと地球上の望遠鏡をすべて宇宙に送って、ハッブル宇宙望遠鏡の仲間入りをさせればいいではないか、と言いたくなる。非常に魅力的な考えだが、資金的にも物理的にも実現できるとは思えない。地上天文学は、天文学者にとって経済性、融通性、アクセスの点で価値ある選択肢であり続ける。とくに私たちが創造性を発揮して、「地上」の意味を拡大しようとしていることを思えば、それは間違いない。

✶第８章　空飛ぶ望遠鏡

ユニコーンはご機嫌斜めだ。

ＳＯＦＩＡ（成層圏赤外線天文台）の状況を知らせるユニコーンは計器の上にある。それはかわいらしい小さなぬいぐるみで、なかから布を引っ張ってひっくり返すと表情が変わるようになっている。変身させるのは望遠鏡の計器の担当者の役目だ。状況が良ければ、光り輝く白い毛の笑顔のユニコーンがあらわれ、状況がこの夜のときのように悪ければ、ユニコーンは青い毛になり、顔をしかめて不満そうな大きな目を見せる。

いつもそこに置かれているのかはわからないが、私がこれから見学しようとしている望遠鏡がどういう状況にあるかは一目でわかった。まだ確定したわけではないが、今夜の観測は機器の問題か天候の問題により難しそうだ。冷却装置の調子が悪く、修理が間に合わなければ、観測はできないだろう。それに外はいつになく寒い。二〇一九年二月の夜は、南カリフォルニアでも凍えそうな気温にまで下がっていた。天文台の一部でも凍りつけば、今夜は終わりだろう。

夜が訪れるまえに下される正式な決定を待っている人々は、若干不安そうながら、観測者に共通する、運命を受けいれる姿勢を見せている。私たちにできることはない。ただ待つのみ。人々は集まっておしゃべりをしたり、携帯電話で天気予報をチェックしたり、ユニコーンを見に行ったり、あとで食べるはずの夜のランチに手をつけたりしていた。そんな待ちの空気が漂うところに、ついに最終判断が届いた。

今夜の飛行は中止。

冷却システムの故障、悪化する天候、早めに食べる夜のランチ。どれも天文台ではよくあることだが、私たちが稼働を待っていた望遠鏡が置かれていたのはふつうの天文台ではない。二〇人ほどが乗りこんでいたのはSOFIA（成層圏赤外線天文台）、改造したボーイング747SPの後部に二・七メートル望遠鏡を積んだ天文台だった。条件がすべて整っていれば、飛行機は上空一万三七〇〇メートルの成層圏を飛行し、後部左の幅四メートルの扉を開け、望遠鏡を露出させるはずだった。大気中の水蒸気の九九パーセントが含まれる層を超えたところで観測するため、水の分子にはじかれて地上に届かない波長域の光が観測できる。望遠鏡のほかにはパイロット、ミッション・ディレクター、望遠鏡と計器のオペレーター、安全技術者、そして私のような観測者が乗りこみ、気圧が保たれたスペースから、すぐ隣にある扉の開いた格納室内の望遠鏡を操作する。

冷却システムの故障は、望遠鏡の格納室で起きていた。SOFIAは乱気流のなかでも観測できる。望遠鏡の架台には、世界一大きい直径一・二メートルのボールベアリングが、それをスムーズに動かすためのオイルと一緒に組みこまれているからだ。ベアリングの摩擦で熱を帯びるオイルを冷やさなければ、ベアリングが機能しなくなり、望遠鏡は飛行中の揺れをまともに受けることになる。そうなれば振動で望遠鏡の視界は使い物にならない。

別の夜だったら、もう少し粘ったかもしれないが、この日は天気の問題もあった。基地があるのはパームデールで、カリフォルニア州ロサンゼルスのすぐ北に位置するにもかかわらず、暴風と急な寒さに襲われており、飛行機の翼が凍りつくおそれがあった。民間機なら翼の氷は除去できるが、SOFIAの場合はそうはいかない。もし氷を除去しようとしたら、ネオンカラーのねばりけのある液体が飛行機全体に吹きつけられるため、離陸して最初の数時間は小さなしずくが後ろに流れていくことになる。つまりSOFIAの場合、氷を除去すると飛行中に液体が流れて、扉を開けた望遠鏡のところに入りこむかもしれないのだ。だから、翼に氷がつけば望遠鏡は飛ばせない。

実は気象が原因で、SOFIAは前夜も飛べなかった。私がはじめて乗るはずだった観測飛行は、激しい乱気流が予想されるということで中止になっていた。意外かもしれないが、巨大な航空機と巨大な望遠鏡という複雑な組み合わせにもかかわらず、天気と機器の問題で観測が中止になるのは非常にまれだ。二回続くのは（文字どおり）ユニコーンに会う確率に等しい。純粋に運が悪かったとしか言いようがない。飛行機から降りて近くの格納庫に向かいながら、私は考えた。もしかして自分は例の悪天候を呼びよせる天文学者になったのだろうか。私がいたせいでSOFIAは飛べなかったとか。それからもう一つ。望遠鏡と空を飛ぶチャンスはこれでなくなったのだろうか。

近年、地上の望遠鏡は、地球の大気という鬱陶しい存在を克服することを大きな課題としてきた。地上で星を見上げる人の目には美しく見える星の瞬きは、前述したシーイングに影響し、天文学者を悩ませる。それを最小限に抑える試みが、新たに生まれた補償光学のおかげで大きな成果をあげている。補償光学システムでは、薄い鏡の裏にコンピューターで制御される磁石を置き、高層大気に向けてレーザーを射出する。レーザーは大気中のナトリウム原子を励起して光らせ、偽の星をつくる。この偽の星の像と理論上の完璧な像を比較することで、システムは大気の揺らぎを計測し、磁石を利用して鏡の形状を微調整し、リアルタイムで大気の影響を補正する。結果、星と望遠鏡のあいだに大気がないかのような鮮明な画像が得られるというわけだ。

これは画期的な方法であり、補償光学システムを採用した望遠鏡で撮った画像の鮮明さは、ハッブルなどの宇宙望遠鏡の画像をしのぐ。しかし、このシステムが解決してくれるのは大気がもたらす問題の一面だけだ。

大気は、地球に届く光を揺らして乱すだけではなく、一定の光を地球に届くまえにブロックしてしまう。宇宙からやってくる長短の波長を持った光のほとんど――人間の目には見えないが、望遠鏡でとらえることができれば貴重なもの――は、途中で大気に行く手を阻まれる。遮る大気は波長によって異なる。エネルギー値が高く波長の短いガンマ線とエックス線は高層大気ではねつけられる。紫外線の一部（量は少ないが、私たちが日焼けするには十分な量）はここを通過するが、オゾン層として知られる酸素分子に阻まれてしまう。同様に、赤外線のなかには大気をつき抜けるものもあるが、波長の長い赤外線は、水蒸気や二酸化炭素にブロックされる。そしてサブミリ波より波長が長い電波の領域になると、大気を通過することができる。

なんとか大気を通過してきた光は地球上で観測できるが、赤外線やサブミリ波あたりを観測するときには、できるだけ水蒸気の影響を受けないようにしなければならない。だから、高度の高い場所や空気が乾燥した場所で観測することには大きな意味がある。

天文学にとってチリが理想の地なのは、これが理由の一つだ。アタカマ砂漠は極地を除けば、世界でいちばん乾燥した場所となっている。チリの光学天文台の多くはアンデス山脈の中央部と北部にあるが、アタカマ砂漠の高原地帯には、六六のアンテナからなる電波干渉計、アルマ望遠鏡がある。標高約五〇〇〇メートルにあるこの望遠鏡が私たちにはじめて、若い恒星のまわりで新しい惑星が生まれるところ（円盤状のガスとダストから、私たちの太陽系に似た惑星の集まりが生まれた）や、一三〇億光年先で起きた銀河と銀河の衝突（非常に遠かったので、アンテナがとらえた光は宇宙がはじまってから一〇億年以内、つまりビッグバンから一〇億年もしないうちに二つの銀河から放出されたものだった）を見せてくれた。この望遠鏡は、ブラックホールをはじめて撮影した地球規模の干渉計の一つでもある。

しかし、現場での活動はきわめて困難だ。アンテナなどで作業する技術スタッフは酸素ボンベの携帯が義務づけられ、施設の建物には酸素が供給されている。スタッフは二九〇〇メートルという比較的低いところにある施設で寝泊まりする。たしかにアルマ望遠鏡の高度は際立っている。しかし、それでも地球上の大気の下を軽くつついている程度にすぎない。もっと前進したければ、もっと高いところに行く必要がある。もっともっと高いところに。

望遠鏡を飛行機に載せて高いところに飛ばそうというアイデアは、一九六〇年代に生まれた。初期の空中天文台は、ＮＡＳＡのリアジェットの翼より前方部分に、外をのぞけるように穴をあけて三〇センチの望遠鏡をはめこんだものだった。リアジェットは一万五二〇〇メートルを飛行し、ヘルメットをかぶり酸素マスクをつけた観測者が飛行機のなかから望遠鏡を操作した。この天文台は、太陽系のほかの惑星からくる赤外線、恒星の誕生、ほかの銀河の中心のブラックホールの研究に使われた。

これより大きな空中天文台は、不運に見舞われたガリレオ空中天文台からはじまった。NASAが一九六五年につくったガリレオIは、コンベア990を改良して、機体の上部に窓を追加したものだった。この天文台は一九六五年の日食や彗星の接近を観測した。NASAはこの飛行機を天文学だけではなく、野生生物の調査などの研究にも使える多面的な空中科学設備として長く使いたいと考えていた。しかし、一九七三年、ガリレオIはテスト飛行を終えてカリフォルニアにあるモフェット・フィールド基地に戻ったときに、同じく着陸しようとしていたアメリカ海軍のP3オライオンと空中で衝突した。ガリレオIに搭乗していた一一人は全員死亡、P3オライオンのほうは六人中一人だけが生き残った。NASAはその後、ふたたびコンベア990を改造してガリレオIIをつくり、一九八五年までそれで観測を行なった。不運にも、この飛行機も大破した。マーチ空軍基地で離陸滑走中にタイヤ二輪が破裂し、滑走路をオーバーランして炎上したのである。大規模な火災を起こしたにもかかわらず、奇跡的に全員が無事だった。

カイパー空中天文台は、惑星研究の専門家で空中観測の先駆者であるジェラルド・カイパーの名を拝され、NASAの空中天文台として大きな成功を収めた。使用されたのはロッキード社のC141Aスターリフターで、SOFIAに似た改造が施され、扉がついた格納室に、波長の長い赤外線を観測するための九一センチ望遠鏡が設置された。機体は一万三七〇〇メートル上空を飛行し、一九七〇年代半ばから一九九五年まで使用された。

カイパー空中天文台は、冥王星の大気と天王星の環を発見している。どこかで聞いた話だと思う人もいるかもしれない。そのとおり。天文学界がいかに狭いかを端的にあらわしているが、いずれの観測も指揮をとったのは、MITの観測天文学の教授ジム・エリオットだった。

空中天文台のことはジムのクラスではじめて聞いたが、それがどういう世界なのか、私はよくわかっていなかった。飛行機の開いた扉から望遠鏡で観測すると聞いたときには、当時私が望遠鏡について知っていたこと（庭にあった父の小さなセレストロン）と飛行機について知っていたこと（国内旅行で二回飛行機に乗った経験と、ケーブルテレビで何回か見た「エアフォース・ワン」で知ったこと）を単純に組み合わせた。それで思い浮かんだのは、体を丸めたジムとほかの天文学者が、激しい風を受けて歯をむき出しながら、飛行機の後部の開いた扉から突きでた望遠鏡を苦労して操縦している図だった（何かにつかまりながらか、どこかに結わえられていると思っていた）。実際には、カイパーもSOFIAも、気圧が保たれた乗客用のスペースとは別の格納室に望遠鏡を設置している。観測飛行には関係者が乗りこみ、空気が供給されている機内でさまざまな機器に目を光らせて操作するが、走る車の窓から顔を出して喜ぶ犬のように、望遠鏡の開いた扉から外をのぞいたりする人はいない。私はちょっとだけがっかりした。

SOFIAはカイパーからNASAの空中天文台の地位を引きついだ。機体はボーイング747SP、望遠鏡は二・七メートルにアップグレードされた。二〇一〇年から観測している。

一年のほとんどはパームデールから飛びたつが、六月と七月はニュージーランドのクライストチャーチから飛行し、南半球の冬の夜を観測する。通常の飛行時間は一〇時間。観測開始以来、天の川銀河の磁場分布を示したり、恒星の誕生を研究したり、木星の衛星であるエウロパが水を噴出している証拠を探したりしている。

飛行機を改造したSOFIAは実験用航空機に分類され、安全について多数の追加ルールが適用される。

SOFIAに乗って観測するということは、ふつうの飛行機に乗ることとも、ふつうの観測とも違うらしいと気づいたのは、搭乗許可を得たあとに送られてきた大量の書類を見たときだった。乗員名簿作成のために個人情報を記入するもの、詳細な健康診断書、SOFIA搭乗により「危険なレベルの騒音」にさらされることを知らせる米国労働安全衛生局（OSHA）の書類。音を吸収する効果がある付属物のほとんどが外されているため、SOFIA機内は騒音が激しくなり、長時間さらされていると聴力に影響する可能性があるという。そのため全員耳栓をすることが求められ、会話するときには無線用ヘッドセットを使う。書類仕事のほかにもいろいろ指示があった。乱気流の際にコーヒーや紅茶をこぼさないように、しっかりふたが閉まるマグカップを持参すること。機内は非常に寒いが、火災の際に危ないので合成繊維の衣服は避けるように。それから、フライトまえにSOFIAの緊急脱出訓練を受けてもらうので一日早くパームデールに到着すること。明らかにふつうの観測とは違う。

緊急脱出訓練自体は、関心を引きつつ注意を喚起する、よくあるものだった。「当機はこれまで飛行中に重大事故を起こしたり緊急事態に陥ったりしたことはありませんが、万が一、機体が転覆して火災を起こしたときにはこうしてください」といった調子だ。この訓練で私はライフジャケットの着方や酸素マスクの装着のしかたといった一般的なものに加えて、緊急脱出スライドの準備のしかたやそれを救命いかだとして使う方法も習った。スライドにはサバイバルキットが搭載されていた（救命セット、緊急信号装置、ナイフ、それになんと釣り道具と釣りガイドまで）。ビデオでは、前方の床にあるドアから脱出する方法（「機体が転覆したときにはこちらの出口だけを使ってください」）や、コックピットのハッチから出る方法（よじのぼって、ワイヤーつきのハンドルを握り、７４７の上から地面まで懸垂下降することになる）も教わった。飛行中は機内を自由に歩き回れるため、乗員はＥＰＯＳ（緊急酸素システム）を携帯することを求められる。小さなキャンバス地の包みで、広げるとフードになり、火災で煙が充満したときに酸素を供給してくれる。説明書には「ふつうに呼吸してください」とあった。覚えておこう。

ＳＯＦＩＡに乗る人は全員、搭乗直前にＮＡＳＡのハンガー内で行なわれる最終打ち合わせに参加しなければならない。そこでミッション・ディレクターから、搭乗者、飛行経路、気象予測、機体や望遠鏡と関係機材の状況、その夜に観測が予定されている天体とその科学的背景について簡単な説明を受ける。パイロットはこの科学的背景の説明部分がいちばん好きだという。ＳＯＦＩＡのコールサインはＮＡＳＡ７４７で、長年の夜のフライトで多くの管制官がそれをＳＯＦＩＡだと認識しており、ときどき忙しくない時間に何を観測しているのか訊いてくるらしい。そんなときパイロットは「天の川銀河の中心だよ」などと喜んで答える。

私の初のＳＯＦＩＡ搭乗は、最終打ち合わせがはじまってすぐにキャンセルとなった。「重大な気象事象」が理由で、乱気流のなかでも、乗員の怪我や機体の損傷を起こしかねないほど激しいものが予想されたという。のちに知ったことだが、ＳＯＦＩＡはその前週も同じ理由でキャンセルされていた。その夜、ＳＯＦＩＡに近い飛行経路をとった民間機は乱気流に巻きこまれ、乗客が病院に運ばれていた。全員が飛びたいと思っていたが、飛行中止の判断に疑問を持つ者はいなかった。

私はキャンセルで空いた時間を利用してＳＯＦＩＡのパイロット数人と話をした。ほとんどの人は、ＳＯＦＩＡのパイロットになるまえは、民間の操縦士かテストパイロットだった。私は好奇心から、望遠鏡を積んで側面に大きな穴をあけたまま飛行するのはどういう気分なのか訊いてみた。誰もがふつうの飛行機とほとんど同じだと答えた。望遠鏡の扉は民間機にはないものだが、巧妙に設計されているので、飛行中に開閉されても気づかないという。望遠鏡自体が重く、機体後部に一七トン加重されているので、バランスを取るためにコンピューター類は鋼板の台とともに前方に設置されている。

民間機とのもっとも大きな違いは、時間に厳密な飛行と飛行経路だ。目標天体にどこまで正確に望遠鏡を向けられるか考えるときには、機体の奥に望遠鏡があるという特性を考慮しなければならない。ふつうの飛行機に乗って窓の外を眺めるときと同じように、ＳＯＦＩＡの望遠鏡のある格納室から見える眺めは、飛行機がどちらを向いているかによって決まる。そのため飛行経路は、その夜に何を観測するか、それをどのくらいの時間観測するかという点を考慮して計画される。結果、ジグザグ、三角、ダイヤモンドと、不思議な形の航路ができあがる。時間も正確性が求められる。パイロットは飛行計画どおりに飛ぶことが求められ、ずれは数分しか許されない。つまり、風と機体の重さと高度をつねに把握することが要求され、また、民間機と安全に空を共有できるように航空管制官との連絡も密にしなければならない。さまざまな要求をすべてこなさなければならないにもかかわらず、ＳＯＦＩＡは計画された航路を完璧に飛行する。緻密な計画とパイロットの手腕によるものだ。

事前に承認された観測計画をもとに入念に準備されるため、搭乗した天文学者はあまりすることがない。ＳＯＦＩＡの観測時間をもらい、飛行計画を立てるための観測計画と目標天体を提出するが、飛行機が離陸したあとはとくに何もすることはなく、ただ乗っているだけだ。観測する天体のうちの一つの観測時間を一、二分追加したり、データの精度を高めるために機器をちょっといじったりすることはあるが、飛行計画はきっちり固められているので、変更はほとんど許されない。一方、望遠鏡のオペレーターは地上のオペレーターとほぼ同じ役割を果たす。ただし、多少の苦労は追加される（たとえ地震の多い地域のオペレーターでも、つねに揺れるなかで仕事はしないだろう）。

ＳＯＦＩＡに乗りこむのは、コックピットで飛行を担当するパイロットが二人と航空機関士、ミッション・ディレクター、安全技術者、望遠鏡のオペレーター、計器の担当者、そして数人の天文学者だ。私の二月のフライトのときは二〇人が搭乗した。ほかの天文台ではありえない脱出訓練や打ち合わせを二日にわたって経験したあとで、私はオペレーターの一人のエミリー・ベヴィンズの言葉に膝を打った。「ＳＯＦＩＡは交響曲のようだ」と言うのだ。事前にリハーサルを重ねた人々が、それぞれのパートを確実にこなし、全体として複雑でありながらまとまった音楽をつくりあげる。オーケストラで何年もバイオリンを弾いてきた私には腑《ふ》に落ちるたとえだった。それに地上の望遠鏡をアマチュアのロックバンドにたとえて対比するのも面白い。夜のステージがはじまるまえに、裏方がアンプを運んできたり、誰かがぐらつくマイクにテープを巻いたり、人が出たり入ったりして接続や音をチェックする。扱う機器が違えば地上の望遠鏡の光景に似ているだろう。

「重大な気象事象」のあとの最終打ち合わせでは、興奮した空気が漂っていた。そこには、一つの部屋に集まった二〇人分の緊張に、飛べるかどうかという不安が交じっていた。私も落ちつかなかった。ふつうとは異なるサイクルで睡眠をとり、カリフォルニアの砂漠に雪や雨、ときにはあられまでを降らせる厚い雲を眺めながら、SOFIAはどのくらいの乱気流なら耐えられるのだろうかと考えたり、エミリーの交響曲のたとえを聞いてからラヴェルの「ボレロ」を延々と聴いたりするという一日を過ごして、私の神経は高ぶっていた。

最初はうまくいきそうだった。SOFIAが交響曲だとすれば、ミッション・ディレクターは間違いなく指揮者にあたり、それぞれのパートを理解したうえですべてをまとめてすばらしいパフォーマンスに仕上げる役割を担う。そのミッション・ディレクターが天気はまだひどいが、危険なレベルではなさそうなので、おそらく飛行機に乗って成層圏に行けるだろうと言った。それを聞いてみんなは活気づき、打ち合わせが終わるとすぐに上着とバックパックをつかみ、夜のランチも携えて外に出ていった。みんなといっしょに移動しながら、私は興奮で震えていた。まわりの人のまねをして耳栓をつかみ、反射する安全ベストをかぶり（誘導路をわたるときの用心のため）、飛行機に向かった。

機内に入ると、みんなそれぞれの行動をとり、荷物を椅子の下に、夜のランチを冷蔵庫に収めた。冷蔵庫の上にはコーヒーポットと電子レンジがあり、小さなキッチンとなっている。機内の気温はすでにかなり低かった。ほとんどの人は上着を着たまま、望遠鏡や機材をチェックしたり、赤外線カメラを搭載した後部の格納室をうれしそうに眺めたり、飛行機を行ったり来たりしながら、離陸するという最終決断を待った。

これが冷却システムに問題があって、翼に着氷のおそれがあり、ユニコーンが顔をしかめていた夜だった。最終決定――二晩続けてのキャンセル――がミッション・ディレクターから告げられたとき、それが正しい判断であることはみなと同じように私にもわかったが、それでもがっかりした。この本を書くために空中天文台を実際に体験したいと思い、何カ月もかけてやっと許可を取ったというのに。SOFIAの関係者はすでに十分に協力してくれたが、次のフライトにもつきあってくれるとは思えない。天文学の宿敵――天候と装置の問題――を前に、私のSOFIA搭乗のチャンスは潰《つい》えたかに思えた。

一万三七〇〇メートルまで上昇できるSOFIAは、地球上の水蒸気の層をほぼ抜けられるため、波長の長い赤外線の観測が可能となる。しかし、大気は下にできればできるほどよい。

ハッブルなどの宇宙望遠鏡は軌道に乗せることでそれを可能にしているが、天文台を軌道に乗せて運用するとなると、資金的にも技術的にも大変な事業となる。望遠鏡はそれ自体が複雑な技術の集大成だが、宇宙望遠鏡となれば、それに重量の問題、打ち上げの能力、遠隔操作の設計にも取り組まなければならず、必然的に巨大なプロジェクトとなる。地上の望遠鏡と同じ質とサイズの宇宙望遠鏡を量産するのは現実的ではない。

しかし、そのあいだを行く手段がある。空中天文台と言えば一般的には飛行機で運ぶ望遠鏡を指すが、天文学者のなかにはできるだけ上空を目指して気球や、軌道には乗らないロケットを利用する人もいる。

天体観測気球は、四万メートルにまで達することができる。このくらいの高度になればガンマ線、エックス線、紫外線が観測できるため、観測気球はこれまで銀河間を漂う薄いガスを調査し、超新星の残骸が発するガンマ線をひろい、宇宙まで飛ばされる最新機器の試験台として利用されてきた。もし、気球と聞いて、私のように子どもの誕生会で飛ばす風船や色とりどりの熱気球（下のバスケットに天文学者が乗っている）を思い浮かべたとすれば、気球観測の実態は知る価値がある。

天体観測に使われる気球は、最大で高さ一三七メートルのものがあるくらい巨大で、地上から操作する望遠鏡や検出器を積んで空に打ち上げられる。機器は操作できるし、高度もあらかじめ計画できるが、動きは風まかせとなる。つまり、気球の打ち上げには風の流れ、天候、タイミングがものを言うことになり、観測チームは放球のまえに、機材やカメラなどのペイロード（数トンにもなる）を完璧を期して何度も何度もチェックする。

アメリカの研究用気球は、ニューメキシコ、テキサス、オーストラリア、南極にある数少ない放球場から打ち上げられる。現地には気球専門のチームが常駐している。放球するのに適切な日は、地上近くから中間層、そして最終的に気球が漂うことになる高層と、それぞれの層で吹く卓越風がすべて協力的で、天候に問題がないと現地の専門家が判断した日である。

気球——フットボールの競技場より長いが、ビニール袋ほどの薄さでできている——は地面の防水シートの上に広げられる。気球の下にはパラシュートのパックが、さらにその下にペイロードがつながれる。ペイロードはクレーン車に吊り下げられて大きなフックで固定され、放球を待つ。気球が広げられると、上部五分の一くらいにヘリウムが注入される。気球には残りの部分にヘリウムが入らないようにカラーがセットされている。気球はとりあえず、スプールと呼ばれる装置で地面に留め置かれる。

基本的には、放球まで流れるように進む。ヘリウムの注入が終われば、スプールが外され、気球は宙に浮かび上昇しはじめる。それに伴い、吊り紐が引きずられるので、放球スタッフはそれに合わせて慎重にクレーン車を動かす。吊り紐が張りつめたとき、ペイロードを留めたフックが外され、クレーン車から解放される。こうして全体がゆっくりと空に上がっていく。途中でカラーが外れ、ヘリウムが膨張して気球内を満たし、気球は上昇していく。目標の高度に到達したあとは、気球は地上の四〇キロ上空を一〇時間から三〇時間漂い、そのあいだ地上の観測者は望遠鏡と検出器を使って観測を行なう。

文章にすると簡単だが、このとおりに行かなかった事例を見つけるのも簡単だ。放球時のトラブルはいろいろある。カラーが外れるタイミングが早すぎると、ヘリウムが漏れだし、放球台に沈んでヘリウムが抜けるまで数日動かせなくなることもある。また、放球は風の影響を強く受ける。放球スタッフや気象の専門家がどれだけ慎重に準備をしても、地上の風向きがとつぜん変わることはある。クレーンから離すタイミングも重要だ。早すぎればペイロードを落としてしまうし、遅ければペイロードがクレーンにぶつかるか、ずるずると引きあがっていくだろう。フックを外せなければ大惨事になりかねない。しかし、放球スタッフにできることはあまりない。ある天文学者は、放球スタッフが動くクレーンの腕にのぼってフックを外そうとしているのを見たときの印象を語ってくれた。幸い、フックが外れてペイロードが上がっていくとき彼は無事にクレーンに残ったが、もし彼が落下したら、あるいはもっと悪いことに吊り紐に絡まったりしたら、と思うと恐ろしかったという。

エリック・ベルムは、二〇一〇年にオーストラリアのアリススプリングスで起きた事故について話してくれた。彼のチームはガンマ線を観測するための望遠鏡を積みこんだ。前回の気球観測で近くのパルサーからガンマ線のデータをうまく収集できたので、今回はオーストラリアから、天の川銀河の中心から放出されるガンマ線を調査し、超大質量のブラックホールのデータを集め、遠くの最期を迎える星がガンマ線バースト（私が論文を書こうとしていた高エネルギーの閃光と同じもの）を起こさないか観測したいと思っていた。チームは経験豊富なメンバーだったし、ペイロードはすでに一度飛ばしたものだったということもあって、エリックは科学研究のための気球の打ち上げをみんなに見てもらおうとメディアを呼ぶことにした。話は広まり、当日は数台のカメラと大勢の見物人が集まった。人々は放球台の風上に設置されたフェンスの裏に陣取った。ここまでは順調だった。

放球の日、卓越風は想定とは違う方向に吹いていた。気球を準備したとき、気球からペイロードを引く吊り紐はフェンスの方を向いていた。しかし、地元のスタッフはあまり気にしていなかった。まえにも同じような状況で問題なく上がっていたからだ。放球の時間が来て、気球は放たれ、クレーン車が吊り紐を引きながら動き出した……何も起きなかった。ペイロードは外れず、気球は上がっていく。クレーンはその下を、フェンスに向かって走っていく。そこには見物人とその停めた車がたくさんあった。

とうとうクレーンはフェンスに到達し、それ以上進めないので停まったが、ペイロードはまだ解放されていなかった。気球がそのまま進んでいったので、ペイロードもフェンスに向かっていった。この時点で何かがおかしいと気づいた見物客は一斉に逃げ出した。ペイロードをクレーンにつなぐ紐が切れ、二トンの観測機器は地面にたたきつけられ、フェンスをなぎ倒し、気球に引っぱられて進んでいった。一台の車をひっくり返し、人が乗っていた別の車をかすった。ぶつかった衝撃で壊れた観測機器の破片が空を飛び交うなか、人々は全力で走って逃げた。スタッフは「放球中止！」と無線に向かって叫び、放球チームは気球を切り離した。ペイロードは地面にたたきつけられ、転がって止まった。

エリックたちは言葉もなく立ちつくし、観測機器だったものの残骸と、震える見物客たちを見つめた。すべてはわずか一分以内に起きたことだった。

奇跡的にけが人は一人も出なかったが、集まったメディアがカメラを回していたので、二方向から撮影された失敗の一部始終は夜のニュースとなり、それからユーチューブにアップされた。ニュースのなかで、逃げまどったときの心境をインタビューされる見物人の後ろには、肩を落として残骸を拾い集める科学者たちが映っていた。残念ながら、機器の再利用はかなわないことが判明し、チームは帰路に就いた。

気球をあげるのは大変だが、それは物語の半分でしかない。飛行が終われば、落下する気球、というよりペイロードを回収しなければならない。理屈としては、気球にセットされた装置が吊り紐を切り、チームはいつ、どこにペイロードが落下するかを把握する（卓越風を注視することと、住宅地、保護空域、国境線を避けることがとくに重要）。吊り紐につけられたパラシュートはこのためにある。十分に空気があるところまでペイロードが落下すると開き、着地すると外れる。といっても、いつもうまくいくとはかぎらない。

ペイロードが切り離されたあと、最悪なのはパラシュートが開かずに、時間をかけてつくられた観測機器が自由落下して地面にめり込んでしまうことだ。パラシュートが開いても着地後の切り離しがうまくいかなければ、ペイロードは砂漠や南極の氷の上を何キロも引きずられることになる。この場合は、エリックの放球事故のときのように、科学者たちが本当に貴重な部品だけでも回収しようと残骸のなかを探しまわる。

着地に成功したペイロードは回収されることになるが、これがまた大変な作業となることもある。ニューメキシコ州から飛ばしたペイロードは、まさしく「ヘビの峡谷」と呼ぶのにふさわしい場所に落下した。チームの責任者はスネーク・チャップ（ガラガラヘビがうようよいるところでも入っていけるという分厚い足カバー）は全米科学財団の予算で認められるだろうか、と悩んだ。予定し

植民地時代に出現した近代美術の発展

ベトナム近代美術史

フランス支配下の半世紀

二村淳子

近代ベトナム絵画はどのようにして出現したのか。本国と植民地、前近代と近代、東洋と西洋の文化が交錯する1887年から1945年までのフランス統治下のベトナムの美術・藝術を分析、その発展を解明。第1回東京大学而立賞受賞作。

A5判・5000円（税別）ISBN978-4-562-05845-7

図版も交えてわかりやすく紹介した最新総合史

スコットランド通史

政治・社会・文化

木村正俊

日本におけるスコットランド文化史研究の第一線専門家が、最新の知見をもとに新たに提示する通史。有史以来さまざまな圧力にさらされながらも独自の社会・文化を生みだし、世界に影響を与えてきた北国の流れを総覧した決定版。

A5判・3200円（税別）ISBN978-4-562-05843-3

変わり者、短気、情熱的……なぜそのように言われるのか？

赤毛の文化史

マグダラのマリア、赤毛のアンからカンバーバッチまで

ジャッキー・コリス・ハーヴィー／北田絵里子訳

『赤毛のアン』や「赤毛連盟」でみられるように、赤毛はたんなる髪の毛の色以上の意味を与えられてきた。時代、地域、性別によっても変化し、赤毛をもつ人々の実生活にも影響を及ぼしてきたイメージを解き明かす。カラー口絵付。

四六判・2700円（税別）ISBN978-4-562-05873-0

恐ろしくも魅力的な「幻獣たち」を大解剖！

図説 異形の生態

幻想動物組成百科

ジャン＝バティスト・ド・パナフィユー／星加久実訳

ユニコーンやドラゴン、セイレーン、バジリスクなど、神話や伝説に登場する異形たちの、その姿ばかりではなく、組成や体内構造にまで、フルカラーで詳細画とともに生物学者が紹介した話題の書。

B5変型判・2800円（税別）ISBN978-4-562-05904-1

郵便はがき

料金受取人払郵便

新宿局承認

4399

差出有効期限
2022年9月
30日まで

切手をはら
ずにお出し
下さい

160-8791

343

(受取人)
東京都新宿区
新宿一-二五-一三

原書房

読者係 行

1608791343 7

図書注文書 (当社刊行物のご注文にご利用下さい)

書名	本体価格	申込数
		部
		部
		部

お名前　注文日　年　月　日

ご連絡先電話番号 (必ずご記入ください)　□自宅 (　　)　□勤務先 (　　)

ご指定書店(地区　　) (お買つけの書店名をご記入下さい)　帳合

書店名　書店 (　　店)

5903
天体観測に魅せられた人たち

愛読者カード　エミリー・レヴェック 著

＊より良い出版の参考のために、以下のアンケートにご協力をお願いします。＊但し、今後あなたの個人情報(住所・氏名・電話・メールなど)を使って、原書房のご案内などを送って欲しくないという方は、右の□に×印を付けてください。 □

お名前《フリガナ》　男・女（　　歳）

ご住所　〒　　-

市　町
郡　村
TEL　（　　）
e-mail　@

ご職業　1会社員　2自営業　3公務員　4教育関係
5学生　6主婦　7その他（　　）

お買い求めのポイント
1テーマに興味があった　2内容がおもしろそうだった
3タイトル　4表紙デザイン　5著者　6帯の文句
7広告を見て(新聞名・雑誌名　　)
8書評を読んで(新聞名・雑誌名　　)
9その他（　　）

お好きな本のジャンル
1ミステリー・エンターテインメント
2その他の小説・エッセイ　3ノンフィクション
4人文・歴史　その他（5天声人語　6軍事　7　　）

ご購読新聞雑誌

本書への感想、また読んでみたい作家、テーマなどございましたらお聞かせください。

た場所から離れて着地した場合も苦労する。ペイロードにはたいていＧＰＳが装着されているが、ときにはその着地場所を知って、あるいは誰がそれを最初に発見したかを知って驚愕する。あるチームは田舎の一本道を走って回収に行ったところ、向こうから走ってきた平台のトラックとすれ違った。その荷台にはペイロードの一部が積まれていた。また、別のチームがオーストラリアからあげた気球は、大西洋をわたってブラジルに着地したが、着地の際に、村に電気を供給する送電線を切ってしまい、停電を引き起こした。数カ月後、チームは回収に現地を訪れた。途中、飲み物を求めて村の店に入ると、そこにはペイロードが飾られていたという。

気球天文学の親戚がロケット天文学だ。基本的には気球と同じように、観測機器を上空にあげて、データを取得し、落下したあと回収するわけだが、その名が示すとおり、爆発的な勢いで行なわれる。飛ばすのは、完全な宇宙仕様のロケットではなく、望遠鏡を積んで軌道外で大きな放物線を描いて飛び、宇宙で数分間分のデータを取得する観測用ロケットだ。

アーサー・Ｂ・Ｃ・ウォーカー二世は航空宇宙工学を専門とし、ロケット天文学の創成期に革新を起こした人物で、アメリカ空軍時代のロケットの打ち上げの経験をもとに、観測用ロケットに積みこむ紫外線とエックス線の機器を設計した。一九八〇年代から一九九〇年代に、アーサーのチームは、何台かの観測用ロケットに一〇基以上の望遠鏡を積んで打ち上げ、はじめて太陽のエックス線と紫外線を高い解像度で記録することに成功した。ロケットの飛行時間は約一四分で、そのうち宇宙空間にいてデータを収集できたのは五分しかなかったにもかかわらず、である。ロケットも、気球と同じように、ペイロードをパラシュートで落とし、着地後に回収される。

そして、打ち上げができる場所が少ないのも同様だ。その一つがニューメキシコ州のホワイトサイズ・ミサイル実験場である（アパッチポイント天文台の西側のホワイトサンズ国定記念物と同じ石膏の砂丘にある）。ホワイトサンズでのロケットの打ち上げについて何人かに話を聞いたが、心配しているのは、打ち上げが失敗して人が住む地域やメキシコとの国境に飛んでいくことだという。実験場内に落下することもあるが、気軽に回収しに行くわけにはいかない。実験場の一部には不発弾が埋まっている可能性があるからだ。実験場で仕事をする天文学者は特別な安全訓練を受け、ときには地雷探知機を持った人を前に歩かせながら、トラックの荷台に載ってペイロードを回収しに行く。あるチームは一月のアラスカで発射したところ、ペイロードは想定した地点から四〇キロ離れて落下した。短い日照時間と厳しい環境に直面したチームは、自力で探すのをあきらめて、ペイロードに懸賞金をかけた。試みは成功し、二度目の夏、コケに覆われたペイロードが届いた（もちろん懸賞金も要求された）。

天体観測用のロケットが打ち上げられる場所には、ほかにロイ・ナムル島という、マーシャル諸島クワジェリン環礁の小さな島がある。赤道近くの太平洋に浮かぶ島で、軍の発射場があり、NASAが科学研究のために借りている。ロイ・ナムル島で難しいのは、ロケットをうまく落としてペイロードを適切な場所に着地させることだ。というのも、島はすべてサンゴ礁に囲まれており、近くの海に何かを落とすことは厳しく禁止されているからだ。ロケットは気球ほど風の影響を受けないので、たいていは時間どおりに打ち上げられるが、天文学者のケヴィン・フランスによれば、ロイ・ナムル島で打ち上げまでに五夜かかったことがあるという。風のせいでロケットがサンゴ礁に落ちる可能性があったためだ。

ロイ・ナムル島のもう一つの特色は、島内では業務用のトラック数台と警察車両一台以外は、車が禁止されているということだ。人々はゴルフカートを使うか歩くしかない。島内での運搬に使えるようにと、NASAは科学チームに分解した自転車を送った。ケヴィンは島に到着するやいなやすぐに自分の分を組みたてた。チームのメンバーはステッカーを貼ったりして、昼も夜も島内を移動するのに使った。結果、NASAのロケット研究者たちは太平洋の小さな島で、育ちすぎた一二歳の子が門限に遅れたときのように、夜はライトをつけて、前か後ろに研究道具を積んで一生懸命にペダルをこいだ。

飛行機、気球、ロケットは間違いなく、私たちが地上天文学と呼ぶものの限界を広げてきたが、私は地上に据えられた望遠鏡とひとまとめにしてもいいと思っている。データそのものは地上の何キロも上空で収集したものかもしれないが、その試みは地上ではじまり、地上で終わっていて、観測者はいっしょに乗りこむか、観測中の貴重な一秒一秒を必死に追跡するかしている。

さらに言うなら、「もっともすばらしい地上望遠鏡」コンテストの技術部門で優勝するのは、ジョージ・カラザーズに違いない。彼が設計した遠紫外線カメラ／分光器はたしかに地面に設置された。ただし、その地面は月面で、望遠鏡を操作したのは、一九七二年にアポロ一六号で月面着陸を果たした宇宙飛行士ジョン・ヤングだった。ジョージは紫外線検出器のパイオニア（初の紫外線カメラの特許を持ち、観測用ロケットで紫外線観測も行なった）で、月で使うための小さな八センチ望遠鏡を開発した。それは最高のデータを持ち帰った。ジョージたちはこの結果をもとに論文を何本か発表し、注目を集めた。そこには、はじめて別の場所から地球に望遠鏡を向けたことで得られた、地球の大気や磁場のデータが含まれていた。この小さな望遠鏡には扱いづらいところもあった。望遠鏡とバッテリーをつなぐコードは宇宙飛行士の足によくからまり、バッテリーは冷やさないように太陽のあたるところに置かなければならなかった。月の低い気温のなかで、望遠鏡を回転しやすくするための潤滑油も凍りはじめ、望遠鏡の操作は徐々に難しくなっていった。最終的には貴重な時間と酸素を消費しながら、力ずくで望遠鏡を動かしながら観測した。それでも望遠鏡のミッションは成功とされ、ジョージはこのあと一九七〇年代に打ち上げられたスカイラブにも、同じような紫外線望遠鏡を載せている。

月面着陸は天文学にちょっとしたボーナスも提供してくれた。アポロ一一号に乗りこんだニール・アームストロングとバズ・オルドリンは、望遠鏡からのレーザーを月面で反射させるための特別な鏡を置いてきた。レーザーをこの鏡で反射させることで、天文学者は地球と月の距離を数ミリの誤差の範囲で測定できる。これにより、月は年に三・八センチ地球から離れていっていることがわかった。アポロ一四号と一五号はさらに反射鏡を追加し、アパッチポイント天文台は現在でもそれらを利用している。

月は別として、現在望遠鏡が運用されている場所でもっとも人里離れた場所といえば南極だ。アムンゼン・スコット基地は南極大陸の中心にあり、南極点望遠鏡が設置されている。一〇メートルのサブミリ波望遠鏡で、ブラックホールを撮影した地球規模の干渉計の一つとしても機能している。アタカマ砂漠のアルマ望遠鏡を思い出す人がいるかもしれないが、それには理由がある。実は、南極は高高度にある砂漠なのだ。望遠鏡がある場所の標高は二七〇〇メートル以上、雨はほとんど降らない。雪が吹きあれる南極の写真がとらえているのは、強風で舞い上がる地面の雪だ。地球の極付近では空気が薄くなるため、現地では実際の標高よりも高く感じられ、より多くの酸素が必要とされる。基地で日々更新される天気情報には「体感高度」の項目もある。

天文学的には南極はすばらしい場所だが、同時に困難な場所でもある。南極大陸の冬は当然ながら厳しく、飛行機の発着が難しい八カ月をそこで過ごす人々は越冬隊と呼ばれ、飛行が再開するまで大陸を出ることはできない。それは誰にとっても長くつらい日々になり、海岸近くの規模の大きなマクマード基地に比べると人が少ないアムンゼン・スコット基地での生活は、ふつうの人には想像できないものとなる。南極点望遠鏡の観測で越冬したルーペシュ・オージャは、通常の仕事内容に加えて、練り歯磨きやシェービングクリームをどのくらい持っていけばいいか悩んだ話まで語ってくれた。南極の中心にいるとあらゆる刺激が恋しくなる。外はすべて真っ白（そして冬なので暗い）、保存食を何カ月も食べ続けるうちに何を食べても同じ味にしか感じなくなる、しまいには、冷たく乾いた南極の空気以外のにおいを欲するようになる。ルーペシュは冬が終わってはじめて運ばれてきた食料のなかのバナナと新鮮な卵のにおいをかいだときと、越冬を終えてニュージーランドに降りたって土と植物と雨のにおいをかいだときのことを忘れられないという。

南極にいれば、かわいらしいアザラシの子どもやペンギンの行進を楽しめると思うかもしれないが、それは甘い考えだ。南極の野生動物は食料が海にいることから、おもに大陸の沿岸部にいる。そのためアムンゼン・スコット基地の周辺には野生動物はいない。最初の探検者は犬ぞりでやってきたかもしれないが、現在は、南極条約により動物を持ちこむことは禁止されている。だから人々はペットを求める。どんなペットでもいい。ルーペシュは、レタスに包まれてはるばる基地の厨房までやってきた青虫を思い出す。コックが「生きている」と驚いて声を上げると、ランチを食べていた人々の半分は急いで見にいった。結局、オスカーと名づけてしばらく飼っていたという。基地にはバートと名づけられたルンバがあり、最小限の人員しかいない長い冬のあいだホールの掃除を担っていた。地球とは思えないほどの遠い場所で、人々は慰めになるものならなんでも飛びついた。それが青虫やロボット掃除機でも。

私がSOFIAに搭乗するチャンスはまだ残っていた。実は、最終的に中止された二月のフライトの数カ月前に、観測の提案書を提出していたのだ。赤色超巨星に関する長年の疑問の解明につながるかもしれないと考えてのことだった。相変わらず死にゆく星を覆うダストのことが知りたかった。どのようにできるのか、なんでできているのか、星の最期を解明する手がかりになるのか。SOFIAはこのダストが放出する、波長の長いかすかな赤外線を独自の方法で観測できる。もしSOFIAの観測枠が取れたら、これらの星の進化を、ほかの望遠鏡ではできない形でとらえることができる。それに、また私も乗りこめるかもしれない。

提案が通ったとき、私は七月のフライトに飛びついた。今回はニュージーランドのクライストチャーチにあるアメリカ南極プログラムの基地から飛びたつことになっていた。私は、自分が研究している星の観測が組みこまれた飛行機に、天文学者として乗りこむことになった。

私はすぐに夏の計画を変更し、熱波のフランスで行なわれる会議で発表したあと、まっすぐニュージーランドに飛ぶことにした。仕事柄、世界のあちこちに行っているが、地球を半周したあとすぐにまた別の飛行機に乗って移動というのは、さすがに少々厳しかった。デイヴはよく冗談で、移動の多い私の仕事は、CIAのエージェントの隠れ蓑にぴったりじゃないかと言う。「天体観測に行きます」と言えば、トップシークレットを携えて南アメリカでもオーストラリアでも、はたまたどこか辺境の地でも難なく現地入りできる。あわてて北半球から南半球行きの飛行機を予約する私を見て、彼が考えを変えるとは思えない（こんなことを書いているくらいだから、私がCIAのエージェントではないことはわかってもらえる……と思う）。

私は三日かけてクライストチャーチに着いた。抗議の声を上げる体内時計をかかえて、夏のフランスから冬のニュージーランドに移動し、おそらく異常な興奮状態で、私は冷え切った空気のなかを元気よく歩いていった。すべてがステロイドで増強されたような観測体験だった。長距離の移動、辺境の土地、慣れない時差、そして、冒険を駆りたてる躁病的な興奮（ただし午前三時には消えることが多い）。

今回は天気も飛行機も協力的だった。脱出訓練と最終打ち合わせのあと、みなはバックパックと夜のランチと反射する安全ベストを持って滑走路に出て、燃える夕日を背に離陸を待っているSOFIAに向かった。飛行機は逆三角形のような経路を取り、南洋を南に向かって南極圏のすぐ近くまで飛び、東に向きを変え、それから北に戻ってくる。天の川銀河の中心、数十年前に爆発した星の残骸、そして私の観測目標も含めた最期が近い星をいくつか観測することになっていた。

はじめて搭乗するのは私だけだったので、コックピットで離陸しませんかという申し出に私は飛びついた。パイロットの後ろ、航空機関士の隣に、私は自分の手をお尻の下に敷いてすわった（まわりにある数えきれないほどの数のスイッチやボタンを間違って押してしまわないように）。混みあったクライストチャーチ空港を滑走しながら、パイロットは管制官と交信して離陸時間を調整していた。そのあいだ、私の顔は緩みっぱなしだった。それまでたくさん飛行機に乗ってきたので、目の前の滑走路に灯がまっすぐ延びる光景を楽しむ余裕があった。そしていよいよ機首が上がり、灯火が下に流れていったときには興奮で震えた。とうとうやった！　離陸時のコックピットは照明が落とされていて、機体が上昇してニュージーランドの空に入ると、次第に南半球のたくさんの星が視界に入ってきた。

機体はすぐに一万三一〇〇メートル、民間機よりも一六〇〇メートル高い上空に達した。ある同業者は、この高度なら成層圏（stratosphere）に入ったことになり、自分たちのことをastronaut（宇宙飛行士）ならぬstratonaut（成層圏飛行士）と呼んでもいいかもと言っていた。私は窓の外を信じられない思いで眺めながら、子どものように満面の笑みをたたえ、この体験すべてを記憶しようとした。私は航空機関士が望遠鏡の格納室の扉を開けるまでいて（たしかに聞いていたとおり、揺れは感じなかった）、それから階下におりてほかの乗員と合流した。

警告されていたとおり、機内はうるさかった。耳栓をすると感覚が遮断された不思議な空間に閉じこめられ、誰かと話すためにヘッドセットを使うときだけ、その空間が弾けてなくなった。物理的な音はともかく、機内の空気は驚くほど落ちついていた。オペレーターたちは自分の仕事に専念し、ほかのメンバーは食事をレンジで温めたり、おやつを食べたりしている。そして、これも言われたとおり、寒かった。私は冬用の帽子をしっかりかぶりなおし、上着のチャックを顎まで上げながら、手袋を持ってくればよかったと後悔した。蓋つきのマグに紅茶を入れ、飛行機後部をぶらぶらと歩いて、格納室から突きでている望遠鏡の裏を眺めた。飛行機はほとんど揺れずに飛行し、望遠鏡は巨大なボールベアリングの上に浮いた状態でわずかに動きながら、完璧に観測態勢を保っていた。

どの観測でもそうだが、すべてが順調なときには、なんというか、拍子抜けするものだが（あまりにも長く楽しみにしてきたので、興奮が続かなかったというのもある）、機内はあまりにもふつうだった。私は席でくつろいで、フライトについてメモをとり、持ってきたタイ料理のテイクアウトを温め、このあとやってくる自分の観測の詳細を思いかえし、得たいと思っているデータを考察した。まだアドレナリンが効いていたが、三日で六時間しか寝ていなかったことから、フライトのどこかに仮眠を入れたほうがいいかもしれないと思った。

ＳＯＦＩＡが私の赤色超巨星を観測する一六分間が訪れたとき、私は疲れていたにもかかわらず一気に覚醒し、ヘッドセットをつけて、マグカップを手に、計器類の裏をうろうろと歩きまわった（ユニコーンはにっこり笑っていた）。飛行機のなかであろうと地上であろうと、新しい望遠鏡をはじめて使うときや、新しい研究対象や波長域に取り組むときには緊張が走る。今回も同じだった。しくじったらどうしよう。観測計画がお粗末で、みなの貴重な時間を使って、意味のないデータしかとれなかったら。ばかばかしい心配かもしれない。委員会がレビューして承認したのだし、私は時間をかけて準備をした。それでも、私がこの飛行機の望遠鏡でこれを観測したいと言ったから集まった人々でいっぱいになったこの場所——高度一万三一〇〇メートル、ニュージーランドの南の空の特定の場所を飛行する穴のあいた飛行機内——にいると、ばかばかしいとも言えなくなってくる。望遠鏡が自分の星を向いたとき、計器が動くのが見えた。私は胃が痛くなる思いで、「お願いだからうまくいって」と祈った。

幸い、すべてが順調に進んだ。オペレーターが私の星に固定すると、すぐにデータが流れてきたので、思わず驚いてしまった。私はしくじっていなかった。指定した座標は私の星を完璧にとらえていたし、暗すぎることも明るすぎることもなかった。このような赤外線を観測したことはなかったが、処理前のデータは、事前に予想していたものとだいたい同じだった。計器のモニターの中央に白い線が弧を描き、ところどころに色の薄い部分があり、集めた光のどこかに恒星の化学情報が埋まった指紋があることを示している。

数時間後、私は許可をもらって階段をのぼった。パイロットと航空機関士に訊きたいことがあったのだ。コックピット内は照明がついていて、私たち四人はＳＯＦＩＡについていろいろ話した。途中で一人のパイロットが言った。

「照明を消してもいいかな？　このあたりでオーロラが見えると思うんだ」

私はうなずき、コックピットは暗くなった。私は息をのんだ。

オーロラを見たことはなかった。子どものころから見たいと思っていたが、一度もその機会はなかった。そのせいか、ある意味、取りつかれていた。ボストンに住んでいたときにオーロラがあらわれたことはあったし、飛行機で北極近くを飛んだこともある。しかし実際にこの目で見たことはなかった。それなのに、いきなり目の前にあらわれたのだ。何枚もの巨大な薄緑のカーテンがカーブを描いて揺れ、まじりあっている。それは見たことのない不思議な動きだった。私たちはオーロラのなかにいた。空いっぱいに広がっていたので、全景が見えるコックピットの窓からどこを見たらいいのかわからなかった。上のほうはさざ波のように揺らめき、裾はほとんど不気味とも思えるほど光り輝いている。

パイロットは機内放送で、離陸時や休憩のために設置された椅子が並ぶ前方の照明を消すと告げた。オーロラは美しかったが、まったく予期せぬ出来事というわけではなかったし（ＳＯＦＩＡで南方にフライトしたときにはときどき見られる）、みなには観測の仕事がある。それでも、オーロラが次第に輝きを増してくると、一人二人と腰をかがめて窓の外を眺めはじめ、耳栓をはずして大声でオーロラについて話していた。ＳＯＦＩＡに何度も搭乗している人は全員見たことがあったが、ほかの人のために観賞する時間を数分とり、みなを喜ばせた。緑色の輝きは、太陽から飛んできた粒子が大気のなかの酸素原子と衝突して起こる。美しい光景の裏の科学を、私たちは天文学者として理解している。結局のところ、オーロラは一つの恒星が生みだしているのだ。

私はＮＡＳＡの空飛ぶ天文台のコックピットにいて、南極成層圏を目指して南下していた。オーロラが私たちのまわりを躍っている。機体の後ろでは、望遠鏡が私が選んだ星を観測しようと準備している。そこで集めたデータは、私が人生をささげた宇宙の謎の一つを解明する助けになるかもしれない。

一瞬、オーロラがデータの質に影響するかもしれないという考えが頭をよぎった。だが、それを追求する気にはなれなかった。

✴ 第9章　アルゼンチンの三秒間

天文学者はときどき典型的な科学者のイメージを押しつけられる。夢物語や美しいものを観賞する能力を失い、ひたすら知識を披露し、あるいは0と1からなるデータを研究しているロボットのような人間だ。だが、私が同業者たちに日食の計画を話したとき、返ってきたのはこのイメージからかけ離れた反応だった。

二〇一七年八月、ご多分に漏れず、私もはじめて皆既日食を見ることになった。この日は、月が太陽を完全に遮る現象がアメリカの広い地域で観賞できることになっていた。私たちは日食を知りつくしていた。日にち、時間、場所、たとえ九九パーセントが隠れていても太陽を直接見てはいけないこと、太陽の外層大気であるコロナの白い輝きは完全に隠れたときに見える、など。だが、私がこの話題を持ち出すと、たいていの人はまずその美しさや、感動、神秘性について語った。

日食の陰にある数学の詩情と科学の優美さを理解する天文学者は、その知識ゆえに美しさにどっぷりと浸ることができる。仕事でも趣味でも、日食を以前見たことがある天文学者は口々に、皆既の瞬間に訪れた静寂が忘れられない、太陽系と一体になったかのように感じ、心が穏やかになっていくのがわかった、太陽コロナの白熱の炎が強烈だった、皆既の二分半のあいだ宇宙の美しさにただ見とれた、と語った。

私の反応はそこまで〝禅〟ではなかった。

二〇一七年の日食のとき、私は、ワイオミング州のジャクソン・ホール・ゴルフ・アンド・テニス・クラブに二〇〇人を集めて、みなで日食を見るというサイエンス・ツーリズムのイベントを主催した仲間に協力し、夕方に開催されるセミナーのゲストスピーカーの一人として参加した。当日の朝、ゴルフコースにみなが散らばった。頭上には青空が広がり、西にそびえるグランド・ティトン山を背に、人々は日の光を切望する花のように太陽のほうを向いている。日食を見るための道具があちこちから顔をのぞかせた。誰もが黒く塗られた日食メガネを握っているが、ほかにもフィルターを施した双眼鏡や望遠鏡を持った人、デジタルカメラやピンホールカメラをセットした人もいた。

多くの参加者が日食経験者だった――私が話をした人のなかには日食を見るのは二〇回目という人もいた――が、私も私の家族もはじめてだった。イベントを主催した友人のダグ・ダンカンが家族を連れてきていいよ、と言ってくれたので私はみんなを招待した。ダグはおそらく私の家族を甘く見ていたと思う。集まったのは総勢一六人（デイヴ、私の両親、兄とその家族、叔父、叔母、いとこたち）、私と同じようにはじめて皆既日食を見るということで、みな大興奮していた。彼らは、一一時三五分ちょうどにこの場所がいい天気でありますように、と祈りながら、それぞれが飛行機か車かキャンピングカーでマサチューセッツから遠路はるばるやってきた。

太陽がゆっくりと欠けるにつれ、人々の期待は高まっていった。変化はほとんどわからないスピードで起きていたが、気温は下がり、光がわずかに変わり、映し出された太陽の形は円形からゆっくりとパックマンの形、そしてクロワッサンの形へと変わっていった。熱心な人々は楽しそうに言葉を交わし、通りすぎる人に自分の特別仕様の望遠鏡やフィルターを貼った双眼鏡をのぞいていくように誘った。ワイオミング州では、というより国中で人々は皆既日食に釘づけとなっていた。オレゴンからサウスカロライナに至るまで幹線道路は渋滞し、人々は日食メガネや暗い色の溶接用メガネをかかげたり、手元にあるもの（水切りボウルやクラッカー、チーズおろし器など）でピンホールカメラをつくり、太陽が欠けるところを眺めた。日食はソーシャル・メディアを埋めつくし、その週のほぼすべてのテレビのニュースやラジオで取りあげられた。大勢の人が天文の世界に歓喜するのを見るのはうれしかった。全国規模の観測をしているようだった。

完全に隠れる直前、興奮は最高潮に達した。次第に暗くなるなか、みなが顔をあげて日食メガネを空に向けている。振りかえって驚きの声をあげた人が見たのは、とつぜん暗くなったグランド・ティトン山だった。皆既の影は時速三二二キロで私たちに迫っていた。

草にかかる光が揺れはじめた。「シャドーバンドだ」星をきらめかせるのと同じ、揺らぎの現象を見つけてダグが大声をあげた。皆既の直前、地球上の大気の揺らぎが、細く輝く太陽からの光を屈折させ、最後の弱い光をさざ波のように見せているのだ。人々はざわめきはじめ、やがて完全に太陽が隠れた瞬間、歓声とともに二〇〇個の日食メガネが外された。

私は空を見上げたまま、しばらく動けなかった。思わず涙が出そうになった。太陽があった場所には漆黒の穴ができ、そのまわりには白い光の輪がある。これが太陽コロナで、太陽の高温の外層大気が粒子を宇宙に放出し、恒星風として知られる現象を起こしている。恒星風は太陽やほかの恒星の進化を探るにあたって重要な手がかりとなる。私はそれまでの人生のほぼすべてをかけて、世界中の望遠鏡を使って星の進化を研究してきたが、自分の目で恒星の風を見たのははじめてだった。どの方角を見ても日没の空のような不思議な光景が広がり、日の温かさが消え、空気が冷たくなった。地球がこの場所の時の流れを一時停止して、みなが空を見上げた状態で固まってしまったかのようだった。

同業者たちによれば、皆既が続くあいだは感動と神秘を味わえるはずだった。しかし、彼らはそもそも私より落ちついた心の持ち主で、少なくとも私より忍耐強い人たちだった。皆既を一目見た私は、そのあとの二分半もじっと見ている気にはなれなかった。

とはいえ、どこを見ればいいのかわからなかった。もちろん自分の目で日食を見たが、それに飽き足らず、もっとよく見ようと双眼鏡を目に当て、父がセットした望遠鏡をのぞき、それから三六〇度の夕日を見ようとぐるぐると回った。私はピンボールのように家族のみんなのあいだを動きまわった。ちゃんと見てる？　双眼鏡は？　望遠鏡も？　夕日は？　ねえ、みんな見た？（見た、見た、ちゃんと見た）。双眼鏡をのぞいたとき、太陽の左下に水星が見えた（前日の夜に仲間と日食について話したときには、見えるかどうか確信がなかった）。私はそこにいた人全員に聞こえるように、もしかしたらワイオミングじゅうに響きわたるかもしれないくらいの大声で「水星が見える！」と叫んだ。思わずデイヴにハグをした（それから双眼鏡を彼の手に押しつけて言った。「見て、太陽の端にプラズマのループが光っているから！」）。私は両親とハグをした。たぶん、知らない人ともハグをした。やがて、月の山のあいだから太陽の表面が顔をのぞかせるダイヤモンドリングが見え、太陽がふたたびあらわれはじめた。私はまたみんなと歓声をあげて喜び、「日食メガネをかけて！」と先ほどと同じ大声で叫んだ。それから興奮を分かちあおうとダグに駆け寄った。あとでわかったことだが、日食のあいだ、ドキュメンタリーの撮影が行なわれていて、私たちはずっとカメラに追われていた。そこに映っていた私は、日食が終わったあと興奮して跳ねながら、全力疾走してきた人のように息を切らし、「人生で最速の二分半だった」と言っていた。

　皆既日食は、天体観測のなかでもっとも難しく、もっとも得るものが大きい現象かもしれない。太陽そのものについては言うまでもなく、重力や時空の複雑な理論まで研究するチャンスとなる。日食のほかには、規模はずっと小さいが、同じ原理で起こる通過や掩蔽《えんぺい》がある。太陽面を通過する金星を観測すれば、金星の大気や、ほかの恒星のまわりの惑星を見つける方法が解明できるかもしれない。また、太陽系の惑星や小惑星は遠くにある恒星の前を一瞬通過することがあるので、それが観測できれば、恒星の光の変化や、惑星の大気、小惑星の形状、太陽系のしくみについて新しい情報が得られるだろう。

　そのためには、二〇一七年の日食のときのように、それが観測できる場所にたどりつかなければならない。これが大冒険となることがある。月が太陽の前を通過するにせよ、小惑星が恒星の光を遮るにせよ、地球上に影をもたらすわけだが、この影は地球上の一部にしかかからない。その場所にたまたま最高級の望遠鏡があるという幸運に恵まれないかぎり、観測者がその場所に赴くことになる。だから、二〇一七年、人々はオレゴンからサウスカロライナまでアメリカを横断する細長い地帯に集まったのだ。月が地球と太陽のあいだを通るときに地球に落とす影を見るために。

こうした現象を研究する天文学者は、この影を追って重装備で地球上を駆けまわることになる。既存の天文台の上を通ることはほとんどないので、こちらから天文台を持っていくというわけだ。こうして観測は、運搬可能な機材をまとめて、影を落とすところならどこへでも赴く天文学者のサーカス団となる。

影を落とす場所を特定するのが大変なときもある。天文学者は地球、月、太陽の動きについては数学的にかなり正確にとらえることができるので、日食のタイミングや場所は完璧に予測できる。しかし、たとえば大きさや質量や距離が明確になっていない遠くの小惑星が、ぼんやりした恒星の前を通るとなると、予測は難しい。特定の小惑星が特定の恒星の前を通るところを観測したいという研究者グループは、可能性のある複数の場所に、それぞれ日程に幅を持たせて観測隊を送る必要があるだろう。また、天気と空がいつも味方してくれるとはかぎらない。時間をかけて正しい場所と正しい時間を探し当てたとしても、たった一つの雲に遮られて観測が失敗することもある。

学術探検といえば、二〇世紀に入るころに未開の地を馬とショットガンと自分の機転を頼りに突き進んだ探検隊を思いうかべる人が多いかもしれない。たしかに食の観測にまつわる歴史的な冒険譚もあるが、実はそうした冒険は今でも続いている。

過去の日食観測の冒険を記した書籍はたくさんある。デイヴィッド・バロンの『*American Eclipse*

（アメリカの日食）』は、一八七八年に北アメリカを横断した日食をめぐる金ピカ時代の狂騒を描いている。科学的にもっとも有名なのは、アーサー・エディントンがアルベルト・アインシュタインの一般相対性理論を確かめるために、一九一九年に行なった遠征だろう。アインシュタインによれば、太陽が恒星の前を通るとき、背景の恒星に対してレンズとなるので、恒星からの光は時空に対する太陽の重力の影響で曲がり、空のわずかにずれた場所にあらわれることになる。これを確かめようとするときに問題となるのは、太陽が明るすぎて、ほかの恒星の光を埋もれさせてしまうことだ。日食は太陽を遮るのでこの問題を解決してくれる。こうしてエディントンは近くの恒星の位置を測ることができた。当時最新の機器を持って日食の場所に行けばよかったのである。

二〇一七年、ふだんは静かなアメリカの片田舎に突如、天文ファンが押し寄せ、日食の通り道には人と車とカメラがあふれることになった。しかし、ワイオミングで渋滞にはまった人の苦労など、一九一九年のエディントンの遠征に比べればたいしたことはなかった。日食が起きる五月二九日の二カ月前、彼はオックスフォードの天文台から借りた巨大な望遠鏡と、大量のガラスの写真乾板を積みこんで、西アフリカの沖合にあるプリンシペ島に向けてイギリスを出港した。機器は何週間もまえに組み立てられ、準備万端で迎えた日食当日、現地は朝から大雨で空は厚い雲に覆われていた。チームはかたずをのんで見守った。幸い、日食の直前に空は晴れわたり、彼らはアインシュタインの理論を証明する貴重な写真を何枚か撮影することができた。

歴史上の観測者がみなこのように運に恵まれたわけではない。機器の不調やタイミング悪くあらわれた雲はすべて観測を駄目にする。わずか数分のデータを求めて何カ月も旅してきた人には、残念だった、では済まされないだろう。

一八世紀のフランス人天文学者ギヨーム・ル・ジャンティは、食の観測で歴史に残る失敗者だ。彼は一七六一年の金星の太陽面通過を観測するために、インドのポンディシェリに向けて旅立ったが、すぐに問題が立ちはだかった。旅の途中でフランスとイギリスのあいだで戦争が勃発し、ポンディシェリはイギリスに占領されたため、ル・ジャンティのフランス船はインドに向かうのをあきらめ、マダガスカルの東にあるモーリシャスの港に入った。ル・ジャンティは船の甲板で観測しようと、果敢に挑戦したが、結果は散々だった。

金星の太陽面通過はきわめてまれな現象だが、二回一組で起こる。組と組のあいだは一〇〇年以上あくが、一組のなかでは八年しかあかず、一七六一年の通過は組の一回目だった。そこで一七六九年にふたたび通過することがわかっていたので、ル・ジャンティは八年間インド洋にとどまり、もう一度観測に挑戦することにした。今度は幸先がよかった。一七六八年には、フランスがポンディシェリを奪還し、ル・ジャンティは大歓迎のなか現地入りした。彼は一年以上をかけて観測の準備をした。しかし、当日の一七六九年六月四日は嵐が訪れ、金星が太陽面を通過するあいだじゅう厚い雲が空を覆っていた(通過後はすぐに晴れた)。

失意と病をかかえてフランスに帰国した彼は、一一年のあいだに手紙を書くべきだったと後悔した。インドに向けて出港してから帰ってこなかったため、友人や家族は行動を起こしていた。彼の法的な死亡が宣言され、妻は再婚し、彼の財産をめぐって相続人たちが争い、彼を観測に送りだしたフランス科学アカデミーは彼を除名処分にしていたのである。史上最悪の観測旅行を経験した天文学者としてル・ジャンティの地位はゆるぎないものとなった。

航空機と携帯電話のおかげで簡単に旅行ができる時代になったが、太陽観測者は数年ごとに日食の通り道を求めて地球を大移動する。シャディア・ハバルは、日食を利用して太陽の風と磁場の研究をしており、これまでに一〇回、日食を求めて遠征をしている。月に完全に隠れるため外層が際立って観測しやすくなる日食を追うことで、彼女のチームは太陽の外層を研究する機会を繰り返し得ている。

気象上の不運に見舞われたこともある。一九九七年にはモンゴルで吹雪にあい、二〇〇二年の南アフリカでは日食の瞬間に雲があらわれ、二〇一三年にはケニアで砂嵐に見舞われた。気象以外の問題と格闘しなければならないこともあった。観測場所は日食の軌道と現地の天気を考慮して決められるが、二〇〇六年の日食の際には気象だけではなく政治も考慮しなければならなくなった。日食は北アフリカを通り、観測に最適な場所はリビアの南部だった。時期が違えば実現しなかったかもしれないが、幸い二〇〇四年のはじめにアメリカ国務省が、二〇年以上におよんだリビアへの渡航禁止を解除していたので、日食遠征隊は現地に赴けた。現地ではリビア軍が南部までの機器の運搬を手伝ってくれ、さらに砂漠の真ん中に設けた研究キャンプではインターネットのアンテナまで設置してくれた。

二〇一五年に北極圏で日食があったときには、シャディアのチームはノルウェー北部のスヴァールバル諸島を観測地に選んだ。景色は美しいが、切り立った渓谷に囲まれた場所で、シャディアたちは北極圏の低い太陽が山の上に顔をのぞかせ、皆既のあいだ観測できる場所を慎重に探した。このときは、視界と天候と装置のほかにホッキョクグマの心配もあった。ほかの天文台で遭遇するクロクマは距離を置けば大丈夫だが、ホッキョクグマはそうはいかない。そこでノルウェー北部に着いたときに数人が射撃の訓練を受けてライフルの支給を受け、観測隊が雪の渓谷のひらけた場所で仕事をしているあいだ、つねに見張っていた。しかし、ホッキョクグマの恐怖も、太陽コロナが雪に覆われた渓谷の壁を三六〇度照らす日食の美しさの前にはかすんだ。シャディアのチームが滞在した町は皆既の一五分前にすべての活動をとめ、住民はみな外に出て日食を観賞した。

シャディアはまったく場所が違うのに、地元住民が同じ反応をしていたことを思い出す。二〇一〇年の日食のときに彼女がいたのは、三月の北極圏ではなく、七月の仏領ポリネシアだった。日食は小さなタタコト環礁の真上を通ることになっていた。フランス語が流暢に話せるシャディアは、島の小学校で子どもたちに、日食メガネの重要性とともに、皆既の瞬間にはずせば真っ黒になった太陽と白く輝くコロナが見られると説明した。そのあと校長がシャディアに提案をした。もし皆既の瞬間を教えてもらえれば、教会のベルを鳴らして島の人々にメガネをはずしていいときを知らせることができるから、みんなが皆既日食を観賞できる、と。計画はうまくいき、タタコトの住民約二五〇人は壮大で神秘的な日食を楽しむことができた。

こうした生身の人間に訴える魅力は、二〇一七年の日食を体験したあとではよくわかる。ワイオミング州ジャクソンでは町総出でイベントを盛りあげようと、街路灯フラッグが掲げられ、レストランでは日食にちなんだビールや料理が用意され、店先には日食をモチーフにした宝石が展示された。皆既日食が見られる場所にいて、その瞬間に無関心でいられる人はいないだろうし、その瞬間は、太陽の下にいる人々とのつながりを感じられるはずだ。

日食はドラマチックで見ごたえがあり、研究も進んでいる。軌道と距離を慎重に計算することで、日食が起きる時間と場所は秒単位で特定できる。しかし、小惑星が恒星の前を通るなど、もう少し小さな現象となると、いろいろと手間がかかり、予測は難しくなる。掩蔽《えんぺい》と呼ばれるこうした現象は持続時間が短い。小さくて高速で動く小惑星が恒星からの光を遮るのはほんの数秒かもしれない。影がいつどこで観測できるかも確率の迷路に入りこむことになり、その小惑星までの距離やその軌道、形状、大きさをどう見積もるかで、さまざまな時間と場所が導きだされる。

観測の難易度もそれにしたがって上がる。日食は地球のどこかで平均一八カ月に一回のペースで起きるが、ある小惑星が十分に明るい恒星の前を横切って、それが人と装備が到達できる場所で観測できる確率は、ほとんど一回きりのチャンスと言えるほど低い。

二〇一四年、小さなごつごつした天体（2014MU69と名づけられた）がカイパーベルト（小天体がリング状に集まった帯で太陽系の外縁を周回している）で発見された。この天体には特筆すべきことが一つあった。二〇一八年に近傍で直接観測できるとされたのである。二〇〇六年に打ち上げられた探査機ニューホライズンズは、九年後に冥王星を通過し、その際にこの矮星《わいせい》の表面をはじめて撮影することになっていた。この接近通過《フライバイ》は大成功をおさめ、ニューホライズンズは冥王星を通りすぎたあとも飛行を続けた。これを予想していた天文学者たちは事前に、カイパーベルト内で観測するのに適当なほかの天体を探し、２０１４ＭＵ６９に照準を定めていた。コースを少し調整すれば、探査機は二〇一八年の終わりに２０１４ＭＵ６９の近傍を通過し、二〇一九年一月一日に最接近して観測できるはずだった。しかし、天文学者としては、接近に先駆けてこの奇妙な天体に関する情報がもっと欲しかった。ニューホライズンズによるフライバイのチャンスは一度しかない。チャンスを生かすためにも情報は多ければ多いほどいい。

ここが掩蔽の観測者の腕の見せ所だった。２０１４ＭＵ６９が小さく（全長三五キロと測定された）、非常に暗い（天体自体は光を放出しないが、表面がごつごつしているため太陽光を反射し、その弱い光で発見された）ことはわかっていた。しかし、軌道計算により、三つの恒星の前を二〇一七年の七月三日、一〇日、一七日にそれぞれ通過することがわかった。そこで観測チームが派遣され、南アフリカとアルゼンチンに数十もの望遠鏡がセットされた。そして七月、いくつかのチームが観測に成功し、はかない２０１４ＭＵ６９の影をとらえた。その結果、この天体の形状だけではなく、軌道も絞りこめるようになった。

ＳＯＦＩＡもこの面白そうな試みに加わった。空中天文台は移動可能で、掩蔽の通り道に沿って飛行できるという強みがある。ジム・エリオットは冥王星の大気と天王星の環の研究で、カイパー空中天文台を使って同じことをした経験がある。どちらも、惑星、大気、環が恒星を隠したことで確認された。ＳＯＦＩＡは二〇一七年七月一〇日のクライストチャーチからのフライトで、２０１４ＭＵ６９の影を追いかけた。秒単位の正確さで計画された飛行経路とスケジュールで、ＳＯＦＩＡは掩蔽を一瞬とらえた。そのおかげで研究チームは、この謎の天体の形状や環境についてさらに理解を深めることができた。

２０１４ＭＵ６９の掩蔽で集まったデータは全部足してもせいぜい一、二分だったが、十分だった。たくさんの望遠鏡と人間がかかわった観測の結果、２０１４ＭＵ６９は奇妙な細長い形をしていることがわかった。二つの天体がくっついたか、軌道が近づきすぎたかのように見えた。このデータは、ニューホライズンズのフライバイの精度を上げるのに役立ち、はじめて撮られた写真は、掩蔽の観測チームの見立てが正しかったことを証明した。探査機が送ってきたのは、解像度の非常に高い２０１４ＭＵ６９の画像で、それは雪玉をくっつけた雪だるまのような形をしていた。距離は地球から六四億キロ以上あり、探査機が訪れたなかでもっとも遠方にある天体となった。

科学を追究するときにさまざまな問題が立ちはだかることを考えれば、天文学者が星の光の影を必死に追いかけるその道に、たくさんの障害物が存在するのは想像に難くないだろう。タイミング一つとってみても、その条件は過酷だ。２０１４ＭＵ６９の掩蔽の持続時間はわずか数秒と短かったが、時間に関していえば、それは決してめずらしいものではない。観測チームは時間をかけて準備し、さまざまな対策を練り、数千キロも移動して辺鄙な場所に望遠鏡を設置するが、計算を一つでも間違えれば、あるいは装置が故障すれば、あるいは雲がかかれば、すべてが水の泡となる。

場所もいろいろだ。掩蔽の観測者は、「パロマー天文台に行ってその真上を通る掩蔽を観測する」ケースから、スイスの山間《やまあい》の小さな町やどこかの洋上に浮かぶ離島に遠征するケースまである。人里離れた場所の場合、よくある機材の問題に対処するのが難しくなる。同時に、こうした遠征で、日食のときのような歓迎を受けることもある。ラリー・ワッサーマンは、二〇一七年に２０１４Ｍ

U69の観測チームで、アルゼンチン南部にある人口一八万のコモドーロ・リヴァダヴィアを訪れたときの地元の歓迎ぶりを思い出す。観測のことは地元の新聞で報じられており、英語を話す人は少ないにもかかわらず、ラリーは行く先々で天体観測に来たのかと地元の人に声をかけられた。観測の夜には光害を最小にするために街灯を消し、主な国道を封鎖して協力してくれた。チームは突発的な風で望遠鏡が揺れてデータの質が落ちるのではないかと心配していたが、これを防ぐためにトラックの運転手たちは車を並べて風から機材を守ってくれた。コモドーロ・リヴァダヴィアはその夜、一時的に活動を停止した。すべては2014MU69が近くの恒星を覆い隠す数秒間の観測を成功させるためだった。

こうした話を聞いて、私は天文学の皮肉を思った。天文学者なら絶対に同意する基本的な事実がある。それは占星術——恒星や惑星の位置に基づいて導きだした人間の行動や出来事についてのあいまいな情報——は、真実ではないということだ。絶対に違う。ちょっと天文学をかじった程度でも、水星の見かけの動きやその人が生まれたときに太陽の位置にあった星座が、その人の性格や行動、運命に関係するはずがないことはわかるだろう(「水星逆行」は水星と地球が軌道を動くスピードの違いによって、水星が逆行しているように見える時期があるというだけだし、あなたの一二宮に対応する星座は、あなたが生まれたときには観測できない。昼のあいだに上がって見えないのだから!)。教育を受けた夜空の専門家である天文学者で占星術を信じているという人に、私は今まで一度も会ったことはない。

だが、ある同僚が面白いことを言っていた。私たち天文学者は、神秘的な意味合いはないにしても、ほかの誰よりも星に人生を左右されている、と。望遠鏡が壊れたり、風が強かったりしたせいで、博士号取得の延期を余儀なくされ、研究者としてのキャリアや人生の計画に影響することもある。掩蔽観測でタイミングが悪ければ、新聞の見出しを華々しく飾る代わりに、うつむいて帰宅することになる。ル・ジャンティは金星の太陽面通過に人生を振りまわされた。そこまで明白ではないが、私も二歳のときに裏庭でハレー彗星を見たのが原点となり、ＭＩＴに入学し、そこでデイヴと出会い、故郷から九七〇〇キロも離れたハワイの大学院に進み、世界中を訪ねる仕事に就き、家族みんなでワイオミング州のゴルフ場ではじめて皆既日食を見ることになった。おそらく偶然と選択――森羅万象のめぐりあわせと、自分のキャリアと運命を宇宙にかけるというちょっと変わった決意――の組み合わせなのだろう。だが、占星術そのものはでたらめだとしても、天文学者は自分の人生が空に影響されていることはよくわかっている。

二〇一七年のワイオミング州のゴルフ場で日食が終わりに近づくと、私と家族はうろうろしながら最後の時間を楽しんだ。太陽が月の陰から少しずつ姿をあらわしていくあいだ、日食メガネでときどき太陽を見たり、話をしたりした。次の二〇二四年四月について訊く者もいた。アメリカで見られる次の皆既日食は北アメリカの東側を通るため、メキシコ、テキサス州からメイン州、カナダのノヴァスコシアで観賞できる。ゴルフ場に集まった筋金入りの日食マニアも、新たにマニアに仲間入りした人たちもまた車で、飛行機で訪れるのだろう。

今思えば、あの日はたくさんの大きな出来事が重なった日だった。計画と準備に何年もかけて、ワイオミング州のあの場所に何百人も集まった。視界を遮る雲はまったくなかった。そして、もっとも驚くべきは日食そのものだろう。この事実は忘れがちだが、地球で皆既日食が起きるのは運命のいたずらともいえる現象なのだ。この太陽系の手品のような現象は、恒星のまわりの惑星や、そのまわりで発見された多くの惑星のなかでも、私たちを特別な存在にしている。恒星のまわりの惑星のまわりを回る衛星については研究が進められているが、一つだけ確実なことがある。太陽系の中心にある、一億五〇〇〇万キロ離れた恒星と、三九万キロしか離れていない小さな丸い月が完全に重なる確率は、きわめて小さいということだ。知性を持った友好的な宇宙人社会があって、将来、星と星のあいだで旅行できるようになったら、グランドキャニオンが人々をアリゾナに引き寄せるように、地球の日食は観光の目玉となるだろう。

この日食があった日、知っていたのはほんの一握りの人たちだったが、実は表面下でもう一つ、信じられない確率の出来事が進行していた。それが理由で、私は日食が終わるとすぐに携帯電話を取りだして、あちこちにいる仲間がソーシャル・メディアにあげた皆既日食の写真を眺めながら、メールに注意を払っていた。アイダホ州サンヴァアレーで開かれた高エネルギー天体物理学の会議の出席者たちが、皆既日食を楽しみながら、田舎ゆえのインターネットの接続の悪さを嘆いていたのにも、理由があった。日食の四日前、地球上で過去に探知したことのないある種のシグナルが、一億三〇〇〇万光年先から宇宙を抜けてやってきて、一部の天文学者をひそかに熱狂と混乱に陥れていたのである。

✴ 第10章　テストマス

二〇一七年の日食の日の四日前、八月一七日の午後、私はデイヴといっしょに近所のアイスクリーム屋さんにいて忙しかった。どの味にしようか悩み、父に誕生日おめでとうのメッセージを送り、デイヴには数日後にみんなといっしょに見る人生初の皆既日食について興奮気味にまくしたてた。

父とメッセージをやりとりしながら、アイスクリームを見ていると、フィル・マッシーからメールが届いた。私たちはこのときもまだいっしょに赤色超巨星の研究に取り組んでいて、この日の夜は、共同研究者が私たちのプロジェクトの一つを遂行するために、チリで観測することになっていた。フィルが送ってきたのは、望遠鏡の使用スケジュールに私たちの名前を見つけた天文学者エド・バーガーからの緊急メールだった。メールは私たちの観測プランを変更してほしいと懇願していた。予定したターゲットを観測する代わりに、暗くなり次第スタートする不可解な新しい物体の捜索に参加してほしいというのだった。

さかのぼること数時間、エドはハーヴァード大学で会議をしていて、携帯電話にアラートを受けとった。彼は特別な共同研究に参加していて、ある特定の発見があったときにはすぐにそれを知らせるメーリングリストに登録していた。共同研究チームが長年待ち望んでいたこのアラートが来たのは東海岸時間の正午ごろで、メールは南半球での捜索を求めていた。日が落ちてチリの望遠鏡が観測をはじめるまであと一〇時間。アラートを受けとったエドたちは、それまでになんとかしなければならなかった。

さらにさかのぼって、その日の朝――東海岸時間で八時四一分――、ペンシルベニア州立大学の大学院生コーディ・メシックは、天文学の指導教官にあてて、首を痛めたので今日は自宅で研究するとメールを打った。コーディは静かに過ごそうと思いながら、自宅の階段をおりていった。そのとき研究室から自動転送されたメッセージが携帯電話に届いた。階段の途中で彼を固まらせるには十分な内容で、彼は携帯電話を見つめながらそのニュースを反芻した。

ワシントン州のある観測所――同じ種類の観測所は世界に三カ所しかない――が、重力波を探知したというのだった。

重力波を表現するなら、時空の圧縮ということになるだろう。この意味を理解するために、スリンキー（ばね状の玩具）を両手で持っているところを想像してほしい。スリンキーで波を起こす方法は二つある。片方を持ちあげれば、反対側に波打って流れていくが、重力波はこれではない。スリンキーを持って片側を軽く手で押すと、渦巻き状のスリンキーは圧縮されて縮み、それから伸びて波が伝わる。重力波はこちらに近い。違うのは、重力波は光の速度で動き、時空そのものを、そのなかにあるものすべてとともに、圧縮して、それから伸ばすということだ。重力波が地球を通過するとき、地球も縮んで伸びている。

重力波は、物理学のなかでも、計算上存在するから存在しているとされるものに分類される。重力と空間と時間の関係を示したアインシュタインの有名な一般相対性理論は、一〇本の方程式で表現されている。一九一六年、アインシュタインはこれらの方程式から重力波の存在を発見した。問題はそれをどうやって証明するか（ひいては広範囲に及ぶ物理的性質をどうやって証明するか）だった。数学的には発生するが、非常に微細なものになると、アインシュタインは述べていた。ブラックホールが衝突して太陽の六〇倍の質量のものができたとしたら、時空には陽子の一〇〇〇分の一以下のゆがみが生じるという。アインシュタイン本人が、小さすぎて検出するのは不可能だろうと考えていた。

しかし、検出する方法が考え出された。活用したのは複数の光を結合させる干渉計だ。干渉計という言葉には聞き覚えがあるかもしれない。そう、電波天文学でおなじみの機器である。電波天文学では干渉計を使って、離れた場所に設置された複数の望遠鏡で集めたデータを合体させている。重力波干渉計も原理は同じで、離れた場所から来る光を結合させて、違うものを測定する。光が移動した正確な距離だ。

基本的なしくみは以下のようになる。二本のまっすぐな管を直角になるように配置し、交わるところに立つ建物には、それぞれの管にレーザーを発射する装置を収める。「テストマス」という完璧な鏡がそれぞれの管の先に取りつけられていて、レーザーを反射させる。こうして、信じられないほどの精度でそれぞれの管の長さを測定する。通常は、レーザーはどちらの管でも同じ距離を移動し、同じ時間で建物に戻ってきて、互いに消しあい、シグナルは発生しない。しかし、重力波が地球を通りすぎた場合には、二つの管の長さに影響を与え、片方を伸ばし、片方を縮める。管の長さが一時的にわずかに変わり、それに伴ってテストマスも動き、反射されたレーザーがこの変化を反映して、シグナルが発生する。ブラックホールの衝突などで重力波が発生し、この検出器がそれをとらえたとき、その特徴的なシグナルは「さえずり」と呼ばれる。重力波の周波数を音に変換すると、一秒以下の非常に高い音となるからだ。

理屈は単純だが、実行するのは恐ろしく難しい。問題は、重力波による小さな変動をとらえる精密機器は、重力波以外のものもすべてとらえてしまうことだ。数十億光年離れた場所で起きるブラックホールの衝突が生みだした時空のゆがみをとらえる一方、地震の震動からトラックが通りすぎたときの揺れまで、管やテストマスを乱すものすべての影響を受けてしまう。つまり、本当の課題は、重力波を検出することではなく、アインシュタインが正しかったことを宣言する小さなさえずり音をかき消す、無関係なシグナル、つまりノイズをいかに検出しないか、ということになる。

数十年間、三つの重力波検出装置は、世界でもっとも感度が高い天体物理学の実験装置を目指してきた。その土台にあるのは、「重力波は本当にあり、検出できる。理屈上は検出できるはずの機器の性能を向上させればいいだけだ」という物理学への信頼だ。ＬＩＧＯ《ライゴ》（レーザー干渉計型重力波観測所）を構成する二つの検出器は、アメリカのワシントン州東部のハンフォードとルイジアナ州南部のリヴィングストンに設置されている。三つ目のヴァーゴ干渉計は、ヨーロッパの共同事業として、イタリアのピサの東南にある小さな村、サント・ステファノ・ア・マチェラータに建設された。いずれも二〇〇〇年代のはじめに観測を開始し、数千人の技術者、エンジニア、スタッフが設備のすみずみまで完璧にしようと取り組んでいる。そして、世界ではじめて光ではなく重力波を検出した観測所となった。

私は五月の静かな火曜日、ハンフォードのＬＩＧＯを訪ねた。シアトルから三時間車を走らせると、最初は太平洋岸北西地域の青々とした山並みが見えていたが、東に向かうにつれて次第に色が抜けた平地になっていった。ＬＩＧＯはリッチランドから北に一六キロほど行ったワシントン州南東部のコロンビア盆地にある。たくさんの山頂（と空中）の天文台に足を運んだ私としては、重力波観測所と言えば、なんとなく暗くて得体の知れない物理学の領域で、研究者が重力の謎と格闘している、そんなイメージを持っていた。ところが、ＬＩＧＯに近づくにつれ、ＳＯＦＩＡの基地があるパームデールやＶＬＡに向かう道を思い出した。広大な開けた乾燥地帯だからこそなりたつ最先端の科学という点では通じるものがある。

なかでは刺激的な最先端の科学が展開しているのに、外には驚くほど退屈な風景が広がっているというのは、考えてみれば面白い。小さな案内板にしたがって曲がって到着したところには、ごくふつうの駐車場に、これといった特色のない建物ときれいに整えられたビジターセンターがあった。近くまで行ってみると、干渉計の二本の管を覆う灰色のコンクリートが遠くまで伸びていた。あとで中央棟の屋上に上がって見ると、検出器の管は現実とは思えないほど、まっすぐに伸びていた。管の長さは約四キロ。地球の曲率を考慮してその長さになっている。しかし、中央棟から見えたのはその半分だった。残りの半分は途中につくられた施設に隠れて見えない。いずれにしても、ＬＩ

GOまではるばる行って見えるのは……コンクリートだ。

このコンクリートの覆いは装置を守る重要な働きを担っている。干渉計の管は実際には、直径一・二メートルのステンレスでできていて、地面からは浮いた状態で、ほぼ完璧な真空——宇宙よりも純粋な真空——に保たれている。当初は何キロにもわたってコンクリートを流しこむ費用を削減しようと、管をむき出しにしてつくることも考えられたが、結局、覆いはつくられた。おかげで一度ならずLIGOは落雷から守られている。ハンフォードの検出器も、リヴィングストンの検出器も避雷針はついているが、それでも落雷でコンクリートに大きな穴があいた。ハンフォードでは車の事故からも守った。敷地内に勝手に入りこんだジープがコンクリートの覆いに衝突したとき、運転していた本人とジープは壊れたが、干渉計は無事だった。

一時的にではあるが、コンクリート防壁の敵となったのはネズミのおしっこだった。工事の最初の段階で、防壁は断熱材に覆われたが、工事完了後にそれを取りのぞく理由は見当たらなかった。この断熱材はネズミにとって最適な住まいとなった。ネズミがいるのはうれしくはなかったが、最初はとくに大きな問題とは見なされていなかった。しかし、やがてリヴィングストンで問題が判明した。ネズミの尿と湿気があいまってバクテリアが発生し、それが管にごく小さな穴をあけ、真空が保たれないおそれが出てきたのである。これがわかってからネズミは駆除され、断熱材ははずされて穴は修復された。

ハンフォードのLIGOに到着してから、私はまず中央のオペレーション施設に案内され、コントロール室を簡単に見学した（NASAのミッションコントロールセンターの規模を縮小したような部屋で、ワークステーションがいくつかあり、一面の壁はスクリーンになっていた）。その後、装備を整え、LVEA（レーザー・真空装置エリア）と呼ばれる、レーザーやテストマスなどの装置を収めた大きな部屋に向かった。事前にLIGOの窓口の人とメールでやりとりしたときには、火曜日に来ることを強く勧められた。火曜日はメンテナンスのために観測がとまるので、ふだんは立ち入り禁止のLVEAなどにも入れるからだ。観測中のレーザーに近づけないのは、私の安全のためではない（もちろん、それも十分に配慮されている。無塵室のLVEAに入るために必要な髪と靴のカバーとともに、何かあったときに眼を守るための緑色の反射するゴーグルが渡された）。観測中に問題になるのは、私の足音だ。検出器が作動しているときにLVEAを歩く人はかならず「人為的ノイズ」を発生させる。検出器が据えられたコンクリート床を歩くだけでそれは発生する。案内してくれた人はお昼までにはここを出なければいけないと言った。担当者が午後にふたたびスイッチを入れるまえに、どうやらここでは象にも匹敵する私たちの足音の反響を消す時間が必要らしい。

LIGOは陽子の数千分の一以下の変動を検出できると口で言うのと、その精密さで稼働させるために必要な技術を目にするのは、まったく次元が違う。最先端の技術はテストマスそのものと、それを管のなかに吊るす方法に使われている。

テストマスは直径約三三センチ、厚さ約二〇センチの丸い鏡で、重さは四〇キロほどある（大きくて重いほうが揺れない）。溶融石英ガラスでできていて、LIGOのレーザーが発射する赤外線を反射するように設計されている。テストマスは四段階の振り子になっていて（段階ごとに鏡に伝わる外の振動が減る)、極細のグラスファイバーで吊るされている。グラスファイバー一本で約一三キロまで吊るすことができるが、重量以外のストレスの影響を受けやすいという性質がある。指で触れば、皮膚の油分で傷がつき、鏡を落として粉々にしてしまうかもしれない。ハンフォードの現地で作られているグラスファイバーは、テストマスを吊るすのに最適だ。吊るすときの摩擦が少なく、ファイバー内の分子運動は金属製のワイヤーよりも優れ、テストマスに伝わるきわめて小さい振動も減らしてくれる。

LIGOの感度のよさを本当に理解したのは、コントロール室に戻って担当者からノイズの源についての話を聞いてからだった。細かいところまで厳しく制限しても、ノイズの監視とコントロールは、LIGOの日常業務の中心となっている。データ上で重力波のシグナルをとらえたとしても、まずはエリア内でノイズを発生させる可能性があるものをすべて確認しなければならない。

二つある大きなスクリーンのうち右側のほうには、青と黄と赤の線がゆっくりと上下に弧を描いて流れていくモニター画面がいくつか表示されている。その場にいたスタッフに何を表しているのか訊くと、ノイズの原因となるものを示しているという。人の歩行による振動や、風による建物の揺れなどだ。

私はそのうちの一つを指して、上部に書かれたタイトルを読んだ。「波浪性脈動ノイズってなんですか」

「主に海の波によるものだよ。北アメリカプレートにぶつかったときの。ノイズとしてつねに発生しているので」

「うそでしょう！」海岸からは三〇〇キロは離れているというのに。

あるモニター画面は、二〇時間ほどまえにきわめて大きなノイズが発生したことを示していた。私が訪ねたこの日は、パプアニューギニアでマグニチュード七・二の大地震が発生してから一日もたっていなかった。地球を半周するほど離れているというのに、地震の震動はワシントン州とルイジアナ州の検出器を何時間も揺らしつづけ、おかげでそのあいだは、それ以外のものはほとんど検出できなくなっていた。LIGOでは地震があったときの手順が決められている。地震波はすぐには伝わらないため、地震による大きな揺れを観測するまで数分から三〇分ほどの時間がある。小さな地震のときには、テストマスを調整して重力波に対する感度を下げ、地震の影響をなるべく受けないようにする。大きな地震のときには、テストマスを自由に揺れるようにして、地震による影響が長時間続くのを抑え、検出器が早く通常の状態に戻るようにする。

ノイズの原因がなくなることはなさそうだ。LIGOができた初期のころ、ルイジアナ州では、地域の産業である木材の伐採のノイズに悩まされた。ワシントン州の検出器は、毎年春に行なわれるコロンビア川のダム放流のノイズを拾うことがある。上空を飛ぶヘリコプターの回転翼や、現地に駐車するプロパン車のエンジン音、雨などもある。最近、ワシントン州で拾われた面白いノイズは、検出器を冷やすための液体窒素のタンクから発生していた。タンクにつながるパイプには氷がつく。それを暑くなって水分を求めるカラスがつつきはじめたのだ。トン、トン、トンという音は、LIGOが総出で調査をはじめるのに十分なノイズだった。氷にカラスのくちばしの形のくぼみができているのが発見されて、謎は解けた。この発見は詳細に記録されて後世に残ることとなった

（記録にはつつかれた跡の写真、つついているカラスの写真、ノイズを再生するためにカラスをまねた大学院生の写真が添付されている）。タンクにつながるパイプは氷がつかないものに替えられ、LIGOのニュースレターには、犯人として「喉が渇いたカラス」が紹介された。

面白いのは、光の電磁波ではなく重力波を検出する観測所なのに、夜のほうが条件がいいということだ。空気が冷えると風は弱くなり、近くの道路を走るトラックの数が減れば振動も減るからだ（朝になれば交通量が増えて、トラックのノイズは増える。道路に近いほうの管がいちばん早くノイズをとらえることになる）。

驚いたのは、ほかの天文台と同じように、観測しているあいだは、二四時間体制でオペレーターがコントロール室に詰めて仕事をしているということだった（誰かがレーザーのスイッチを入れて、シグナルの到着をただひたすら待っているのかと思っていた）。オペレーターはつねに何かをしている。配置がずれないように鏡の位置を調整し、地震警報に注意して、ノイズはできるだけコントロールし、コントロールできないノイズは発生源を監視する。ラスカンパナス天文台のヘルマン・オリヴァレスと同じように、LIGOのオペレーター兼大学院生のナッツィニー・キブンチューは、重力波に取り組む天文学者の不思議な生活を漫画にしている。

少しでもLIGOに関心のある人なら、重力波を検出できたら快挙であり、ノーベル賞ものだとわかっていた。簡単ではない。数千人が複数の大陸で仕事をしているなかで、設備の運用、データの確認、分析、結果の公表を行なう人間を管理するのは、巨大な機械装置を管理するのと変わらずならないと早い段階で認識していた。

大変だ。賢明にもLIGOは、干渉計と同じように、ノイズや感度について人間も検査しなければならないと早い段階で認識していた。

こうして「盲検注入」が生まれた。LIGOの創設期に、あるチームは重要な任務を密かに与えられた。検出器から出てくるデータに本物の重力波に見える偽のシグナルを混入するのである。これは研究ではよくとられる手法で、データを分析する人間とソフトウェアがシグナルを正しく探知できるかどうかをテストするために行なわれる。LIGOの場合、そのほか二つの面でも役立った。

一つはLIGOのチーム全体のテストだ。盲検注入があることはみな知っているが、一握りの関係者をのぞいて、どのシグナルが本物でどれが偽物かはわからない。だから、みな検出したシグナルはすべて本物かもしれないという前提で取りあつかうように指示された。つまり、データを分析し、大量の計算を行ない、どういう天文現象がそれを発生させたのかを突きとめる（ブラックホールが二つ？　規模は？　距離は？）。さらには、重大な結果を発表する論文の草稿までつくる。すべては、それが本物のシグナルなのか盲検注入なのか知らされずに行なわれる。シグナルが本物かどうかは、チーム全員が出席する最終会議で、「封筒を開ける」形で発表される。これはアカデミー賞をまねたもので、盲検注入チームが封をした封筒を持ってきて、それを誰かが開けて、シグナルが本物だったのかどうかが明らかになる（最近では「封筒」はフラッシュドライブで、そのなかに発表用のスライドが入っている）。こうしてチームのみなは、自分たちが取り組んできたシグナルが本物かどうかをはじめて知る。

盲検注入は、メンバーの口の堅さを探るテストとしても機能した。重力波を最初に検出したときには興奮するが、それがノイズではなく本物の重力波であることを確認するために、データは何カ月もかけて精査しなければならない。そして、画期的な研究論文を構成する根本的な物理を解明するためには、数百人の人間がかかわることになる。ＬＩＧＯは情報が漏れないことを確認する必要があった。検出が確定するまで、メンバーが友人や家族、仲間にうっかりしゃべってしまって世間に知れわたるようなことは避けなければならない。カール・セーガンの格言はよく知られている。いわく「並外れた主張には並外れた証拠が必要だ」。ＬＩＧＯはこの並外れた発見を、証拠が確認されるまで外部に絶対に知られないようにしたかった。

盲検注入の話は天文学の世界では広く知れわたった。意図的にそうしたのだと思う。ＬＩＧＯにまったく関係ない人でも、忌々しい偽のシグナルの話や、本当にチームが知らされていないことを知っている。実はこれは二面的な保険になっている。ＬＩＧＯと仕事をしている人がもし秘密を漏らしたとしても、それを知った人は容易に信じることはできないだろう。それが本物だと誰も知らないはずなのだから。みなが研究に精を出すあいだ、その人はにやにやしているかもしれないが、盲検注入に騙されているだけかもしれない。

このシステムは初期のころは非常にうまく機能した。ときおり盲検注入が実施されても、チームは数カ月を偽のシグナルに費やしたことを知ったうえでユーモアを持って発表を受けとめ、世間がそれを知ることはなかった。本物の重力波のシグナルが到達したときには、（盲検注入チームをのぞいて）全員が本物か偽物かを知らずに、いつものように作業をこなすだろうと思われた。

このしくみが崩れ去ったのは、二〇一五年九月一四日、はじめて本物の重力波が検出されたときだった。ＬＩＧＯは、検出器の感度を向上させるための五年がかりの調整を終え、検出を再開しようとしていた。この日は試運転で、正式な観測ではなかったため、検出器はデータを収集したが、補助システムのなかには稼働していないものもあった。その一つが盲検注入システムだった。担当者が前日、調整していたが作業が終わらなかったので、この日は稼働させていなかったのである。

そのため、九月一四日の朝、ブラックホールの衝突によるさえずりがＬＩＧＯに到達したとき、何人かはすぐに本物かもしれないと考えた。

データははっきりとしていた。あまりにもはっきりしていたので、盲検注入を経験したメンバーは偽のシグナルだろうと思った。しかし、盲検注入チームは、すぐに盲検注入システムのスイッチが入っていなかったことを内輪で確認した。なかには、誰かが壮大ないたずらを計画して、検出器にこっそり近づき、どうにかして偽のシグナルを紛れこませたのではないかと疑い、数カ月かけて調査した人もいた。最終的にはそれも不可能だとわかった。九月にＬＩＧＯが検出した重力波は、疑う余地のない本物だったのだ。

続く数カ月のうちに、天文学の世界ではうわさが広まったが、ここでは盲検注入の保険が効いた。盲検注入のシステムが機能していなかったことは外に漏れないようにしていたので、ＬＩＧＯの関係者が不自然に張り切っていると聞いても、それが本物だとは誰も思わなかった。二〇一五年一〇月、私は星の最期や重力波など、突発的に発生したり消えたりする現象を扱った時間領域天文学の学界に出席した。事前に申し込んでいたブレインストーミング方式の会合のお題は「いつか本当に重力波が発見されたらどうする？」といったものだった。出席者は、伝統的な天文学者と重力波の研究者に見事に分かれた。全員が席につくなり、ＬＩＧＯの科学者は声を上げた。「今日、公に話ができない人は？」大テーブルの片側に固まっていた重力波の研究者たちは全員、ひきつった笑みを浮かべながら手をあげた。ほかの天文学者はみな目を丸くした。ＬＩＧＯの人は満足そうに笑みを浮かべて椅子におさまり、「わかった、じゃあ、議論をはじめてくれ。われわれは傾聴させていただくとしよう」と言った。彼らの態度は重力波の世界で何かが起きていることを示していた。だが、私たちはすぐにその考えを振り払った。ＬＩＧＯの関係者が盲検注入に騙されているのだろう、と。

二〇一五年九月一四日に検出された重力波は、太陽の二九倍と三六倍の質量を持った二つのブラックホールが、約一四億光年先で衝突して合体したことによるものだとわかった。何カ月もかけて調査し、確認に確認を重ね、ついに重力波の発見を発表する記者会見が二〇一六年二月一一日に設定された。皮肉なことに、発表の瞬間まで秘密にしておくためにＬＩＧＯが組織をあげて長年努力してきたにもかかわらず、規制は発表の一五分前に、あまりにつまらない形で破られた。エリン・リー・ライアンはＮＡＳＡのゴダード宇宙飛行センターの研究員で、その日の朝、これから行なわれる発表を祝うパーティーに出席していた。ＮＡＳＡはその会場に「祝・重力波発見！」と描かれたケーキを用意していた。エリンは喜んでケーキの写真を撮り、軽率にもツイッターにアップした。科学ジャーナリストたちはすぐに飛びつき、公式の発表を出し抜けると興奮した。長年にわたって盲検注入を実施し、数千人の関係者が沈黙を守ったのに、ケーキとツイートで秘密はあっけなく明かされた。だから私は、同業の誰かが実は宇宙人の存在を隠しているかも、と心配したことはない。

重力波発見のニュースは世界中を駆けめぐり、レイナー・ワイス、キップ・ソーン、バリー・バリッシュの二〇一七年のノーベル物理学賞受賞を確実なものにした。ワイスとソーンは検出器に関する理論と技術の面でパイオニアとして貢献し、バリッシュは当初四〇人しかいなかったLIGOを、国際的な共同事業を行なう巨大な科学組織に成長させる過程で手腕を発揮した。この発見は、数十年にわたって揺らぐことのなかった決意と献身、および最先端の技術がすべて報われたことを示すものであると同時に、新しい天文学の時代の幕開けを示すものでもあった。

マルチメッセンジャー天文学とは、一つの天体から複数の種類のデータを得て、それらを合わせて利用するという理想的な考えのもとになりたっている。遠くにある天体から集めた少量の電磁波を使って研究するしかない分野で、もし同じ天体から数量化可能なほかのシグナルも集めることができれば、研究はもっと強化される。一九八七年には一度、それが実現したことがある。かなり近くの超新星から放出された電磁波と少量のニュートリノ（原子より小さい粒子）をとらえたのである。両者はどちらも宇宙からの「メッセンジャー」として、超新星の研究に役立つツールとなった。重力波は宇宙から入手できるまったく新しい種類のデータで、三つ目のメッセンジャーとして、天文学の新時代の到来を告げているように見えた。

しかし、二〇一五年の重力波発見にマルチメッセンジャー天文学という称号を与えるわけにはいかなかった。LIGOが観測したブラックホールの衝突は、重力波によってのみ検出されたものだったからだ。発見そのものは画期的な出来事だったが、科学の世界のゴールポストはすぐに動かされ、誰もが次の発見に向けて動きだした。重力波と電磁波の両方を発信する天文現象、つまり本物のマルチメッセンジャーを求めたのである。

難しいのはみなわかっていた。私たちはたしかにブラックホールの衝突をとらえたが、そのときの光をとらえるのは難しいだろう、というのが多くの天文学者の見解だった。

ただし、中性子星の衝突なら話は別だ。中性子星とは、大質量星が超新星爆発を起こしたあとに残された核であり、高速回転しているときに電波望遠鏡でパルサーとして探知されるものと同じ天体である。崩壊するときに、核の質量すべてが一つの町くらいの大きさに閉じこめられて、信じられないくらい密度の高い天体となる（スプーン一杯の中性子星は山一つより重い）。中性子星の崩壊がとまるのは、量子物理学のパウリの排他原理――中性子のような原子より小さい粒子は、一つのシステムのなかで同じ量子状態で存在できない――による。中性子星がさらに崩壊を進めようとするなら（つまり、さらに密度をあげていくなら）、中性子同士が押しつけあい、この原理に反する状態になる。それを避けるために、中性子は外に向けて圧力を働かせ、それで重力崩壊は停止する。こうして宇宙には不思議な天体が残される。量子物理学に支えられた恒星の残骸で、ときには一秒に数百、あるいは数千回転する。

中性子星はふつうの天体ではなく、ブラックホールに近いため、連星系の二つの中性子星が衝突すれば、それは重力的にきわめて激しい現象となる。合体すれば、ブラックホールが合体してさえずりが生まれたように、重力波が生まれるだろう。ただし、その持続時間はもっと長く、エネルギーは低くなるはずだ。さらに、高エネルギーの電磁波が短時間放出され、地球上では二秒以下のガンマ線バーストと、キロノバとして知られるもっと長く続く光が観測されることが予想される。キロノバは、中性子星の合体が起きたことを知らせるシグナルとして、超新星ほどではないが明るい光を発し、数日間光り続ける。もし、中性子星の合体による重力波が検出されれば、世界中の天文台は消えるまえのキロノバの光を求めて、一斉に観測を開始することになるだろう。

とはいえ、実行するのは難しい。重力波から場所を特定するのは困難だからだ。ワシントン州とルイジアナ州にあるＬＩＧＯの検出器を両方使えば、どちらの検出器が先に探知したかということやシグナルの詳細から、重力波がどこから来ているのかおおよその位置は推測できる。イタリアのヴァーゴも使って三カ所で観測すればさらに精度は上がるが、それでもかなりの広さとなり、可能性のあるあらゆる光を求めて観測する必要がある。キロノバを探索するチームは、とらえたキロノバが重力波検出のあとに出現したものだと証明しなければならない。つまり、比較用に同じ区画を直前にも観測していなければならないのである。また、ほかの現象ではなく、間違いなくキロノバであることを示すために、入念に観測して理論値と一致することを証明しなければならない。そのためには迅速かつ慎重に取り組むことと、膨大なデータを活用して比較用の事前観測データを入手することが求められる。

世界中で重力波の観測が続き、ブラックホールの合体からの本物のシグナルをさらに検出していたあいだ、光を観測する天文学者チームは、弓を引いた状態で待っているに等しかった。さまざまな研究チームが、大区画を捜索するさまざまな方法――あちこちの望遠鏡の観測枠を要求する、追いかけるシグナル候補の優先順位を検討するなど――を考え、中性子星の合体からのシグナルが本当に探知されたときにどう行動するか、手順を確立していた。そして、二〇一七年八月一七日の早朝、まさにこのシグナルが到来したのである。

コーディ・メシックが階段の途中で携帯電話を見ながら立ちつくしたとき、彼は自分が見ているものが本物の重力波なのか確信が持てなかった。自動送信されたテキストに記されたシグナルはたしかにめったにあるものではなかった――データにあらわれる確率は一万分の一しかない――が、前回のブラックホールの合体によるシグナルとは違っているように見えた。前回のものよりも長くて弱く、ワシントン州のＬＩＧＯだけが検出していた。コーディのチームでは、両方の検出器が探知しないかぎり無視することになっていた。片方だけの場合、本物のシグナルではなく、その現地のノイズである可能性がずっと高いからだ。しかし、コーディはこのアラートを自ら進んでセットしていたため、もしかしたらと思って調べてみることにした。誤報率の低さに背中を押され、コーディは指導教官のチャド・ハナにアラートを転送した。すると、チャドは中性子星の合体で予想されているシグナルに似ていることに気づいた。さらに、重力波シグナルの一・七秒後に、フェルミガンマ線宇宙望遠鏡が二秒間のガンマ線バーストを探知していた。中性子星の合体時に最初に発生する電磁波として予想されている、エネルギーの高い現象だった。

コーディとチャドは、すぐにほかのメンバーと連絡を取りあい、データの分析をはじめた。データにノイズが混じっていないことはすぐに確認された。盲検注入が行なわれなくなって久しく、ほぼ同時に探知されたガンマ線バーストは決定的な証拠ではないか。チャドはＬＩＧＯ科学コラボレーションに知らせることにしたが、興奮で手が震えてすぐにはメールが打てなかった。結局、コーディが最初のメールを送り、連星中性子星の合体に似たシグナルを探知した、誤報ではないのはほぼ確実、同時にガンマ線バーストも発生している、と伝えた。

このメールによって、コラボレーションの人々は一斉に議論をはじめ、データの分析に突入した（漫画家でLIGOのオペレーターのナッツィニーは、こうした発見があったときにありそうな場面をイラストにしている。目覚めたばかりのオペレーターが寝ぼけ眼で携帯電話を手にとり、発見を知らせる大量のメッセージに吹き飛ばされる画だ）。最初の大きな疑問は、なぜLIGOハンフォードだけが検出したのか、だった。イタリアのヴァーゴの検出器はデータ送信に問題があったのでわかるが、もし本物の重力波なら、ルイジアナ州のLIGOリヴィングストンもシグナルを探知し、アラートを送ってきたはずだ。なぜそうならなかったのだろう。

誰かがその時間帯のLIGOリヴィングストンのデータを取りよせたところ、答えはすぐに判明した。データには、人間の目で見てもすぐにわかる、中性子星合体のシグナルがあったが、そのうえにグリッチと呼ばれる機器のノイズがかぶっていた。グリッチとは、写真を撮る人の指が写真の隅に間違って写りこんでしまったようなもので、グリッチを探知したときには、アラートは送らないように設定されていた。だから、LIGOリヴィングストンからはメッセージが来なかったのだ。幸いグリッチは取りのぞくことができ、そのあとに残ったのは、それぞれの場所で検出された連星中性子星合体のシグナル二つだった。両者のあいだには三ミリ秒の時間があり、リヴィングストンのほうが早かった。

リヴィングストンのデータが加わったことで、科学者としての慎重な態度は砕け散り、チームは興奮に沸いた。重力波とガンマ線バーストにより、この出来事は、二〇一七年八月一七日に発見された重力波（gravitational wave）ということで、GW170817と名づけられ、重力波と電磁波によるマルチメッセンジャー天文学の初の事例候補となった。

しかし、ガンマ線のデータは有望な証拠だったが、決定打ではなかった。結局のところ、単なる偶然だったかもしれないからだ。それにバーストはほんの一瞬だった。ガンマ線バーストは場所を特定するのも難しい。自信を持って発言するには、合体によるキロノバと思われる明るい光を、地上の望遠鏡でとらえる必要があった。キロノバ、ガンマ線バースト、重力波、この三つがそろってはじめて確実なものとなる。

ヴァーゴのデータもすぐに加わり、研究チームはシグナルの発生地点をかなり絞ることができた。連星中性子星の合体は南半球の空で、満月一五〇個分くらいの大きさの範囲で起きたという。それでも探さなければならない空は大きかった。これを知ってLIGOは、重力波にとくに興味があって、こうした現象があったときにすぐに行動に移せる準備をしている研究チームに所属する天文学者に連絡した。

この知らせを受けて、エド・バーガーはあの日の午後、フィルと私にメールしてきたのだった。星の最期を研究する科学者と重力波の研究者は熱狂し、南半球の望遠鏡を奪いとって、GW170817のキロノバを観測しようと躍起になった。最終的に、七〇基の望遠鏡がこの観測に参加した。チリで日が沈み、観測がはじまると、二時間もしないうちにお目当てのものが見つかった。キロノバ自体は地味だった。小さな青い点で、約一億三〇〇〇万光年先のありふれた銀河のはずれにあったが、それ以前には間違いなくそこにはなかった。LIGOのデータから計算した距離とも、予想された見た目ともぴったり一致していた。

その大きさや色はさておき、正しい場所に小さな光を見つけたときの天文学者の歓びようは想像を絶するものだった。あちこちの研究グループがそれぞれこの光源を見つけ、さまざまな反応を見せた。ライアン・チョーノックは、エド・バーガーのチームの一員で、データを精査してキロノバの光を見つけたあと、チーム全員に伏せ字にしていない汚い言葉とともに画像をメールした。チャーリー・キルパトリックは別のチームのメンバーで、グループチャットで「何か見つけた」と控えめに言っておいてから、キロノバのスクリーンショットを送った。結局五チームが二〇分程度のあいだに、それぞれGW170817にあたるキロノバを発見した。

この発見は第一段階にすぎなかった。研究者たちはその空の一区画とわずかな光から引き出せるものはすべて引き出そうと直ちに行動に出た。画像とスペクトル――エックス線と紫外線と可視光と赤外線と電波――を求めて、大小問わずあちこちの天文台でキロノバとその周辺の銀河が観測された。その区画に向けることが可能な望遠鏡はすべてそこに向けられ、重力波を研究する天文学者と、たまたまその時間に該当する望遠鏡のところにいた天文学者は、総がかりで取り組んだ。

状況を複雑にしたのは、これらの人々のうち結構な数の人が、八月二一日の皆既日食を見にアメリカの片田舎に向かっていたことだった。マンシ・カスリワルは追跡チームのリーダーだったが、カリフォルニア工科大学で開催される巨大な日食イベントの手伝いをすることになっており、一万人の熱狂する参加者とよちよち歩きの自分の子どもの相手をしながら、チームのメンバーから入ってくる情報の調整や、観測提案をしたハッブル宇宙望遠鏡とのやりとりを同時並行で行なった。マリア・ドラウトは何人かの仲間とアイダホ州の学校で日食のイベントをすることになっていた。車で移動しキャンプをしながらユタ州を抜けて現地に入る計画を立てていたが、結局、道中行なったのは重力波の追跡だった。車の後部座席で、携帯電話の弱々しい電波をテザリングしながら作業し、立ち寄ったレストランのＷｉ－Ｆｉで新しいデータをダウンロードし、テントのなかで分析した。

ＧＷ１７０８１７は、情報を秘密にしておけなかった事例でもある。発見のうわさはすぐにネット上に出回っていたが、決定打となったのはハッブル宇宙望遠鏡のツイートだった。この一年くらいまえから、@spacetelelive は、ハッブル宇宙望遠鏡が観測しているものを、観測計画から抜きだして「今はX博士の依頼によりYカメラでX天体を観測している」と、定型文でツイートを流していた。キロノバ発見後、エド・バーガーはすぐにハッブル宇宙望遠鏡に対して、連星中性子星(binary neutron star)の合体に望遠鏡を向けて、地上からは観測できない紫外線を観測するように要望した。緊急事態だったため、チームはこの目標天体を単純に「ＢＮＳ合体」と、天文学者や科学ジャーナリストなら誰でもわかる略し方で表現した。観測前に自分たちのミスに気づいたチームは、名前を変えるように連絡したが、修正されることはなかった。ハッブルはエドたちの観測提案を受けいれてキロノバに望遠鏡を向け、ＢＮＳ合体を観測しているとツイートを流した。数時間のうちに、マルチメッセンジャーとしての重力波をはじめて探知したらしいという記事がウェブ上に次々にあらわれた。別のチームのアンディ・ハウエルははじめての追跡観測の夜、もう少し遠回しにツイートした。「今夜、みんながこぞって観測していることが何かを雄弁に語っている」[29]

キロノバの発見とその後の追跡観測の盛りあがりは、科学者がふだん目を背けている現実も浮きぼりにした。政治的な争いだ。キロノバは一秒ごとに消えていくわけだから、今回のスピードの陰に科学があったのは事実だが、そこにはいちばんになりたいという人間の基本的な欲求もあった。天文学の狭い世界では、どのチームも誰がレースに参加しているかわかっていた。以前から敵対していたチームもあったし、友好的にやっていたのが、望遠鏡の観測枠を巡って関係が悪化したところもあった。どの業界でも同じだろうが、天文学者のなかにも日和見主義でただひたすら名声を求め、新聞雑誌の一面を飾りたいという人もいれば、そういった姿勢をばかにして科学に集中したいという人もいる。ほとんどの人はそのあいだのどこかにいて、できるだけ慎重にできるだけ早く研究を進めながら、チームのメンバー——とくに大学院生や博士課程を修了した研究者といった若い科学者——のキャリアと夢も心に留めている。結局、追跡観測の狂騒は、友好的な取り決めを捨てた非難や悪口の応酬へと発展し、業界内では今でも恥ずかしさと失望とともに記憶されている。ＬＩＧＯ側は困惑しながら騒動を見ていた。数千人からなり、巨大で規則正しい物理作用のように業務を遂行する組織としては、天文学者の小さなチームが右往左往する状況には距離を置くしかなく、重力波に集中して取り組んだ。

政治的な争いは別にして、ＧＷ１７０８１７からはすばらしい科学的発見があった。初期の騒動にもかかわらず、データは大量の査読付き論文にまとめられ、（少なくとも公式には）精査されたものだけが発表された。中性子星合体による重力波検出を発表するＬＩＧＯの主論文には、三六八四人の執筆者が名を連ね、アストロフィジカル・ジャーナル誌はこのテーマの論文が来るたびに慎重かつ迅速な審査に注力し、この画期的な出来事の詳細を網羅する追跡チームの論文三三本を特集した特別号を刊行した。

いくつかの重力波検出を受けて、ＬＩＧＯは成功する見込みの薄い実験的試みではなく、技術と忍耐の勝利と見なされるようになった。一〇以上の重力波が検出されてからは、秘密にされることもなくなった。新しい重力波が確認されたときには、ＬＩＧＯはツイッターで知らせている。天文学者たちも前進している。最近の会議では、誰もが起きると信じている同じことが近い将来起きたとき、どのような協調体制をとればいいかといったことが話しあわれていた。将来はもう少しスムーズに観測されるかもしれないが、ＧＷ１７０８１７のキロノバ争奪戦が最後というわけにはいかないだろう。

だが、実ははじめてでもなかった。重力波というのはたしかに新しい要素だったが、空のつかのまの変化を特定し、消えるまえにそれを追いかけるというのは、天文学では昔から行なわれていたことだ。それが、ここ数十年のあいだ、望遠鏡の使用に大きな変化をもたらしている。

✴第II章　ToO観測

オスカル・ドゥアルデは唯一無二の天体観測を体験したと自慢してもいいだろう。この地球上でただ一人——人類の歴史を振りかえってみてもほんの一握りしかいないだろう——、肉眼で超新星を見た人物なのだから。

オスカルはチリのラスカンパナス天文台に、望遠鏡のオペレーターとして勤務している。一九八七年二月二四日の未明、二人の天文学者がＣＣＤカメラで露出を行なっているあいだ、彼は一メートル鏡を手動で操作していた。手動操作は単純だが疲れる仕事で、天文学者が観測する天体が望遠鏡の視野の中央に来るように少しずつ動かし続けなければならない。四時間連続で仕事をした午前二時ごろ、オスカルはようやく天文学者に代わってもらって、休憩をとった。コントロール室を出て階段をおり、コーヒーメーカーをセットして淹れているあいだ、外に出て空を見上げた。

何かがおかしかった。

頭上には大マゼラン雲（ＬＭＣ）があった。天の川銀河の矮小伴銀河で、約一六万三〇〇〇光年離れている。そのくらい離れていると、星が集まっているというよりは、銀河のなかの個々の星のガスが溶けあって明るい霧のように見えるので、それにふさわしい名前がついている。訓練された目であれば、その特色が見てとれる——誕生したての星の集合体、明るく輝く星団、光を遮る星間ダスト——が、ほとんどの天文学者にとってＬＭＣは南の空に美しく見える天体であって、詳細を記憶しているものではない。

しかし、オスカルはたまたまＬＭＣを知りつくしていた。この天文台に勤めはじめたころ、まだ写真乾板の時代に、ナイト・アシスタントとして、アラン・サンデージという天文学者についたことがあった。アランは一九五〇年代から観測天文学の第一線で活躍した天文学者で、ＬＭＣの観測に多くの時間を費やした。ラスカンパナス天文台では数百枚という乾板を使って撮影し、ナイト・アシスタントのオスカルはそれを現像した。だから、ＬＭＣについては細部まで記憶していた。

その夜、ＬＭＣのなかに見慣れない星があった。

びっくりしてしばらく見つめた。長年見てきて変わることのない銀河のなかに見たことのない奇妙な明るい星がある。あれは何だろう、なぜこれまで見えなかったのだろう、と思いながら、コーヒーを確認しに中に入ったが、また外にもどってきた。最初は衛星かもしれないと思ったが、それにしては明るかったし、動いてもいなかった。またコーヒーを見に中に入り、やはりまた外に出てきて、そこにあることを確認した。たしかにある。いったい何なんだ？

オスカルはどこかの研究グループが最近、超新星を探しているというニュースをぼんやりと思い出した。そうした星の爆発は、近くの銀河で明るく光って見えるということだった。しかし、このとき捜索の対象となっていたのは、最期を迎える星がたくさん詰まった巨大な銀河の数々で、ＬＭＣのような小さな銀河ではなかった。それでも、オスカルはもしかしたらこれは面白いものかもしれない、と思いはじめ、観測者に伝えようと階段をのぼっていった。

ところが、コントロール室に入るとコンピューターが何やら音をたてていて、二人の天文学者はオペレーターが戻ってきたことに喜び、次のターゲットに移ろうとしていた。オスカルは急いで望遠鏡の向きを変え、ドームを回転させ、次の観測の準備をした。それで新しい天体のことは忘れてしまった。

二時間後、別の望遠鏡を使っていたイアン・シェルトンという天文学者が、コントロール室に興奮しながら駆けこんできて、仕事を続けるオスカルには目もくれず、ほかの天文学者と話をはじめた。会話はオスカルにも聞こえた。イアンは写真乾板を使って観測していたが、風が強かったので早めに終了し、乾板を現像して昨夜の画像と比べてみたという。ＬＭＣの画像を二枚並べたところ、星が一つ増えているのが目に飛びこんできた。ＬＭＣに新しい天体なんてあり得るだろうか。

部屋の片隅にいたオスカルが顔をあげて言った。「ああ、それね！　さっき外に出たときに見たよ」[30]

その後数日間は大騒ぎとなり、やがてオスカルがＬＭＣに最初に見つけた新しい星は、ＳＮ１９８７Ａと命名された。一九八七年に発見された一つ目の超新星だった。この超新星は場所がわかれば見つけられるほど明るく、イアンもほかの人たちも容易に見つけることができた。記録によれば、この夜ニュージーランド、オーストラリア、南アフリカの望遠鏡もこの超新星を観測しているが、時間的にオスカルの肉眼による観測のほうが早かった。

超新星はそれまでにも発見されているが、どれももっと遠くの銀河のものだった。肉眼で観測されたのは、この三八三年前の一六〇四年が最後で、望遠鏡が発明される数年前だった。実質的に地球の裏庭のような場所で発見された超新星に、研究者は消えるまえの光を観測しようと先を争った。日本、ロシア、アメリカの機器はニュートリノを観測し、SN1987Aはマルチメッセンジャー天文学の最初の一例にもなった。SN1987Aは、現代になって観測された超新星のなかでもっとも近くで起きたものであり、私たちが「ターゲット・オブ・オポチュニティ（ToO）」天文学と呼ぶものの劇的な事例でもある。

空は動かないと考えるのは簡単だ。天文学上の時間は数百万年、数十億年かけて展開している。私たちが見上げた空はいつも同じように見える。月は満ち欠けし、太陽系の惑星は移動し、季節によって天球の見える面は異なるが、恒星や星座はいつも同じ場所にあるように見える。

ところが、驚いたことに、変化が起きるときには人間の感覚でいっても短い時間で起きる。一日や一時間単位、ときには一秒単位で変わってしまうのだ。数百万年、数十億年という時間を経て、星の最期、星のフレア、小惑星や彗星の通過などはときには信じられないスピードで起こる。

超新星とは最期を迎える恒星が爆発することを指す。恒星は内側に向かう重力に対抗して、中心部で核融合を起こす。それは水素を燃料にしてヘリウムに、ヘリウムを燃料にして炭素にと進んでいく。大質量星では、最期に近くなるといくつもの燃料を経て核融合が進んでいき、最後のあがきとして酸素、ネオン、ケイ素を融合して、数日生きのびる。最終的には星の中心核に鉄が生成される。そうなるとエネルギーを生み出すのではなく、エネルギーを奪うようになる。この時点で、数百万年戦ってきた重力が勝利をおさめ、星の中心核は一秒もかからずに爆発する。外層が崩壊し、中心核の残骸にぶつかって跳ねかえり、宇宙空間に時速一億一三〇〇万キロで飛び出していく。このとき、その恒星が存在する銀河全体よりも強い光が放たれる。

この花火のような現象がこれだけの規模で起きたら、見逃すはずはないと思うかもしれない。実際には、恒星の爆発を見つけるのは非常に難しい。一つには単純に距離の問題だ。「銀河全体よりも明るい」のはすごいことだが、そもそもそうした銀河をよく見たければ大型の望遠鏡が必要となる。これまで望遠鏡で発見した超新星――オスカルが肉眼で見たものも含めて――はすべてほかの銀河にあり、その発見はプロアマ問わず、超新星の発見に心血を注ぐ人たちの努力のたまものである。彼らは近くの銀河の画像を何度も見て、とくに明るく見える新しい星がとつぜんあらわれていないか探す（超新星「supernova」という名前は、ラテン語の「新しい」を意味する「novus」から来ている）。超新星はたいてい明るく光ってから数日のうちに暗くなる。だから、明るさがピークに近い超新星はその週か翌週に観測できなければ、観測のチャンスは永遠に失われてしまう。

これは超新星を研究する者にとって大きな障害となる。ある日そこにあったものが、翌日にはなくなってしまう。天文学者はなんとか手に入ったわずかなデータをもとに理論を組みたてなければならない。こうした状況から、現象が起きたときに迅速に反応するために、ターゲット・オブ・オポチュニティ（ToO）という新しい観測方法が生まれた。ToOでは、基本的にある特定の爆発を見つけたときには、ほかの観測を中止して、その爆発を観測するように提案することができる（この場合、もともと観測していた人は追いやられる）。迅速な反応は、超新星のToO観測者にとっての聖杯となった。最初の数時間、あるいは数分でも超新星をとらえることができれば、恒星の最期のはじまりを垣間見ることができる。その恒星のまわりの物質が文字どおり照らされ、爆発の威力やスピード、そしてそこに働く物理についての情報が手に入る。

唯一の問題は、間違った情報に基づいてToO観測を開始してしまうことだ。

ブライアン・シュミットは、超新星の観測から宇宙の膨張を研究して、二〇一一年にノーベル物理学賞を受賞した研究チームの一員だ。その彼がある日の夕方、研究団体にあてて、あわてて書いたメールを送った。その夜はとくに暗く、空気が澄んでいた。彼は地平線近くのさそり座のなかに、見慣れない星のようなものがあるのに気づいた。さそり座はかなり明るく、よく知られた星座なので、そこに見たことのない星が出現したというのは興奮するのに十分な理由だった。ブライアンのメールは二〇〇人以上に送られた。そこには嬉々として綴られていた。新しい明るい天体を見つけた！　肉眼で見える！　地平線近くのさそり座のなかにある！　地元のアマチュア天文家も確認した！　もちろん、言わんとしていたのは、この謎の天体の観測に全員ですぐにとりかかってほしい、ということだった。もしかしたら肉眼で見える超新星かもしれない。あるいはもっとすばらしいことに、私たちの銀河にあるのかもしれない。

天の川銀河の超新星は、一六〇四年を最後にそれ以降は見つかっていなかった。天の川銀河の恒星の数と経過年数から、爆発は一〇〇年に一度くらいの割合で観測できるだろうと考えられていた。となれば、いつ次の超新星が観測されてもおかしくない。

天の川銀河という私たちの近所といっていい距離で爆発が起きれば、現在私たちが研究している銀河系外の小さな爆発よりも、ずっと劇的なものになるだろう。一〇五四年七月四日、たった六五〇〇光年しか離れていないところで起きた超新星は、太陽と月をのぞいたどの天体よりも明るく光った。昼間も空に見え、それが二週間続いた。中国人、日本人、アラブ人はこれを記録し、ニューメキシコ州のチャコ・キャニオンでは古代プエブロ人が絵文字として残している。この超新星の残骸であるかに星雲は有名で、よく写真に撮られている。

今の時代に天の川銀河で超新星があったら、大変なことになるだろう。私はよく、近くの恒星が明日爆発したらどうなるだろうと考えてわくわくしている。空にとつぜん光る点があらわれ、それがどんどん明るくなっていく。夜には観測でき、昼も見つけることができる。最初に発見されたとき、地政学的な状況によってはパニックがおきるかもしれない。超新星だと確認されれば、今度は世界が熱狂するだろう。少なくとも地球の半分の側では見逃せないものとなる。トップニュースとなり、ハッシュタグがつき、ツイッターではトレンド入りするはずだ。夜のトーク番組では司会者が話題にする。その半球にあるスマートフォンすべてに写真がいきわたる。そして、私を含めた観測天文学者はみな興奮でおかしくなるだろう。

ブライアン・シュミットはこのことをよく知っていた。そして、超新星にいちばん先に望遠鏡を向けることが、科学のためにも、その後の一連の動きの中心でいるためにも、もっとも重要だと知っていた。彼のチームはすぐに行動に移した。ブライアンも自ら電話をかけはじめた。ToOのために誰に連絡をとればいいのか。世紀の超新星を誰なら追ってくれるだろうか。そこにあったかもしれない恒星を特定するために天体リストをあたってくれるのは誰か。

三〇分後、緊急依頼はブライアンのメールで取りさげられた。「忘れてくれ。私がばかだった。見えたのは水星だった」

天文学にかぎったことではないが、誤った信号に騙された話は面白い。電波望遠鏡を悩ませた電子レンジしかり、超新星と間違えた惑星しかり。こうした話は若手研究者には科学的手法を考えるときのいい教訓となる。どのように懐疑的になればいいか、データのなかに「蹄《ひづめ》の音」があったら「シマウマではなく馬だと思う」にはどうしたらいいか、ということを教えてくれる。二つの恒星が衝突すれば、量子物理学の原理により、ガンマ線の閃光と時空のゆがみが生まれることが証明されている世界では、懐疑心を正しく整えておくことが大切だ。

二〇〇五年、夏のインターンシップでニューメキシコ州の超大型干渉電波望遠鏡群（ＶＬＡ）で仕事をしたとき、私はオランダのウェスターボルク合成電波望遠鏡（一四基のアンテナが一列に並ぶ干渉計）のデータに取り組む任務を与えられた。かなり退屈なデータをスクロールしていたとき、とつぜん予期せぬシグナルをいくつかのファイルに発見して私は色めきたった。見つけたものを丁寧に記録していくと、シグナルにも強弱があるように見えた。過去の論文を見たが、似たようなシグナルへの言及はなかった。私は会う人会う人に図やグラフを見せて、このすばらしい新発見をどう思うか訊いた。自信はあった。間違いなく何か特別なものを見つけた！　過去にこのようなシグナルを発見した人はいない！　時間とともに急速に変化している！　私が作業をしていたのは、映画「コンタクト」が撮影されたＶＬＡのすぐ近くだった。「宇宙人！」という言葉が一瞬頭をよぎったことを告白しておく。

バブルがはじけるまで一日もかからなかった。一四基のアンテナからのデータを並べてみると、いちばんシグナルが強くなるのが昼間の時間帯で、天文台の管理施設にいちばん近いアンテナのシグナルがもっとも強かった。このときはまだエミリー・ペトロフたちによってペリュトンの謎は解かれていなかったが、もし地球外生物だったら、どのアンテナも等しく探知したはずだ。私が見つけたのは宇宙人ではなかった。ファックスが受信されたか、ワッフルが温められたのだろう。まあ、そんなこともある。

それでも、不思議なシグナルは人を魅了する。理由は単純。謎めいた何かを見つけるのはわくわくする体験だからだ。奇妙だ、予想外だ、説明がつかない――いずれも画期的な発見につながる可能性がある。

一九六二年五月、ダニエル・バルビエとニーナ・モルグレフは、フランスのオート・プロヴァンス天文台で、一・九三メートル望遠鏡を使って観測をしていた。観測リストに沿って近くの恒星を繰り返し観測し、スペクトルで恒星の大気の化学組成を分析していた。観測者のご多分に漏れず、彼らも何カ月も取り組んでデータに精通していたので、一目見れば、特定の波長や色に対応するデータの山や谷からそれが意味するところを理解できた。

一般に恒星の化学組成は安定している。だから、同じ恒星を三回観測して分析したあとで、一つのスペクトルにカリウムを示す明るいオレンジ色の光を見つけたときには二人は驚いた。カリウム自体は別にめずらしいものではないが、三回のうち一回だけにとつぜんあらわれるのは奇妙だった。

新しい種類の恒星フレアかもしれない。

恒星は常時フレアを起こしている。外層に磁気エネルギーが蓄積され、それが解放されたものだと考えられている。太陽は定期的に小さなフレアを起こし、光とプラズマと荷電粒子を放出している。とはいえ、銀河の半分ほどの距離を経て見える規模のフレアはとつぜん起こるものだ。典型的な恒星フレアは数分しか続かない。運よくとらえることができれば、恒星内部の物理や外層について知る貴重な手がかりとなり、また、フレアが近くの惑星の生命体の存在に影響する可能性も追求できる。新たなフレアは、恒星の新たな物理の解明につながるかもしれない。

ダニエルとニーナは、アストロフィジカル・ジャーナル誌への掲載を目指して、「カリウム・フレア」発見の短い概要を書きあげた。その後数年で、さらに二つのカリウム・フレア星が発見され、興奮はさらに高まった。観測できるかどうかは運次第で、データがかぎられる分野では、一つなら異質だが、三つなら事実上のカテゴリーを形成する。一九六六年には、カリウム・フレア星はいずれ正式な新発見として認められると思われた。

ただし、一つだけ問題があった。カリウムのフレアはオート・プロヴァンス天文台でしか観測されていなかったのだ。しかも発見された三つはすべて同じチームによって観測されていた。この三つの天体に共通するのは、カリウムのフレアだけだった。一つは太陽に類似して、もう一つは温度が高く、最後は変わった磁場を持っていたが、カリウムのフレアが発生する理由を説明できる共通要素は何もなかった。

カリフォルニアの天文グループに所属するボブ・ウィング、マヌエル・ペインベルト、ハイロン・スピンラッドは、カリウム・フレア星が存在するかもしれないことに強い関心をよせていたが、同時にオート・プロヴァンス天文台を疑ってもいた。彼ら自身、カリウム・フレア星を求めてリック天文台で一六二の恒星を調査したが、ただの一つも見つけられなかったからだ。当然、疑問が持ちあがった。望遠鏡はカリウム・フレアを起こす何か別のものを見ているのではないか。

原因は予想よりも現場近くにあった。フランス人観測者と技術者のなかには喫煙者がいた。とくにダニエル・バルビエは観測中も煙草を吸うことで有名だった。

カリウムはマッチのスペクトルに強くあらわれる。

カリフォルニアのグループは、リック天文台の三メートル望遠鏡で実験することにして、分光器近くのいろいろな場所でマッチを擦ってみて、データのなかにカリウムのフレアが出てくるか確認した。それから、カリウム・フレアを観測したフランス人観測者の一人であるイヴェット・アンドリラに連絡して、自分たちの理論を説明した。ほとんどの科学者がそうだが、天文学者も面白い謎は大好きだ。たとえそれが自分たちの研究を否定するものであっても。イヴェットはすぐにオート・プロヴァンス天文台で同様の実験を行なった。フランスの分光器があった部屋（夜中に煙草休憩をとるのにちょうどいいスペースだったようだ）では、回転式のガラス乾板が使われており、それがマッチを擦ったときの光を反射し、その光がそのまま検出器に流れていたことがわかった。

この試みの顚末は論文となって発表された。愉快な論文ができあがったのは、「観測中に望遠鏡のまわりでマッチを擦ってみたい」という提案を承認してくれたジョージ・プレストンのおかげだ。ばかげていようといまいと、論文には実験のすべてが詳細に記録された。マッチも、二つ折りの紙マッチ、台所用のマッチ、安全マッチが使われ、「マダム・アンドリラ」とのやり取りから「フランスのマッチとアメリカのマッチに大きな違いはないようだ」といったことまで記されている。[31] こうして天文学界はマッチのスペクトルのリストを手に入れ、オート・プロヴァンス天文台の分光器のある部屋は禁煙となり、謎は解けたのだった。

しかし、マッチの出番はもう一度あった。一九五八年、ジョージ・ウォーラーステイン（ワシントン大学で最近、観測者生活六〇周年を祝った）は、おおいぬ座VYという赤色超巨星のスペクトルにカリウムを見つけた。このときは、この星の外層に特殊な物理状態が生じた結果だろうと考えた。一〇年後、たまたまウィング、ペインベルト、スピンラッドの論文を査読する機会があった。数年後、ジョージは共同研究者とともにおおいぬ座VYについての新たな論文を発表し、そのなかで本物のカリウム放出が確認されたと述べた。そこには「観測者は煙草を吸わない」ため、マッチでは説明できないという文章もあった。[32]

ToO観測は、観測者が何か新しいものを発見したと思い、それが消えるまえにできるだけ早くデータを入手したいという緊急性から生まれた。超新星爆発や（本物の）フレア星は、変化が早い現象を研究する「時間領域天文学」と呼ばれる分野の一例だ。研究対象としては、爆発やフレアといった、消えるまえに捕まえなければならないはかない現象もある一方で、新たに発見された小惑星の動きや、時間とともに規則正しく変化する恒星など、定期的に追わなければならない研究対象もある。

SN1987Aの発見は、天文電報中央局を通して世間に伝えられた。今では、新しい超新星や一過性の現象の発見、誤報があったときには投稿されて、オンライン上で公表される。ときどき熱意あふれる天文学者は、惑星を新しい超新星だと勘違いして、ブライアンと同じような間違いをしてしまう。二〇一八年、ある天文学者は、天文電報のウェブサイトに「いて座のなかに見たことのない非常に明るい天体がある」と投稿した。四〇分後、情報はアップデートされた。明るい天体は火星で、太陽をまわるいつもの軌道の途中にいて座があった、と。誰もが彼の熱意と間違いの両方に理解を示し、とりたてて騒ぐようなことはしなかったが、天文電報のウェブサイトは火星発見を祝した証明書を掲載した。

発見を公表するのは戦いの一部でしかない。本物の戦いは、ToO観測のために望遠鏡のアクセス権を確保するときに勃発する。ふつう望遠鏡の時間枠は事前に割りあてられている。提案書を書いてから、実際にデータを取得するために望遠鏡のもとにすわるまでは何カ月もかかる。対するToO観測は、数時間あるいは数分以内に実施しなければならない。そしてそのやり方は、天文学者、観測対象、使用したい天文台によって異なる。

ときには、純粋な偶然、あるいは、そのために計画した結果により、その観測者がまさに使用したい望遠鏡の前にいることもある。一九九二年、デイヴ・ジューイットとジェイン・ルーは、ハワイ大学の二・二メートル望遠鏡で、カイパーベルト天体を探していた。空中天文台のパイオニア、ジェラルド・カイパーにちなんで命名されたカイパーベルトは、おもに岩と氷からなる太陽系の小さな天体が環状に集まったもので、海王星を過ぎたあたりからはじまり、太陽から四六億光年離れた先まで伸びている。今では、冥王星とその衛星であるカロンはカイパーベルト天体と見なされているが、一九九二年には冥王星は惑星とされており、デイヴとジェインはこの仮説の領域に最初の天体を見つけようと観測をしていた。

その方法は、変動する天体を探すほかの研究者と同じで、同じ区画の画像を二枚くらべて何か変わったところはないか確認するというものである。デイヴとジェインは区画ごとに四枚撮影して変化を探した。二人はとくにゆっくりと動く天体に関心があった。すばやく動く天体は近くの小惑星である可能性が高いが、ゆっくり動く天体はもっと遠くにある確率が高い（これは走っている車や列車から景色を眺めるときに起こることと同じだ。近くの木や建物はあっという間に流れていくが、遠くの景色はゆっくりと動いているように見える）。

捜索をはじめてから五年たった一九九二年の八月の夜、新しい区画の最初の二枚を比較していたとき、二人は非常にゆっくり動いていた天体に気づいた。それはまさにカイパーベルト天体として予想していたものだった。はやる気持ちを抑えながら確認した三枚目と四枚目は、彼らの予想を裏づけていた。天体はゆっくりとまっすぐに動いていた。本来ならここで次の区画に移るのだが、二人はとどまり、残りの夜はこの不思議な天体を追いつづけ、集められるだけのデータを集めた。予定を変更したのは、科学のためでもあるが、用心のためでもあった。天体は動いているのだから、そのまま進んで見失ったらどうする？　最終的には、距離と大きさを測ることができ、カイパーベルト天体第一号として確認された。今日アルビオンとして知られる、直径一一〇キロ以上の岩塊で、太陽から六四億キロ離れた軌道を回っている。同様の天体は、カイパーベルト内に約三万五〇〇〇個あると推測されている。

　ほかには、友人や知り合いを頼ることもあれば、ただひたすら説得することもある。エド・バーガーが、メールでGW170817の追跡観測を頼んできたのはまさにこのケースだった。彼は望遠鏡のスケジュールに、知り合いの私たちの名前を見つけ、メールを送って緊急事態なので観測枠を譲ってほしいと頼んできた。あるいは、天文台に電話をしたりメッセージを送ったりして、そこで観測している人を捕まえて、その夜の目標天体のリストに加えてくれないか、もしくはちょっとだけ予定を変更してくれないかと頼むこともある。

　すでに望遠鏡のところにいて観測の準備が整った人を捕まえるのは、手っ取り早い。とはいえ、うまくいくかどうかは頼まれた観測者次第だ。観測者には断る権利がある。新発見のためということで、自分の予定を少し変更して協力してくれる人が多いが、なかには絶対に観測計画を曲げたくない人もいるし、ただ嫌だからという理由で断る人もいる（私が知っているかぎり、こうした電話があったときにぶっきらぼうに「番号違いだよ」と言って切り、時間をかけて練った自分の計画に固執する人は一人ならずいる）。

　この方法では、複数のグループが同じ観測枠を求めたときには競争になる。私がケック望遠鏡で観測をしていたとき、二つのグループから立て続けにメールをもらったことがある。どちらも、近くにガンマ線バーストらしい光があるので消えるまえにそれを捕まえたいと、同じ座標を示して私に観測してほしいと言ってきた。結局、すぐに間違いだったことがわかったので、私は観測しなかったが、もし本物だったらどうなっていただろうと今でも考える。もしデータを取得したら、私はどちらにデータを渡すべきだったのだろうか。最初にメールを送ってきたチーム？　知っている人がいるチーム？　あるいは、その研究対象についていい仕事をしそうなチーム？　将来の自分の研究や就職を見据えて役に立ってくれそうなチームとか？　誤報の知らせが来るまえには、私はデータをつかんで、二つのグループのどちらかに渡すまえに、仲良くするように言って聞かす幼稚園の先生みたいになった自分まで想像した。これまでたくさんの人が板挟みになってきただろうし、さまざまな理由や事情から導かれた決断がその後の科学を左右してきたのだろう。

こうした西部開拓時代のようなやり方を是正するために、最近の天文台はＴｏＯ観測のシステム構築に力を入れるようになってきている。そうした天文台では、観測者はＴｏＯ用に指定された望遠鏡の時間を申し込める。つまり、「もし重力波とガンマ線バーストが同時に観測されたら、われわれは追跡のためにＴｏＯ観測の権利を発動する」と言えるのである。この方法はずっと効率がよく、基本的には、研究者チームは科学上の必要にもとづいて迅速に望遠鏡にアクセスする権利を求めて、あらかじめ競うことになる。望遠鏡によってはＴｏＯ観測を、中断不要のもの（「数日内のどこかでこれを観測してほしい」）と即時中断を求めるもの（「すべてをとめ、直ちにこれを観測してほしい」）に分けている。それでも誰かが苦労して取った観測枠に割りこむことには違いない。

ＧＷ１７０８１７のキロノバのときには、このような選択肢がたくさんあった。それでも、追跡観測は混乱していた。現場では大慌てでその夜のスケジュールを練り直し、観測予定のある友人がいる人はあらゆるコネを使おうと奔走し、ＴｏＯに事前に申し込んでいた人たちは誰が使うのかをめぐって争った。たとえば、あるチームがガンマ線バーストに続くキロノバを「発見」するために

ToO枠を与えられていたとしたら、キロノバが発見されたときには、ToOを行使する権利はもうないと主張する人たちもいた。「発見」ではなく、「追跡」のための観測だから、というのがその理屈だった。

観測手段に限界があり、すぐに消えてしまう一回きりの現象である以上、ToO枠の第一順位をとる競争が激しくなるのはしかたがない。そこには科学上の必要性もある。超新星のような現象のデータは早く取得できれば、爆発の瞬間により近づける。超新星の最初の光には、その星の外層や周辺の特色を示すものだけではなく、内部の深いところで起きている物理を知る手がかりも含まれていて、その光は信じられないくらい短い時間しか続かない。もしこの重要な瞬間を観測できれば、それはほかでは取得できない貴重な情報になる。

早い――ゆえにいちばんになる――のは、仕事の面でもプラスになる。新しい小惑星を発見した、あるいは恒星の爆発についていままでにないデータを取得したと言えれば、将来、研究資金の申請の際に有利になるかもしれない。名前を認識してもらいやすくなるし、成果をあげる研究をしていると示せるからだ。研究チームは二番手の位置で、尽力する気にはならない。同じ結論の論文を二つ発表することに意味はない。学術誌の基本的なルールは先着順となっている。自分たちの意義ある研究が、ほかのチームに出し抜かれて先に発表されるかも、という不安は、学問の世界にはつきものだ。

二〇一二年、私はチームを率いて、死にかけているふりをしているように見えた不思議な恒星を死に物狂いで追いかけていた。それが空に最初にあらわれたのは二〇〇九年で、そのときは一般的な超新星がたどる経過を見せていた。数日間激しく輝いてから、その後数カ月かけてゆっくりと消えていく。見つけた観測者は、その年に見つかった二五〇番目の超新星――SN２００９ｉｐ――と手順どおりに記録してから、次の仕事に移った。

一年後、SN２００９ｉｐは戻ってきた。モンティ・パイソン級の激しい光を放ち、まだ死んでないと私たちに知らせてきた。このあと同じような光の放射が二回あり、二〇一二年に入って驚くようなことが起きた。わずか六時間のうちに明るさが二〇倍になったのである。私たちはついに何かを見つけたと確信した。この超新星かもしれない現象が観測されたあと、複数のチームは直ちに行動に移った。どのチームも、この恒星が本当に死んだのかどうかいちばん先に答えを出そうと躍起になった。私のチームはすぐにアパッチポイント天文台の三・五メートル望遠鏡を確保し、スペクトルを観測しはじめた。明るさそのものよりも、放出される化学物質を調べたほうが得るものが多いだろうと思ったからだ。わずか数週間後、私たちがまだデータ分析にあけくれていたころ、ほかのチームはオンライン上に論文を載せ、急いで観測したスペクトルを発表しはじめた。

最初の論文を見たときにはがっかりした。競争に負けたと思った。そんなことでと思うかもしれないが、いちばんになるのが刺激的な体験であることは間違いない。科学者は知識の追求、謎の解明、新発見の瞬間を夢に見る。しかし、二番手として発見することを夢見る人はいない。

とはいえ、競争は終わっていなかった。短距離競走ではなく、マラソンの様相を帯びてきたのである。SN２００９ｉｐから急いで集めたデータをどう理解したらいいのか、誰もわからなかった。二〇〇九年以降、誰もが恒星の最期の苦しみを目撃しているのだと思っていた。遠くに見える大量の物質を放出する様子は、超新星の爆発によく似ていた。二〇一二年の現象は、また別の爆発だったのか、それとも超新星爆発の本番だったのか、誰も確信が持てなかった。意見は割れた。私は二〇一二年に本当に爆発したのだと考えていた。最初と同じように騙されているだけだという人もいた。私たちはデータの分析を続け、最終的にSN2009ipで起きたことについて少しでも手がかりが見つかることを期待して、それを公開した。

皮肉にも、この時点で謎を解く唯一の方法は待つことだった。何年も何年も。SN2009ipが見えなくなったとき、私たちはまたあらわれるのではないかと、その区画に目を配り続けた。私たちではなくても、誰かが見ていた。あらわれるのを待ち、そして見ていた。はじめてとつぜん姿を見せたときから一〇年が過ぎ、それ以上の現象は誰も目にしていないが、本当に消失したのかどうか確実なことは今でもわからない。

発見のスピードを競うのは天文学の世界にかぎったことでも、超新星にかぎったことでもない。完璧な方法を構築するための努力を促すなど、ある程度前向きな効果もある。しかし、ときには有益にならないどころか、笑うに笑えない状況を生み出す。数十年前、星間雲に漂うさまざまな分子の手がかりを求めて、電波天文学の世界で競争が繰り広げられたことがある。水でもエチルアルコールでも、なんなら糖分子でもいいから、何かを発見したと最初に発表する。そう考えただけでも胸が躍るだろう（「天文学者がインターステラーにアルコールを発見！」といった見出しも面白い）。ある研究グループは電波天文台で、自分たちのあとにくるチームが前夜のログを見て成果につながりそうな天体や電磁波の波長を探し、それを盗んで発表したり、ライバルがいるとは思っていないチームを出し抜いたりしていることに気づいた。それで、わざと間違った座標をログに残したり、でたらめの波長を走り書きした紙を「うっかり」残していって、次のチームに見つかるようにしたという。

人間の本質によるところもあるのだろう。公平を期すために言えば、私がウェスターボルク合成電波望遠鏡での発見を宇宙人と結びつけたのも、GW170817やSN2009ipが大規模な競争になったのも、超新星だと早とちりをするのも、そういうことだ。科学の世界でめったに起こらない何かを見つけて、「これだ！」という瞬間をいちばん先に味わうのは、この上ない喜びだ。発見は最初のステップにすぎないとしても（科学というのはあわてずに、あくまでも慎重に正しく行なわれなければならない）、最先端の科学が猛スピードで展開するドラマのなかに身を置くのが刺激的であることは否定できない。

同時に、ゴールポストもつねに移動している。重力波の発見も最初は秘密にされたのに、今ではLIGOがツイッターで公表している。超新星も今ではめずらしくない。すでに数万もの超新星が発見されている。だから、肉眼で発見する場合は別として、超新星を一つ発見したとしても、たしかにうれしい出来事ではあるが、もはや驚かれることはないし、一つ一つの超新星を全力で研究する機会も減ってきている。超新星のサンプルを大量に集める（そして、ふつうと違うものを探す）のは、今でも科学的には重要だが、運に頼ったり、ToOをめぐる騒動を経て一つ一つ見つけていくやり方は効率的ではなく、求められなくなっている。

オスカルがしたことを自動的にしてくれる観測装置があれば理想だ。機械が空の一区画を記憶し、何か変化がないか確認してくれる。何か見つかれば、それから私たちは望遠鏡を向け、必要なデータを入手すればいい。理想を言えば、そうしたとつぜんの観測を、飛行機に飛び乗ったり、その日の観測者の機嫌をあてにしたりせずに行いたいところだ。事前にさまざまな観測を計画しておいたり、望遠鏡のそばにいなくても観測できる体制があれば、大いに役立つだろう。

それは口で言うのは簡単だが、避けては通れない課題を提起している。あわてて反応する必要はない貴重な日々の観測のかたわら、こうした現象を追いかけて、もっと効率よく、もっと成果をあげたければ、現在、そして未来の技術をどのように利用するか考えはじめなければならないだろう。

✴第12章　受信トレイに超新星

コンピューターからカシャという小さな音がして、私は露出が終わったことを知った。人工的なシャッター音で、アパッチポイント天文台の三・五メートル望遠鏡の後部に据えられたカメラが、私が狙っている二五〇〇万光年先にある銀河の光をちょうど集めおわったことを知らせてくれたのだ。この銀河では過去一〇〇年に一〇個もの超新星が観測されている（一般的には一〇〇年で一つくらい）。このときの観測はいわば犯罪の科学捜査のようなもので、私は残されたガスやダストや恒星を調べることで、なぜそんなに多くの星がここで一生を終えているのか、という謎に迫りたいと考えていた。

露出が終わり、私は望遠鏡のオペレーターに次に移る準備ができたことを告げ、次のターゲット方向に望遠鏡を動かすための指令を入力した。動かすのはほんの少しだった。同じ銀河の別の場所で、ほかの超新星爆発があったところだ。私は分光器の設定を少しいじり、それからガイドカメラに目をやって、正しい方向を向いていることを確認してから、次の露出をスタートさせた。

すべてが順調に動き出したので、私はダイニングルームの椅子の背にもたれ（そこにいたのは誰も起こしたくなかったから）、八番街のスターバックスで買ってきたコーヒーを飲んだ。さきほど大急ぎで買ってきたものだ。店の閉店時間は迫っていたし、外の雪は激しくなりはじめていた。三〇分の露出時間は二ブロック先まで行って帰ってくるのに十分な時間だったが、なるべく早く帰ってきて次の超新星爆発の地点に望遠鏡を合わせるためにした計算をもう一度チェックしたかった。

そう、私は観測中だった。だが、望遠鏡はニューメキシコ州の中央にあり、私はクリスマス休暇のまえにいとこを訪ねてニューヨーク市にいた。いとこの家のダイニングテーブルに置いた私のノートパソコンから、分光器も望遠鏡の位置も調整できたし、ニューメキシコに一人でいるオペレーターとはチャットを通じてつながっていた。私たちは、ターゲット間の移動のタイミングや、ニューメキシコの空の様子（よさそうだった。マンハッタンを埋める勢いの暴風雪よりずっといいのは間違いない）、それから今夜の観測が終わるまで石膏の砂まじりの風は避けられそうか、といったことを話した。

その後、私はほんの数時間寝て、その日の朝遅くに起きた。ニューメキシコの望遠鏡に合わせて夜を過ごしたあとだったが、マンハッタンはすでに活気づいていた。いつもの癖で完全に目が覚めるまえに携帯電話に手をのばし、夜中のうちに来たメールをチェックした。うれしいことに、チリのジェミニ南望遠鏡（八・一メートル鏡）からメールが来ていた。どうやら昨夜のセロパチョン山はきれいに晴れていたようで、私が申請していた赤色超巨星の一つを観測できたようだった。私は頭を起こして、なんとか左目も開けようとしながら、メールをスクロールした。いいニュースだった。私が頼んでいた観測は、私がアパッチポイントの望遠鏡を操作しているときか寝ているあいだに、すべて完了していて、データはジェミニのサーバーからいつでもダウンロードできるということとだった。

二つの望遠鏡で同時に観測したのははじめてだった。ちょっと信じられない気もした。最高の観測条件だったニューメキシコの一晩分のデータと、遠く離れたチリの山頂の二時間分のデータが手元にあり、私はいとこの家にいる。今日はきつい一日になるだろう。一晩中仕事をしたあとにもかかわらず、天文台にいるわけではないので観測者のスケジュールで動くわけにはいかず、デイヴと私は近くのコーヒーショップで一日仕事をして、いろいろと用事をすませ、友人に会ってから夜の電車に乗ることになっていた。ジェミニのほうは依頼したとおりに観測できたのか、データを見るまでわからないが、それでも、という気持ちだった。一晩の仕事としては上出来だ。

寝返りをうって窓の外を見て、一瞬驚いた。目に入ってきたのは、サクラメント山脈の寒々しいマツ林でも、チリの夏の焼けるような砂漠でもなく、建ちならぶビルの壁と窓枠の融けかけた雪だった。

結局、どちらの望遠鏡のデータにも余計なものは混じっていなかった。どちらの空もその夜は美しかっただろう。


観測者が望遠鏡のそばにいる必要がないというのはとくに新しいやり方ではなく、観測を少しでも楽に、そして効率的にするために昔から行なわれてきたものだ。

そのはじまりは一九六八年にさかのぼる。キットピーク国立天文台では、観測者はトゥーソンに置かれたコンピューターを使って、六四キロ離れた山頂の望遠鏡を数夜にわたって操作した。これが基本的な形式で、観測が行なわれているあいだは天文学者も起きていて積極的にかかわるが、遠く離れた場所から望遠鏡に指示を出すことになる。たいていは専用につくられたコントロール室から実施され、そこにはたくさんのモニターが並び、現地にいるオペレーターと会話できるように、ビデオ会議システムもあった。

今ではリモート観測はふつうになっている。麓から観測するのは高度から生じる身体の負担を避けるのにも役立つ。マウナケアのケック望遠鏡を使う天文学者は、ハワイ島北部の緑豊かな丘陵地帯に位置する小さな町、ワイメアにあるケック本部から観測する。利点があるのは間違いない――酸素がたくさんあり、通りにはレストランやコーヒーショップがある――が、認知のずれが笑い話になることもある。ワイメアで観測中に、窓に雨の当たる音がして瞬間的にパニックになったという人は一人や二人ではない。自分がいる場所を認識するまえに、長年のクラシカル観測の経験が、「どうしよう、鏡に雨が!」という恐怖を引き起こすのだ。低地の町にいれば、日常生活が引き起こす問題にも対処しなければならない。ケック本部は訪れる観測者のために遮光カーテンつきの静かな宿泊所を用意し、日中の騒音を減らすためにできるだけのことをしているが、ハワイ島には、ほかのハワイの島同様、野生の鶏がたくさんいる。ケックの施設にはとくに大胆でずうずうしい雄鶏が一羽いて、ここは自分の縄張りだと、訪ねてきた観測者に主張し続けている。夜明けを告げる雄鶏の声に起こされて、朝の九時にふらふらしながら鶏肉の赤ワイン煮《コック・オ・ヴァン》のレシピを検索した人は結構いると思う。

三〇キロほど離れたワイメアではなく、ケック望遠鏡の専用の観測枠を持つハワイ大学とカリフォルニアの大学数校で観測することも可能だ。こちらは数百、数千キロ離れて、別の島から、あるいは太平洋を越えて観測することになる。こうした大学の天文学部には専用のリモート観測室があり、そこにいる人は夜になれば、大学から出ることなく観測に入ることができる。

アパッチポイント天文台の三・五メートル望遠鏡はさらに進化していて、リモート観測用のソフトウェアがあり、それを自分のパソコンにインストールすればどこからでも――オフィスでも、自宅のソファでも、いとこの家のダイニングテーブルでも――観測できる。インターネットにさえ接続できればいい。私はニューヨーク、コロラド、シアトルで宿泊した部屋から、あるいは調査のために訪れたスイスのジュネーブの同業者の研究室から観測したこともある。後者は時差のおかげでとくに快適だった。予定していたのはニューメキシコ州の午前零時から午前五時までで、それはスイスの午前八時から午後一時にあたり、楽だったのは言うまでもない。一晩ぐっすり眠って朝を迎え、紅茶を淹れてから自分の席について、地球の反対側にある望遠鏡で仕事をはじめるというのは、ちょっと不思議な感じもしたが。

リモート観測は、望遠鏡まで赴く労力（それから費用と環境への負荷）を削減できるという点で、たしかに優れていると言えるだろう。その反面、山にいないことで失われるものもある。山頂の望遠鏡から数千キロ離れて観測すれば、見えている画像と本物の夜空が結びつかなくなり、ビデオゲームか何かをしているような気分になるかもしれない。雲の切れ目を探す必要もない。オペレーターが曇りと言ったら、曇りなのだ。外に出て空を見上げて切れ目を探し、プランの変更を検討することはできない。天候がはっきりしないときもある。アパッチポイント天文台には、観測者が雲の状況をチェックするためのウェブサイトがあるが、これも万能ではない。

以前、アパッチポイント天文台で午前零時半から五時半までの観測のために、コロラドでリモート観測に備えたことがある。そのときは昼間に仮眠を取るより、一晩中起きているほうがいいだろうと判断した。夜の一一時半ごろにはかなり眠かったが、観測のために気合を入れなおした。ウェブサイトによれば、少々意外だったが、空は快晴だった。私は強いエスプレッソをたっぷりとつくって飲みほし、コンピューターに向かってリモート観測のソフトウェアにログインした。心拍数は一三〇、過剰なカフェインで興奮状態だった。

オペレーターはすぐにチャットを送ってきた。「こんばんは、エミリー。あいにく頂上が完全に霧で覆われちゃってるのよ。今夜は無理だと思う。電話番号を教えてくれる？　寝てて。状況がよくなったら連絡するから」カフェインのとりすぎで荒ぶるマンモスのようになっていたので、私はリビングルームでひとりうろうろと歩きまわった。行なわれることはほぼなさそうな観測に備えて。教訓。コーヒーは空を確認してから飲むこと。

下界での緊急事態も問題になる。自宅のリビングで観測するのは快適だ……インターネットがダウンしないかぎり。別の日にアパッチポイント天文台のリモート観測をしていたとき、いきなり自宅のインターネットがダウンして、夜中にパニック状態で自転車を走らせたことがある。オペレーターからしてみれば、露出の途中にとつぜん観測者が消えてしまったのだ。私は被害を最小限にくいとめようと、インターネット回線のしっかりしている研究室に向かって、夜中の二時に必死に自転車をこいだ。吹雪でどうにもならなくなった人もいれば、火災報知器が鳴って建物から避難しなければならなくなった人もいる。そんなとき、雲一つない空に鏡を向けた望遠鏡は、観測者が帰ってくるのをただひたすら待っている。

リモート観測のもう一つの難点は、日常生活から逃れられないことだ。天文台のある山頂まで行くのは大変だが、到着してしまえば日常から隔離される。山の上では仕事しかすることはない。一方、リモート観測をしていて、完全に日常生活から自分を切り離せる人はほとんどいないだろう。自分の研究室から観測しても、自宅のキッチンから観測しても、ときには子どもを学校に送りだしたり、昼間の雑用をこなすために、観測を中断しなければならなくなる。私は一晩中観測をして二時間寝て、眠い目をこすって講義にのぞむこともあるし、同業者の一人は露出の時間に子どもに読み聞かせをすると言っていた。

自宅のソファや自分の研究室といった慣れ親しんだ環境のなかでは、数千キロ離れたところにある何トンもの装置を、自分のクリックひとつで実際に動かしているという実感がわかなくなるおそれがある。そのためアパッチポイント天文台は、リモート観測をする人には事前に個別の研修を受けるよう強く勧めている。便利で手軽なのは間違いないが、現地に行かずにデータを集めていれば、観測者と観測者が実際に使う装置との距離はゆっくりと、しかし確実に広がっていくだろう。世界一流の望遠鏡の使い方を学ぶ機会は次第に得難くなってきている。

リモート観測では、観測する人は望遠鏡のそばにはいなくてもいいが、リアルタイムで関与する。このやり方では、最終的にデータを利用する観測者が、露出の開始と終了を指示し、リストにしたがって観測を進め、あるいは必要に応じて観測天体を変更する。どれだけ遠く離れていても観測する以上、いっしょに起きていなければならない。

　リモート観測のもう一つのやり方に、キュー観測がある。

　観測者は十分に準備して天文台に到着する。優秀な天文学者ならさまざまなことを考慮して提案するはずだ。どの天体をいつ観測したいか、どの望遠鏡をどのような設定で使いたいか、露出時間はどのくらいか、それから観測のおおよその順番まで考えるだろう。画像を撮影して、それを確認して、もういちど観測するという手順を踏めば、たしかにデータの質をあげられるかもしれないが、観測者の準備はだいたいにおいて完璧なので、一回で望んだデータを得られることが多い。トラブルがなければ、観測者はチェックリストに沿って、ボタンをクリックし、シャッターを開けて閉じ、予定した順番どおり天体から天体へと移動する。となれば、次に考えることは想像に難くない。観測者が現場にいなくても、事前にすべてが細かく計画されていれば、天文学者は観測作業にまったくかかわらなくてもいいのではないか。

　キュー観測では、観測者が数カ月前に詳細な観測内容――観測したい天体、露出時間、望遠鏡の設定――を用意して、手順をまとめる。天文台は観測枠を与えられた天文学者全員から計画を集めて、かぎりある貴重な時間を最大限有効に使えるように、観測を組みたてなおし、順番の列《キュー》をつくる。

　この方法にはさまざまな可能性がある。ある人の計画を一晩、あるいは何時間か、本人といっしょに実施したあと別の人の観測に移るのではなく、複数の観測者の要望を、そのターゲットや使いたい機器をもとに分類して、観測計画を立てる。だから一秒でも長く観測するために、長時間の露出が必要な人の観測は、露出時間の短い別の人の観測と組み合わせることになるかもしれない。

ハッブル宇宙望遠鏡は、現実的にそうするしかないので、この方法を採用している（残念ながら、ハッブルで観測するといっても、宇宙服に身を包み、発射台に向かうことはない）。ハッブルの観測時間（実際には時間ではなく軌道を割りあてられる）を得た者は、望遠鏡の詳細な設定から、秒単位で指定する軌道ごとの時間まで、すみずみまで網羅した観測計画を用意する。観測をシミュレーションして立案するには何週間もかかることがあり、とくにはじめて挑戦する観測者にとっては大変な作業だが、ハッブルのキューに入れてもらうためには、締め切りまでにかならず提出しなければならない。私自身はじめてハッブルの時間をもらったときは天にも昇る心地がした……が、そのとき私は仕事用のパソコンを置いて一カ月海外に行くところだった。一一年の交際期間を経て、私とデイヴは数日前に結婚し、あと数時間で新婚旅行に出かけようとしていたとき、私の提案が受け入れられたというメールをもらったのだ。旅行は長い時間をかけて計画したもので、帰ってくるまえに観測計画の締め切りがあった。それでも、はじめてハッブルを使えるというニュースを聞いて、デイヴは旅行中に二人で使うつもりだった必要最小限の性能しかないノートパソコンに、観測用のソフトウェアをダウンロードし、私はハッブルのユーザーマニュアルを集められるだけ集めて（そう、望遠鏡にもマニュアルはある。それもたくさんの）、イスタンブールのホテルでまる一日使って必死に観測計画を立てた。

このやり方だと、従来のクラシカル観測よりも早く計画を立てなければならないが、効率がいいので、地上の望遠鏡のなかにはキュー観測も併用しているところがある。ハワイとチリにある二つのジェミニ望遠鏡もそうだが、地上の望遠鏡にとっては、それぞれの観測を最適な天候と組み合わせることで、天候による観測不能時間を最小にできるという利点もある。クラシカル観測では、天文台に行って割りあてられた夜が曇っていれば、運が悪かったということになる。ただ時間は流れていき、望遠鏡は放置され、天気の良い夜に再挑戦することもかなわない。キュー観測ならもっと柔軟に対応できる。少し曇っていれば、その状態でも観測できる提案を選び、快晴が必要な観測はあと回しにすればいい。

たしかに優れた観測方法だ。朝起きるとメールボックスに新しいデータが届いているというのは、夜中の三時のぼんやりした頭で、何とかして割りあてられた夜のうちに少しでもデータを入手できないかと、とぎれとぎれの雲と格闘するよりずっと平和的だ。同時に、キュー観測は天文学者をさらに観測から遠ざける。

公平を期して言えば、これはかならずしも悪いことではない。これまでに述べた睡眠不足に起因するたくさんの失敗を考えてみてほしい。どこの世界も同じだが、天文学の世界にも新しい技術に懐疑的な人はいる（写真乾板の時代にも、自分で取ったデータでなければ信頼できず、アシスタントや学生にデータを取らせるのを嫌がる人はいた）。しかし、現実には、望遠鏡や装置については天文学者よりもオペレーターのほうが詳しいため、よく練られた計画を専門家に託すほうが往々にしていい結果が得られる。

一方で、これは観測者が科学からまた一歩遠ざけられることも意味している。観測の順番や機器の設定、あるいは望遠鏡を向ける先を間違えるといったことは、天文学者にかぎらず、オペレーターや訓練されたスタッフでも起こりえるが、天文学者としては、キュー観測で最善ではないデータが送られてきたときには、簡単には受けいれられない。どれだけ嫌な思いをしようとも、結果のために時間と労力をつぎこんで観測をする人間としては言うべきことがある。キュー観測はスムーズだったが、私はジェミニ望遠鏡に、自分の要求した区画とはほんの少しずれているとか、設定が少しだけ違うと連絡したことがある。私の計画書の指示どおりに作業をしている人にとっては、違いはほんのわずかで、ほとんどわからないくらいかもしれないが、データを受けとった側では大きな違いとなりうる。

キュー観測を行なう望遠鏡のところに行って、観測しているあいだ立ちあうのは今でも可能だ（観測内容によっては観測者がそこにいたほうがいいものもある）。しかし、その場合でもキュー観測の厳しいルールが適用される。私はチリとハワイのジェミニ望遠鏡で立ちあったことがあるが、どちらも目標天体、露出時間、気象条件を正確に記して事前に提出しなければならず、それをあとから変更するのは非常に難しかった。ジェミニ南望遠鏡で銀河をいくつか観測したときには、チリに向かう数日前に、出たばかりの論文を読んで新しい銀河のことを知り、ターゲットリストに追加しようと考えた。それでジェミニのソフトウェアにログインしてキューに加えようとしたが、それは認められないという反応が返ってきた。私の観測は提出したリストで承認されており、追加は認められないということだった。ほかの望遠鏡だったら簡単にできる変更だが、ジェミニのキューシステムでは、観測目標はすべて事前に承認されていなければならなかった。

現地に到着しても、ほとんど手を出すことはできず、望遠鏡のオペレーターや技術スタッフが私のプログラムを着々と実行するのをただ眺めていた。そこにいるのだから、機器の設定をちょっと調整してほしい、銀河を正確にとらえるために少し向きを変えてほしい、とお願いすることもできなくはないが、基本的には、私の役割は計画どおりに観測が行なわれるよう見守る、いわば監督者だった。多くの時間を役立たずになった気分で過ごしたが、こうした現場に立ちあってそう感じるのは私だけではないようだ。チリの別のキュー観測に立ちあった人からは、望遠鏡の操作には一切かかわらないように言われたと聞いた。すべてオペレーターとスタッフがするから、ということだった。うわさでは、実際にはどこにもつながっていない「天文学者」用のスイッチがあるらしい。とにかく立ちあいたいという人に何かすることを与えるためだという。

幸い、私が観測した夜の天候は、事前に指定した気象条件に合致した。もし条件を満たさなければ、キューに並ぶ次のプログラムに移るところだった。雲に覆われていたり、シーイングが悪ければ、望遠鏡は天候の回復を待つようなことはせず、その条件でも観測できる別の誰かのためのデータを取得する。それはそれでいい。ただ、少しがっかりしたかもしれない。私はそれほど完璧な空を求めていたわけではなかったからだ。ある同業者はジェミニ北望遠鏡で観測するためにハワイまで行き、観測中止を知らされた。空の状況が良すぎたので、彼よりもいい条件を求めていたプログラムが彼の観測の代わりに行なわれることになったのだ。まったく別のターゲットを観測する望遠鏡を、彼はなすすべもなく眺めたという。

私のジェミニでの観測は、予定していた銀河の一つに雲がかかっていたため観測できず、一時間早く終わった。すると、オペレーターはキューに戻り、別のプログラムの観測をはじめた。それがいいことなのは、理屈ではわかる。私はすでにデータを手にしていて、その一時間はどうしても必要な一時間ではなかったし、どこかにいる天文学者が朝起きてメールボックスに新しいデータが入っていたらうれしいだろう。それでも、自分の観測がコンピューターのプログラムであっさり打ち切られてしまうのは、なんとなく腑《ふ》に落ちない部分がある。事前に用意されたリストにしたがって次々と観測をこなしていくキュー観測システムは、効率という面では満足のいく結果を生みだしたが、その一方で、観測者が望遠鏡を相手に臨機応変に創造性を発揮する機会はなくなってしまった。

天文学者なら誰でも、自分の疑問を解くための観測を追求して、夜空の一区画に集中する。しかし、天体観測の実施プロセスから見れば、どれも非常に似通っている。とくに像を映すという点でいえば、いくつか基本的なフィルター——青、赤、赤外線のいずれかの光だけをカメラに通す——と、その像をとらえるためのわかりやすい要件がある。たとえば露出は、強いシグナルを十分にとらえられるくらいの時間をかけなくてはならないが、カメラの検出器を飽和させるほど長くてはいけない。要するに空の一区画にある若くて明るくて遠い星団を観測したい人が望遠鏡に出す指示は、別の区画の古くて暗くて近い星団を観測したい人が出す指示と実質的には同じものとなる。

こうした観測では天文学者の出番はまったくない。少なくともデータ収集の段階ではすることはない。利用できるようになったデータは大いに活用する——星の位置や明るさを測ったり、星団や銀河の天体図を作成したり、超新星によるわずかな光や小惑星が通過した跡を探したりする——が、観測の手順を指定する必要はない。もし、みながさまざまな区画について同じ種類の画像を求めるならば、望遠鏡にそうするようにお願いすればいいだけのことだ。

ロボット望遠鏡はこうした要望を満たすために数十年前から運用されていて、大きな成果も出している。ロボット望遠鏡は標準的な観測を行なうために特定の区画に向けることができ、そのプロセスからは観測者という概念は完全に除外されている。リクエストを受けつける望遠鏡もある。たとえば、ラス・クンブレス天文台グローバル望遠鏡ネットワークがそうだ。AIのスケジューラーを備えた〇・四メートル、一メートル、二メートルの望遠鏡二五基が世界中にあり、天文学者からのリクエストのほか、各地の気象条件などの情報を集めて、観測を指示し、データが溜まれば、それを待つ科学者のもとに送る。一つの恒星や空の一区画を繰り返し観測することも、新たな発見を追うこともできる。ターゲットによってはスペクトルを自動的に収集することもできる。

ほかのロボット望遠鏡はあらかじめプログラムされており、設定されたとおりに一晩中観測を行なう。一区画を一度だけ観測し、そこに興味を持つ天文学者が研究に利用する画像を取得する望遠鏡もあれば（場合によっては、さらなる追跡調査につながる）、同じ区画を何度も繰り返し観測して、動きや変化がないか探している望遠鏡もある。後者はとくに新たな超新星や小惑星の動き、あるいは微妙に変化する恒星を見つけるのに適している。恒星の明るさを何カ月、何年と測定すれば、その星の変化のパターンや周期の解明につながるが、こうした観測は一人の人間が幾夜にもわたって手動で行なうより、ロボット望遠鏡で行なうほうがはるかに効率的だ。

観測は人間が行なうには単調すぎてつまらない作業に見えるかもしれないが、そこから得られる科学に単調という言葉はまるでそぐわない。マイク・ブラウンが、最近ロボット化されたパロマー天文台の一・二メートル望遠鏡を使って、初期に手動で探したデイヴ・ジューイットとジェイン・ルーの研究と同じように、カイパーベルト天体を探したときの話をしてくれた。望遠鏡は一晩中観測をして、空の区画ごとに三枚の画像を撮影して動きがないか探し、それからマイクがいるパサデナにデータを送る。コンピューターは人間が手でめくって比べる手間を省いて、データの分析までできる。このデジタルの時代においては、自動で整約から分析まで行なうシステム（パイプライン）をつくって、データの分析をするようになってきている。結局のところ、望遠鏡の設定と作業が標準化されれば、データの分析手法も標準化されていくのだろう。カイパーベルト天体の捜索に使ったプログラムは、静止しているものを捨て、動いているように見えるものを残す。マイクはそれを手作業で確認する。プログラムは、もしかしたら本物かもしれないデータを捨てることがないように、わざとあまり絞りこまないようにつくられているので、データには擬陽性も含まれている。こうして毎朝、マイクのもとには、一〇〇から二〇〇の動いている可能性のある天体の情報が寄せられた。二、三日ごとに本物のカイパーベルト天体が見つかり、そのたびに小さな興奮に包まれた。

二〇〇五年一月のある朝、マイクが候補となるデータを仕分けしていると、びっくりするほど明るく、ゆっくりと動く天体が出てきた。最初は科学者につきものの疑いの目で見て（「自分はまた何かやってしまったか？」）、それからメモを取りながらデータを詳しく調べていくと、次第に自分が見ているものが、巨大で遠いところにある本物のカイパーベルト天体であることがわかってきた。それはエリスと命名された。当時カイパーベルト内で発見されたなかで、もっとも大きな天体だった。その大きさは最終的には下方修正されたが（冥王星より五〇キロほど小さい）、エリスの発見は国際天文学連合による惑星の定義の見直しにつながった。これにより冥王星は、エリスのほかいくつかの天体とともに準惑星に格下げされた。この話についてはマイクが著書『冥王星を殺したのは私です』（梶山あゆみ訳、飛鳥新社刊、二〇一二年）で詳しく述べている。

ロボット望遠鏡といってもいつも完璧とはかぎらないし、自ら観測するように望遠鏡をプログラムするとなると、さまざまな問題が出てくる。パロマー天文台で一・二メートル望遠鏡をロボット化したマンシ・カスリワルはその苦労を語った。望遠鏡にはカメラの前のフィルターを交換する自動アームがあるが、望遠鏡の真上で作業するので、誤作動があればアームがフィルターを落として、下にある鏡を傷つけるおそれがある。実際、一度落としたことがあるが、こうした事態を想定してインストールされた安全機能が働き、フィルターは途中でキャッチされた。また、この自動アームは冷えるとうまく動かなくなるため、誰かがロボットアーム用の手袋をデザインした（どうやらロボットも一晩中ドームのなかで観測していると冷えるようだ）。

パロマー天文台の一・二メートル望遠鏡には、昔ながらの安全機能もあり、回転するときにはそのまえにドーム内に警告音が鳴り響き、三〇秒待ってから動くようになっている（聞こえた人が逃げられるようにという配慮だろう）。安全対策としては理解できるが、マンシが指摘するように、ロボット望遠鏡は観測するのに人間の手を必要としない。人間がするのは、問題が発生しないように、観測中にドームのドアをロックしておくことだけだ。過去には、回転したときにドームの出っ張った部分にぶつかったロボット望遠鏡もあるし、自動観測を習得中に望遠鏡の先を床に向けてしまったものもある。

一方で、ロボット望遠鏡に利点があるのは否定できない。適切にプログラムして動かすことができれば、望遠鏡は人間の手を一切借りることなく、広大な空を観測する。人はデータ取得の退屈な作業を繰り返すことなく、データに含まれる科学を追求できる。

望遠鏡がロボット化しても、人間の観測技術が完全に不要になったわけではない。こうした望遠鏡を設計してプログラムする人は、観測作業について精通していなければならないだろう。望遠鏡の現場における天文学者の役割が小さくなっている観測がある一方で、いまだ天文学者の積極的な関与が求められる観測が存在するのもまた事実だ。それでも、天文学の世界でも、コンピューター化や自動化に文句を言う人はいる。天文学を学者の手から奪い、機械に任せるのは科学にとって望ましくないというのがその言い分だ。

ロボット望遠鏡や観測の自動化を支持する人は、こうした技術革新は天体物理学者に、ロボットができない仕事をする時間を与えてくれると主張する。今日の天文学者には、天文台に行かずに、つまり望遠鏡にかかわらずに、データだけを利用して研究プロジェクトを進める、もっと言えばキャリアをまっとうする、という選択肢がある。このような形で望遠鏡が取得するデータの量も急激に増加している。リモート観測、キュー観測、ロボット望遠鏡が普及し、その処理能力が向上するにつれて、天文学と観測の本質は変わりつつある。

✴第13章　未来の観測

シャトルバスが舗装された道から土埃が舞う山道にはいったところで、私は目を覚ます。道はチリのセロパチョン山の頂に続いている。何度チリを訪れてもいつもそうするように、私はがたがたと揺れる窓に頭をつけて荒涼とした景色を眺める。麓は濃い霧に包まれ、道路わきに広がる単調な景色には、ほこりっぽい地面と低木の茂みが見える。霧はめずらしいが、おそらく時間帯のせいだろう。ほかの天文台を訪ねるときと違って、今回は山に朝の六時に着く予定だ。カフェテリアで朝食――卵とトーストとコーヒーというふつうの朝食――を建設作業員たちといっしょに食べることになっている。夜にいる必要はないので、ラ・セレナには午後のシャトルバスで戻る。これから訪れる場所は天文台だが、私は夜までいない。

ようやく天文台に着くと、私たちは霧の上にいる。シャトルバスは建物のドアのまえに停まる。陽の光のなかに降りたつと、目の前にはとてつもなく長大な近未来風の建物がある。片側には、いずれ望遠鏡ドームとなる鋼の骨組みがある。ドームはまだ建設中だが、私はベストとヘルメットと安全靴を履いて――一四年前にＶＬＡでツアーガイドをしたときと同じ格好だった――ドームのなかを歩き、望遠鏡が設置される場所に立たせてもらう。青緑色の金属が不完全ながらドームとシャッターの外形をつくり、今は足場と絡みあいながら、コンクリート製の空っぽの丸い舞台を囲んでいる。私がそこに立っているとき、ドームの主役となる八・四メートル鏡はチリに向かっている。二カ月かけて重い荷を運ぶ特別な車両を乗り継ぎ、パナマ運河を通って到着することになっている。今はドームの壁の向こうが見える。回りながら見渡すと、セロパチョン山の尾根の下方にジェミニ南望遠鏡が見え、遠方にはセロトロロ山の頂上にある天文台の望遠鏡がかたまって見える。一回転して私は感動する。今の天文学における観測の形がすべてそこにあるからだ。クラシカル観測、ロボット観測、ジェミニ望遠鏡とキューシステム、そして、今まさにここに建設中の未来の観測。

この望遠鏡は二〇二〇年代の観測において、もっとも威力を発揮する機器の一つとなるだろう。大型シノプティック・サーベイ望遠鏡（Large Synoptic Survey Telescope）を略して、長年ＬＳＳＴと呼ばれてきたが、この施設は偉大な観測者の名前を拝して新しい一〇年を迎えようとしている。それが私が立っている場所、ヴェラ・ルービン天文台だ。

階下の業務運営施設は、太陽の光をうけて輝く白い建物で、窓の並びと微妙についた角度から、砂漠に浮かぶヨットみたいにも見える。おしゃれな建物だと思うかもしれないが、実際には純粋に実用性を追求したデザインになっている。斜めになっているのは、頂上の風の流れが望遠鏡に与える影響を最小にするためだ。建物には望遠鏡に必要なすべてが格納されている。望遠鏡のオペレーション室が一つ、先端技術が詰まったカメラを扱うクリーンルームが二つ。それから巨大なエレベーターとレールがあり、それで定期的に望遠鏡から外した鏡を数階下にあるコーティング作業の部屋に運ぶ。鏡は数年ごとにその部屋で、アルミニウムや銀とシリコンでコーティングしなおされる。

大きな作業スペースのまわりには、バラストのドラム缶がいくつか（鏡を運ぶエレベーターをテストするために使われた）と、支持機構をテストするために使われた副鏡があったスペース、それからニューヨーク州ロチェスターから最近届いて設置されるのを待っている、厳重に封印された本物の副鏡がある。

施設内には業務を行なう部屋や小さな会議室もある。会議室では毎朝、電話会議が行なわれ、ラ・セレナやアメリカにいるプロジェクトリーダーは、現場のチームリーダーに状況を確認する。今日のミーティングで、私は簡単に紹介される。「こちらはエミリー。天文学者で、いま天体観測の本を書いているということだ」しかし、その後はすぐに話が見えなくなる。残りの会議はすべてスペイン語で行なわれるからだ。その日のチームごとのタスクを記した大きなスケジュール表をもとに会議は進む。そのあいだ私は会議室を観察する。建物はどこも新しくて光っている。シンプルだが、趣味のいいフローリングの床、白いキャビネット、ところどころに青緑のアクセント、そしてレバーで開閉するイケア風の横長の窓があり、リモコンで上下させるカーテンがついている……が、窓の外に広がっているのは赤茶色のアンデスの丘陵地帯だ。とにかく何もない。面白い組みあわせだと思う。こういう窓から見えるのはふつう大学のキャンパスであれば隣の建物だし、郊外のビジネスパークであれば青々とした芝生であって、このような世界の最果ての風景ではない。

ドームは完成に向けて着々と工事が進められているが、建物内のサポート設備の工事も進んでいる。あるチームはクリーンルームに送る冷却液の管を設置していて、あるチームは出来上がったばかりのコーティング室のテストをしている。別のチームは建物の補助発電機に見つかった小さな問題に取り組んでいる。そのために昼ごろ、山全体の電気を落とす必要があるという。「山全体の電気を落とす」というフレーズを聞いて、オフィス用の椅子にすわって電話会議をしていても、ここは辺境の地であることを思い出す。それは、クリーンルームやコーティング室が必要な理由でもある。カメラの修理や鏡のコーティングが必要になっても、すべてここで行なわれなければならない。自給自足の施設をつくるのは大変だが、カメラや、あるいはもっと大ごとになる鏡をメンテナンスのために別の場所に運ぶよりも費用は抑えられるし、効率もいい。

この山の本当にすごいところはネットワークとデータ容量だ。建物のなかの一部屋には、サーバーのラックが何列にも並び、地震に備えてラックが互いにも床にも固定されていて、独立した冷却システムと防火システムが備えつけられている。完成したあかつきには、セロパチョン山の望遠鏡はラ・セレナにある基地施設にファイバーネットワークでつながり、一秒間に六〇〇ギガバイト送信できるようになる。映画「ロード・オブ・ザ・リング」の三部作（エクステンデッド・エディション）全部を、ラ・セレナに〇・五秒もかからずに送ることができるスピードだ。

画期的な施設だが、そのためにかかる労力は、単に高性能の望遠鏡をもう一つつくるという範疇《はんちゅう》を超えている。ルービン天文台が、世界最高の技術を結集したカメラと、どこのテクノロジー企業にも負けないネットワークを備えるのには理由がある。

ルービン天文台のミッションは、シンプルでまっすぐで壮大だ。南半球の空の広大な範囲を数日おきに一〇年間観測する。八・四メートル鏡で、これまで地上からかすかにでもとらえていた天体を観測し、最終的には南半球の空全体の一〇年分の動画をつくることになる。その過程で数十億という数の天体をはじめて観測し、前例のない規模でその変化を追う。

一方で、この観測は想像を絶する量のデータを生みだす。ルービン天文台のカメラで撮った一枚の画像のサイズは、三・二ギガピクセルになる。これを最大解像度で表示しようとすれば、高品位テレビを一五〇〇台必要とする。ルービン天文台で一晩観測すると、三〇テラバイトのデータが生成され、データ管理システムには、何かが動いたり、変化があったりしたときにはすぐにアラートを発し、最新情報を発信するしくみがある。

ルービン天文台が見つけることになる研究対象をすべて分析調査するのは、ほぼ不可能だ。超新星は一晩で一〇〇〇個以上発見されるだろう（現在は一年で一〇〇〇個も発見できていない）。太陽系のなかの小惑星やそのほかの動く天体も見つけるだろう。そのなかには、地球に近づく――もしかしたら危険が生じるほど近づくかもしれない――地球接近天体もふくまれるはずだ。望遠鏡は時間とともに明るさが変化するすべての恒星を追い、星の進化や変化、場合によっては最期についてのデータを一〇年間継続的に提供してくれる。

ルービン天文台はこれらの作業をほぼ無人で行なうことになる。もちろん、オペレーターは常駐するが、その任務は管理が中心となり、夕方に観測体制を整えて、朝には終了させ、何か異常がないか目を光らせることになるだろう。オペレーターと少数のスタッフをのぞいて、山は最小限の人員で運営される。ときには関係者が日中に訪れて順調に動いているか確認作業をすることもあるだろうが、ルービン天文台のほとんどの場所は無人となる。

私が訪問している今は、無人には程遠い状態だ。天文台のさまざまな可動部分を完成させるために建設作業員があちこちで並行して作業していて、二〇二〇年のファーストライト——新しい望遠鏡ではじめて観測すること——を目指している。私は見学しながら、この大量の作業がすべて、最終的にほぼ無人の施設をつくるために行なわれているのだと徐々に理解する。さまざまな問題への備えと訪問者を迎える設備を持って、最新の科学を遂行するが、ごく少数の人間だけで運営する施設だ。私はわざとゴーストタウンになるように設計された場所をつくる人々を眺める。この天文台で観測がはじまっても、この山にいる小さなビスカッチャは孤独に夕日を眺めるのだろう。

ルービン天文台は天文学の新しい時代の至宝の一つだ。ここで観測者は自動化というパワーを手に入れた。これまで人が毎晩動かしてきた望遠鏡は、まさに科学工場になったのである。

これは新しい考え方ではない。「科学工場」という言葉は、ルービン天文台の先駆けとして、二〇〇〇年に北半球で観測を開始したスローン・デジタル・スカイ・サーベイの望遠鏡を指して、このプロジェクトのマネージャー、ジム・クロッカーがすでに使っている。この望遠鏡はニューメキシコ州のアパッチポイント天文台に建設され、この山にあるほかの望遠鏡と同じ問題——吹きつける石膏の砂、テントウムシの大群、悩ましい蛾——と闘いながら、大規模なサーベイ観測に挑戦している。一二〇メガピクセルのカメラは、何年にもわたって毎晩二〇〇ギガバイトのデータを生み出し、これまでに空の三分の一の多色画像を撮り、三〇〇万個以上の天体のスペクトルを観測している。アン・フィンクバイナーの著書『*A Grand and Bold Thing*（壮大で大胆なもの）』は、この規模のサーベイ観測を行なう望遠鏡をつくるまでの長年の奮闘や、必要とした協力や技術革新について綴っている。このなかでフィンクバイナーは、スローンの技術が大量のデータの取得を可能にしたことや、それが天文学のやり方に根本的な変化をもたらしたことについて触れている。スローンのデータを使う天文学者は、少数の光子や恒星や銀河の代わりに大量のデータを自由に使うことができる。これにより、研究領域によっては取り組む問題に変化が生じた。遠くて暗い天体からいかに科学を引き出すかという観測上の問題から、無限の宇宙から入手する豊富なデータをもとに、科学的な問いをどのように立てて答えていくかというコンピューター上の問題への移行である。私たちはルービン天文台の始動によって、同様の変化にふたたび直面する。

もちろん、すばらしい成果が得られるとわかっていても、ルービン天文台が万能ではないことは誰でもわかっている。たとえば、最初の一〇年は、分光器がない。すべての瞬間は画像で記録される。備えつけられるのは世界最高のカメラかもしれないが、狭い領域の可視光以外は探知できない。高層大気に打ちあげることもできないし、次に起こる金星の太陽面通過や小惑星の掩蔽《えんぺい》が観測できる場所に持っていくわけにもいかない。

つまり、ルービン天文台がどれだけ画期的であっても、ほかと組み合わせることで生まれる成果もある。一晩に一〇〇〇個の超新星が発見されたとしても、少なくともそのなかのいくつかは、ほかの望遠鏡でもっと詳しく調べる必要が出てくるだろうし、ほかの驚くような新しい発見についても同じだろう。天文学者たちは、この新しい時代にToO観測、観測枠の申請、キュー観測をうまく使い分けようと試行錯誤しているが、ルービン天文台がどれだけ新しい発見を生みだそうとも、その多くは謎のさわりにすぎず、ほかの天文学者がほかの望遠鏡でそれをあらためて追求しなければばならないという事実は変わらない。

私のキャリアのなかでいちばん興奮した発見は、もしかしたらなかったかもしれないものだった。二〇一一年九月、私はラスカンパナス天文台――以前に予定した日程を強風ですべてだめにした場所――で、すでに発見済みの非常に変わった赤色超巨星をあらためて観測した。奇妙な反応を見せるこれらの恒星は、その数年前にフィルといっしょに発表した論文のなかで紹介していた。星の温度は、数カ月というきわめて早いペースで変化しているように見えた。太陽の一〇倍から二〇倍の質量で、木星の軌道ほどの大きさの恒星にしては早すぎる変化だった。しかも、温度は下がるほうに変化していて、その下がり方は、私たちが知っている恒星の物理のすべてに反していた。

私たちが発見したこの奇妙な天体に、アナ・ジトコフという天文学者が興味を持ち、私たちにメールで興味深い情報をくれた。彼女は数十年前にキップ・ソーン――重力波の検出でノーベル賞を受賞したキップ・ソーンである――といっしょに、まったく新しい種類の星の理論について研究していた。この星は、非常に赤くて非常に明るい超巨星と外見上は区別がつかないだろうと二人は予測した。しかし、このソーン・ジトコフ天体は、私たちが知っているほかの恒星のように核融合でエネルギーを生みだす中心部ではなく、中性子星を中心核に持っているというのだ。何気なく観測すれば、まったくふつうの恒星に見えるだろうが、この天体は本質的に核融合ではなく量子物理学に支えられている。ほかとは異なる内部構造の存在を示す唯一の目印は、星の表面にほかとは違ってわずかに過剰に存在する化学物質があることだという。もし、キップとアナが正しくて、ソーン・ジトコフ天体が本当に存在するのなら、それは星内部の活動のまったく新しいモデルとなる。ソーン・ジトコフ天体が提唱されたのは一九七五年だが、これまでに存在する証拠を見つけた人はいない。探索した研究グループはいくつかあるが、どこも結論には至っていない。それでも、赤色超巨星に関する私たちの専門知識は、もう一度捜索に挑戦するにあたって有利に働く。アナは、私たちが見つけた奇妙で冷たく、変化し続ける恒星は有力な候補になると考えた。この考えに私はとりつかれた。ソーン・ジトコフ天体――中性子星が赤色超巨星と合体した、宇宙でもっとも不可解な星――は、魅力的な想像上の怪物のような存在だ。その最初の一つを自分たちが発見するかもしれない。もう取り組むしかなかった。

私は興奮して観測提案を書きあげたが、「ねえ、私たち、これまで誰も見つけていない新しい星を探しているんだけど。なんか、あるような気がするから！」では、科学的な議論にならないことはわかっていた。それで最初の観測は予備探索とした。温度が低く、明るい赤色超巨星のリストをつくり、一つ一つの詳細なスペクトルをとり、化学組成を測定してこうした星の標準を定める。私たちがソーン・ジトコフ天体に過剰に発見できると期待したのは、あまり注目されることがない物質――リチウム、ルビジウム、モリブデン――で、当然ながら、そもそも一般的な赤色超巨星に対してさえ、モリブデンがどのくらい存在するのか徹底的に研究した人はいなかった。私は問題の星を研究するまえに、ふつうの星を研究しなければならないと考えていた。しかし、昔ながらの化学組成の調査はあまり楽しいものではない。そこで最終的には妥協して提案した。約一〇〇個の赤色超巨星を観測する。その大部分は一般的なもので、一部を奇妙な星とする。提案は無事通り、私たちは春に三日間、ラスカンパナス天文台の六・五メートル望遠鏡で観測できることになった。

それは予測不能で楽しげな雰囲気が漂うプロジェクトで、それまで行なってきた研究とは様相が異なり、一日目の夜、私たちはまだプランの微調整をしていた。午後になり、観測の準備をはじめたとき、フィルは過去の画像データから、ソーン・ジトコフ天体の候補になりそうな極端な色を持つ赤色超巨星をいくつか選んで、観測リストに追加した。天文学者のニディア・モレルも協力してくれた。ラスカンパナス天文台で数十年観測してきて、山にあるすべての望遠鏡、カメラ、分光器に精通していた彼女は、観測をできるだけスムーズに効率よく進められるように、観測直前にもターゲットリストと機器の設定の調整を提案してくれた。

観測中入ってくるデータは見てもほとんどわからない。観測が終わってから、数週間かけてマニュアルを読みながら、データを整約して空や機器や近くの星から発生している偽のシグナルを除去し、調べたい星の光を特定することになる。それでも、露出後にモニターに映るデータを見て、感触ぐらいはつかむことができる。

もちろん、ニディアは別だ。ラスカンパナス天文台のほかの機器同様、私たちが使っていたものにも詳しく、データに少しおかしなところがあれば、入ってきたときにすぐに見つけた。ターゲットが中心に来ていないので、シグナルの精度をあげるために少し調整したほうがいいと問題点を指摘してくれたり、たとえ生のデータであっても私たちが科学的な発見がしやすいように、特徴を教えてくれたりした。データのほとんどは、細長い白い線が平行に並び、ところどころに暗い隙間があって、元素が特定の波長の光を吸収していることを示している。

夜の途中で、フィルがリストに加えた赤色超巨星の番が来た。私は赤外線天体カタログの名前と場所を表す座標を組み合わせて、Ｊ０１１００３８５—７２３６５２６という無味乾燥な名前をノートに書きつけた。露出を終え、次のターゲットの準備をするあいだ、私たちはモニターに映ったデータを興味深く眺めた。クリアで明るくてよさそうに見えたが、すぐに白いストライプのなかにあった見慣れないものに気づいた。暗い隙間だけではなく、明るい白点が不規則に見えていた。明らかに、その恒星の大気のなかのなんらかの元素が光を放射していることを示していた。それまで見てきた赤色超巨星では見たことがないものだった。このような星の大気に含まれる元素は基本的に光を吸収するだけで、放出はしない。とはいっても、ソーン・ジトコフ天体がこのように光を放出すると予測した人はいなかったので、「これだ！《ユリイカ》」という瞬間でも、「なるほど！」という瞬間でもなく、興奮することもなかった。「……ふーん」という感じだった。みな口を閉ざして、首をかしげながら謎の明るい点を眺めた。

沈黙をやぶったのはニディアだった。おそらくモニターに映ったデータのなかに、私たちには見えない何かを見たのだろう。「なんだかわからないけど、これは面白そうよ」

私は彼女の言葉をＪ０１１００３８５—７２３６５２６の隣に書きこんで、次の観測に移った。

私は一年かけてデータを分析した。観測した星にはすでにそれぞれ適切な名前をつけていて、このときはＨＶ２１１２という恒星を精査した。驚いたことに、ＨＶ２１１２は、私たちが観測してきた赤色超巨星のなかでは異色の存在で、いくつかの主要元素の量が不自然に多かった。ひととおり計算し、ほかのすべてのサンプルと比較してはっきりした。ほかの赤色超巨星よりもリチウムが多い。ルビジウムも多い。そしてモリブデンも。つまり、ソーン・ジトコフ天体の特色として予言された化学組成だったのだ。

ＨＶ２１１２には、ほかにも不思議な点があった。大気中の水素原子から光を放出していたのである。これはソーン・ジトコフ天体の特色として誰も予言していなかったが、ちょっと調べてみると新しい発見があった。恒星のなかには、ときどき脈動から生まれたエネルギーによって、大気中に水素を放出するものがある。このとき恒星の外層が不安定であれば、巨大な鼓動のように脈を打ち、大気中の水素から特徴的なパターンの光が放出されるかもしれない。ソーン・ジトコフ天体が水素を放出すると予測した人はいなかったが、外層が不安定で脈動があるかもしれないと予測していた人はいた。

こうして、ＨＶ２１１２はソーン・ジトコフ天体の存在を証明する最有力候補となった。つまり、私たちは恒星の活動についてまったく新しいモデルが存在する証拠をはじめて手に入れたかもしれないということだ。これにより、次々と疑問が生まれた。ソーン・ジトコフ天体はどのようにしてできるのか。どのくらい生きるのか。最期を迎えるとブラックホールができるのか。超新星爆発を起こすのか。重力波を発生させるのか。これまで見たことのない何かになるのか。まったく新しい科学領域にたくさんの問いが生まれたのは、すべてＨＶ２１１２で得たデータのおかげだ。

コンピューターのモニターを見ていたとき、目の前でパズルのピースがはまっていき、水素の放出の詳細でピンときた。私は観測ノートをつかみ、あの夜のページを探した。ニディアがＪ０１１００３８５―７２３６５２６のデータに放出を見つけた夜だ。恒星の座標と名前のデータベースを調べて確認すると、J01100385－72365526がHV2112、すなわちソーン・ジトコフ天体かもしれない星だった。クラシカル観測でフィルが土壇場でプランを変更したために、最後の最後でリストに追加された、もしかしたら観測しなかったかもしれない星であり、何かあるとベテラン観測者が瞬時に目をとめた星だった。

観測天文学は過去半世紀に目まぐるしい変化を経験した。天文学者が光子を求めて闘い、主焦点ケージにうずくまり、ガラスの乾板でデータを集めた時代から、巨大なロボット望遠鏡が想像を絶する量のデータを集める時代になったのだ。科学者としては考えただけでわくわくする。私たちの研究の規模が宇宙の規模に少しずつ近づき、新しい技術――より大きな望遠鏡、空中天文台、レーザーを利用して画像を鮮明にする望遠鏡――を持って空に向かうたびに、私たちは宇宙について予期せぬ新しい発見をする。データの量も天文学を広めるのに役立っている。数少ない研究用の望遠鏡を利用できる人（大学や研究資金、性別の恩恵を受けた人）しか観測データを手にできない時代は過ぎさり、誰でもデータを利用できるようになった。地球上の天文学者は大規模なサーベイによって取得した豊富なデータを共有できるようになるだろう。

一つの望遠鏡で集められるデータ量を見れば、望遠鏡の数はもっと少なくてもいいのでは、と思う人もいるかもしれない。ルービン天文台の一晩で、パロマー天文台の数年分のデータを集められるなら、パロマー天文台はもういらないのではないか。たった一晩で三〇テラバイトのデータを集める望遠鏡が建てられるなら、その一基だけで世界中の天文学者は十分なデータを手にできるのではないか。一基で全員の要望を満たし、天文学のすべての疑問に答えられるような望遠鏡をつくることは可能だろうか。

答えは、声を大にして言うが、ノーだ。一つには、ただ新しい発見を重ねるだけでは十分ではないからだ。発見したものは深く調べなければならない。ルービン天文台の完成が切望される理由の一つに、補完する望遠鏡の存在がある。南半球では巨大な望遠鏡が二基、二〇二〇年代にファーストライトを予定している。二四・五メートルの巨大マゼラン望遠鏡と、三九・三メートルの欧州超大型望遠鏡で、北半球のTMTとあわせて、過去最大の光学望遠鏡となる予定だ。ルービン天文台の八・四メートル鏡が超新星、小惑星、遠くの銀河を発見したときには、詳しく調べるためにもっと大きな望遠鏡が必要となる。天体のスペクトルを取得するときには、その天体の光を波長ごとに並べることになり、暗い天体のスペクトルを良い状態で取得しようと思ったら、良い画像を撮ろうとするときよりも、ずっと大きな鏡が必要になるからだ。南半球に建設が予定されている二基の巨大望遠鏡であれば、ルービン天文台が発見する天体の化学組成や距離を測って、探求を深めることができる。しかし、どれだけすばらしい施設を建設しようとも、チリにあるルービン天文台からは北側の空は観測できない。やはり、北半球にはもっと望遠鏡が必要で、それはルービン天文台が提起する宇宙の新しい謎を解く助けとなるだろう。

ルービン天文台のような巨大なサーベイ望遠鏡は、大量の超新星を発見するだろうが、今後建設される超大型望遠鏡があれば、そうした超新星の化学物質を研究したり、その銀河を探索してそこにある恒星を研究したりできるようになるだろう。飛行する望遠鏡や宇宙にある望遠鏡は、地球の大気によって遮られて私たちには届かない光の世界を見せてくれるし、電波望遠鏡は人間の目には見えない光が持つ科学を解き明かしてくれる。世界中に散らばる望遠鏡があるから、私たちは夜空のすみずみまで探検できる。日食や掩蔽を観測する探検旅行では、私たちは天文学の感動の瞬間を追いかける。小さな望遠鏡では近くの明るい恒星を研究し、私たちの裏庭に潜む数えきれない宇宙の謎を追求することができる。重力波は、私たちが問いかけはじめたばかりの謎に対する答えを持っている。

要するに、私たちがルービン天文台のような最新の技術を結集した望遠鏡を必要としているのは間違いない――科学が大きく前進するときには、新しい技術を伴うものだ――が、それで何もかもはできないということだ。ある人は、天文学者が宇宙を研究するために必要な望遠鏡をキッチン用品にたとえた。腕のいい料理人は、最上位ミキサーのキッチンエイドがあったら喜ぶかもしれないが、おいしい料理をつくるには、ふつうの鍋やボウルやへらも必要だ。場合によっては、おばあちゃんの古いハンドミキサーも使うかもしれない。

残念ながら、次世代の望遠鏡は、天文学を支える資金がますます厳しくなるなかで建設されている。今のところ、最先端の技術を持つ新しい望遠鏡のための資金は確保されているが、それ以外の予算については、科学研究費の削減が続くなか、減らされる一方だ。国中にある小さな望遠鏡は資金不足で閉鎖され、少ない資金はより大きな――多くの場合、自動化を掲げる――プロジェクトに回されている。天文台は、古くて生産性の低い望遠鏡は、たとえ、新しい科学のために頻繁に使用されていたとしても処分するように言われている。こうした資金は給与の原資にもなっており、望遠鏡を使用する天文学者の研究を支えている。要するに、私たちがこれから手にする非常に貴重だが無味乾燥な0と1からなる大量のデータを、科学——ニュースのヘッドラインや雑誌の表紙を飾り、人間の想像力をかきたてるもの——に変換するための資金は縮小される方向にあるということだ。

巨大な新しい望遠鏡がもたらす興奮と技術革新を無視することはできない。主焦点ケージのなかで震え、乾板の現像に苦労した人たちは、ルービン天文台が目指しているものがどれだけ画期的で、どれだけ効率的か、よくわかるはずだ。数カ月、数年、あるいはキャリア全部に匹敵する時間がかかっていたものが、一晩でできるとしたら？　もちろん、こうした望遠鏡は建設すべきだろう。

問題となるのは、両方は許容できないと言われることだ。小さい望遠鏡や特定の用途に使われる望遠鏡は、新しい巨人に道を譲って引退すべきだという。そういうときには、古いとか時代遅れだとか言われて、さまざまな目的のために使われている点は無視される。先ほどのキッチンのたとえに戻るなら、こうした古い望遠鏡は料理人の包丁で、次世代の望遠鏡はフードプロセッサーだ。たしかにフードプロセッサーは包丁で切るよりたくさんのものが切れるが、両者はまったく別の仕事もする。

今後も天文学の研究資金が減り続けるなら、選択肢ははっきりしている。私たちには新しい望遠鏡、技術の進化、自動化されたロボット望遠鏡が必要だ。それは新たなデータを大量生産して、宇宙の新領域を見せてくれる。問題はそれを、というよりそれだけを選ぶことで、科学の別の側面を犠牲にしなければならないことだ。サーベイ望遠鏡は、私たちのほかと異なるものを見つける能力を格段に向上させたが、見つけて終わりというわけにはいかない。一度に大量の天体を観測するのは効率がいいかもしれないが、そのあとで私たちは外れ値を追いかける必要がある。それは新しい物理の発見につながるかもしれないし、別世界からのシグナルかもしれない。ロボットや自動化されたパイプラインにはできない宇宙の研究もあれば、人の目でエラーとシグナルを分けなければならない奇妙な天体もあり、観測計画に盛りこまれた考えや夜の終わりの数分間から生まれる発見もある。もし自動化された望遠鏡が人間の観測を補完するのではなく、完全に取って代わるとしたら、こうした科学は消えてゆくかもしれない。

天文学の技術が進化するにつれて、天文学者の仕事のしかたも進化しはじめている。間違いなくいい変化もある。次世代の天文学者の研究資源という側面から見れば、データ量が増加し、それを大勢の人が利用できるようになったのはすばらしい変化だ。自分の研究室から望遠鏡を操作できれば、現地に足を運ばずにすみ、身体的な負担は軽くなる。ロボット望遠鏡のデータが使えれば、プラットホームから足を滑らすこともないし、コントロール室をはい回るサソリやタランチュラも恐れなくていい。わずかな時間の観測のために、アルゼンチンや南極や成層圏まで行く必要もない。

しかし、同時に、私たちは観測という経験や物語、冒険も失うことになる。誤解のないように言うが、天文学者で古き良き時代に戻りたいという人はいない。宇宙について今ほどわかっていなかった時代、使えるツールが少なかった時代に戻りたくはない。それでも、人の手による観測は、失われつつある科学の冒険を象徴するものであり、その興奮そのものに価値がある。

おそらく、天文学についてもっとも根本的な疑問は、天文学者なら誰でも一度は考えたことがあるものだろう。なぜ私たちは天文学を研究するのか。何百万、何十億光年も離れたものを研究するという、ただそれだけのために、なぜ時間とエネルギーと資源をつぎ込んで望遠鏡をつくって使うのか。いろいろな人にこの質問をされる——家族、友人、飛行機や列車で乗り合わせた他人、研究費の財布のひもを握る人、人類のごく一部の人たちに自分のいる地球ではなく広大な宇宙空間に目を向けさせ、「それを研究する」と言わせるものは何なのか、単純に知りたい人。

よく訊かれるこの質問の根っこには、次の三つの疑問のいずれかがある。なぜ、私たちはそれぞれ天文学を学ぼうと思ったのか。金銭的な価値はあるのか。なぜ人類は天文学を研究すべきなのか。

なぜ人類は宇宙を研究すべきなのか、という疑問にはいくつか既成の答えがある。そこには純粋に実際的な側面がある。新しい望遠鏡の開発には、新しい技術の創出が伴い、イノベーションはつねに日々の生活をより良いものにする可能性を秘めている。物理学の新たな理解は、エネルギーや輸送の効率化といった問題の解決につながるかもしれない。私が思うに、天文学は最終的には人々の日常生活に活かすことができる。

天文学は科学の入り口としても役に立つ。医学や工学のように日々の暮らしに直接役立つことはないかもしれないが、宇宙は人間の想像力をかきたてる。宇宙を愛し、好奇心を持ち、一見ばかばかしく思える質問を促し、それからその答えがある数学や物理学を追求するように導くのは、若い科学者がさまざまな形で持つ科学的好奇心を刺激する一つの方法だ。ブラックホールについて本を読んで、人生をブラックホールに捧げたいと思う者もいるかもしれないし、ブラックホールを研究するコンピューターに興味を持って、もっといいコンピューターをつくりたいと思う者もいるかもしれない。あるいは、ブラックホールなんてばかげた名前だと思って、研究される天体の名前をつける委員会を乗っとってやろうと思う者もいるかもしれない。天文学の美しさとスケールは人を科学と研究の世界にいざなう。

私はこういう質問について、もっと夢のある答えを考えて一人楽しんでいる。なぜ星の内部や太陽系の活動を研究するのかと訊かれたとき、こういう変わった答えはどうだろう。宇宙人だ。地球外生命体を発見する、あるいは地球外生命体と交信するようなことがあれば、言うまでもなく、それは人類にとってのパラダイムシフトの瞬間となるし、天文学にとってはそれ自体が信じられないような成果となるだろう。しかし、私はその先を考える。どこか遠い惑星にいる宇宙人を見つけ、どうにかして意思疎通の手段を開発したと想像してみてほしい。私たちは何と話しかければいいだろう。はじめて会う人にふつうなら何を話すだろうか。共通の身近な話題ではないだろうか。天気とかニュースとか。はじめの会話は「今日はよく降りますね」とか「あのニュース聞きました？」といったものになるだろう。宇宙人との共通の話題なんて想像もつかないかもしれないが、一つだけある。宇宙だ。雨や最新ニュースの代わりに「少しまえに地球では流星雨がすごかったんです。そちらの恐竜は大丈夫でした？」とか「あの星の爆発、見ました？」といった会話はどうだろう。宇宙の知識があれば、会話ができる。まわりの銀河についての情報も共有できるだろう。そのうち話題は発展して、自分たちのことや夢や考えについても話せるようになるかもしれないが、宇宙と科学は共通言語として、関係を築く出発点になるはずだ。

もちろん、実際的な答えもちょっと変わった答えもとりあわず、金銭的価値や動機を問題視する人もいる。そういう人は、星はすてきだが何の価値があるのか、と言っているように見える。天文学は金銭的あるいは実質的な利益をもたらしてくれるのか。なぜほかのものではなく宇宙に時間とお金をかけなくてはならないのか。さらに言うなら、地球上には複雑で深刻な問題がたくさんあるのに、なぜ研究者――たとえ少数だとしても――は日々の生活に関係する問題から目をそらし、そこにお金を使おうとしないのか。ときには、非難の気持ちが見え隠れする質問もある。なぜ私たちは癌の治療や気候変動ではなく、宇宙に資源をつぎこんでいるのか。

この天文学かほかの科学分野かという選択は、科学の発展を阻害する悩みの種だ。天文学者はほぼすべての科学分野とのあいだで板挟みになり、しようとしていることをするだけの資源はないと言われ続けている。巨大なサーベイ望遠鏡と、巨大な光学望遠鏡の両方のための資金はない。恒星の研究と病気の治療あるいは環境保護、両方を行なう資金はない。宇宙のための資金はない。本当はこうした選択はあってはならないものだ。もちろん、資金が無尽蔵ではないことはわかっているが、現在の科学研究の規模であれば、全体にあとほんの数滴の資金をたらしてくれるだけで、大きく違ってくるだろう。

最後に、天文学者が宇宙を研究する個々人の理由だが、答えはほかとは少し違ってくる。

この本を書くために友人や同業者にインタビューをしたとき、私はなぜ天文学に興味を持ったのかという質問は一度もしなかった。天文学者の原点を書くつもりはなかった。興味があったのは、この仕事の特性ゆえに生まれる面白くて変わった話だった。

ところが、インタビューした人の大半は語ってくれた。私たちの多くは、どうしてこの数の少ない変わった職業を選んだのか、説明するのに慣れているからだろう。どれも腑に落ちる話だった。そこにはたいてい物語があった。観測の物語だ。私が話を聞いた天文学者の多くは、望遠鏡を前に震えながら夜空を見て過ごした夜に星の研究を志したと語った。それから、観測していていちばん鮮明に覚えているのは、天文台の外で、地球と空の境目より上に広がる星を見上げて息をのんだときという人も多かった。

だが、こうした話は完全に的を射てはいない。ほとんどの人が語ったことは起きたことそのものだ。望遠鏡の後ろ、あるいは山頂に立ち、晴れた夜空を見上げる、もしくははじめて接眼レンズをのぞいた。そして言葉を失うほどのショックを受け、心のなかで人生を左右する変化が起きた。話はそれで終わりだ。彼らは宇宙を見つけた。以上。こうした話を「なぜあなたは天文学を研究するのか」という質問の答えに変換するのは無理がある。質問をした人が「だって宇宙はかっこいいから！」といった答えが聞きたいわけではないことはわかっている。宇宙がかっこいいのは誰もが同意するだろう。だが、みんなが宇宙の研究者になるわけではない。私は恐竜もかっこいいと思うが、古生物学者にはならなかった。

天文学を研究する理由は、質問自体がおかしなものに感じられてしまうほど、その人のなかの深いところにある。配偶者と結婚した理由を訊かれたときの答えに似ているかもしれない。「愛しているから」、「ビビッとくるものがあったから」、「出会って、なんとなく気が合って……それで結局……」といった答えが返ってくると思うが、どれも理路整然としているとはいいがたいだろう。

私にとっていちばん納得できる答え——簡潔で、おそらく不十分だが深いところで正しい——は、映画「赤い靴」の一場面にある。バレエダンサーを目指す主人公は「なぜ踊るのか」と訊かれる。

一瞬考えたあと、彼女は言う。「なぜあなたは生きるの？」

「なぜだろう、そうしなければいけないからかな」

「私も同じよ」

それは内面から出てくるものだ。このちっぽけな地球上のちっぽけな生き物のなかには、ちっぽけで目には見えないが消せない炎がある。それが私たちを外へ、上へと宇宙に向けて駆りたてる。ただ、そうしなければならないという理由で。

なぜ宇宙を研究するのか。なぜ空を見上げて問いかけ、望遠鏡をつくり、地球の果てまで答えを探しに行くのか。なぜ星を見るのか。

明確な理由はわからない。だが、私たちはそうしなければならない。

私は望遠鏡のもとで働く人々の物語が書きたかった。過去の望遠鏡は、未来の望遠鏡にくらべれば、集めるデータ量こそ少ないかもしれないが、それを使って観測する人々に豊かな経験も与えてくれた。こうした観測者の物語はすばらしく、科学に携わる人の唯一無二の努力の積み重ねを明らかにしている。しかし、同時に、それがもう取り戻せない時代であることも語っている。

とはいえ、本書は「古き良き時代」を賛美するものでも、技術が世界を変えたことを嘆くものでもない。ルービン天文台とこれからの望遠鏡は、それぞれが自分たちの物語を紡いでいくはずだ。

彼らはループ・ゴールドバーグさながらに、たくさんの知性と人の手と長年の研究を詰めこんで、画期的な望遠鏡の自動化を進めている。本書に続く本が楽しみだ。今はまだ小学生の誰かがこの先の三〇年を振りかえり、想像もできない量のデータを手に入れるための挑戦、彼らが使う新しい望遠鏡、その望遠鏡による大発見などを語ってくれるだろう。主焦点ケージでじっとしているか、自宅のキッチンでデータをダウンロードするかにかかわらず、天文学は続いていく。これからも宇宙を探索しながら、私たちの好奇心を満たし、人間性を育み続けるだろう。

✷インタビューに応えてくれた人たち

本書のためにインタビューに応じてくれた一一二人の友人と同業のみなさんには、感謝してもしきれないほど感謝している。話をしてくれた全員がこの本に、ほかでは得られない声と視点を加えてくれた。時間をとって自身の物語を語ってくれた一人一人にお礼を申しあげる。

ヘルムート・アプト、ブルース・バリック、エリック・ベルム、エド・バーガー、エミリー・ベヴィンズ、アン・ボーズガード、ハワード・ボンド、マイク・ブラウン、ボビー・バス、デイヴィッド・シャルボノー、ジェフ・クレイトン、アンディ・コロリー、セイン・カリー、チャールズ・ダンフォース、ジム・ダヴェンポート、アージュン・デイ、トレヴァー・ドーン＝ウォーレンステイン、アラン・ドレスラー、マリア・ドラウト、オスカル・ドゥアルデ、パトリック・ダレル、エリカ・エリングソン、ジョセフ・イーガン、トラヴィス・フィッシャー、ケヴィン・フランス、ウェス・フレイザー、ケイティ・ガーマニー、ダグ・ガイスラー、ジョン・グラスピー、ネイサン・ゴールドバーム、ボブ・グッドリッチ、キャンダス・グレイ、リチャード・グリーン、エリザベス・グリフィン、テッド・ガル、シャディア・ハバル、ライアン・ハミルトン、スザンヌ・ホーリー、ＪＪ・ハミース、ジェニファー・ホフマン、アンディ・ハウエル、ディードリー・ハンター、ジェリコ・イヴェジック、ロブ・ジェディキ、デイヴィッド・ジューイット、ジョン・ジョンソン、ディック・ジョイス、マンシ・カスリワル、ウィリアム・キール、メガン・キミンキ、トム・キンマン、ボブ・キルシュナー、カレン・ニアマン、ケヴィン・クリスチュウナス、ロルフ・クドリツキー、ブライリー・ルイス、ジェイミー・ローマックス、ジュリー・ルッツ、ロジャー・リンズ、ピーター・マクシム、ジェニファー・マーシャル、ジョゼフ・マシエロ、フィル・マッシー、コーディ・メシック、ニディア・モレル、ジョン・マルケイヒ、ジョーン・ナジタ、キャスリン・ニュージェント、ダーラ・ノーマン、クヌート・オルセン、キャロリン・ピーターセン、エリック・ピーターソン、エミリー・ペトロフ、フィル・プレイト、ジョージ・プレストン、ジョン・レイナー、ジョゼフ・リバウド、マイク・リッチ、ノエル・リチャードソン、グエン・ルーディ、スチュアート・ライダー、アビ・サハ、アニーラ・サージェント、スティーブ・シェヒトマン、ブライアン・シュミット、フランソワ・シュヴァイツァー、ニック・スコヴィル、アリス・シャプリー、ブルーノ・シカルディ、デイヴィッド・シルヴァ、ジェフリー・シルヴァーマン、ジョシュ・サイモン、ブライアン・スキッフ、ブリアナ・スマート、アレッサンドラ・スプリングマン、サマー・スターフィールド、チャック・スタイデル、ウッディ・サリヴァン、ニック・サンツェフ、ポーラ・スコディ、キム＝ヴィ・トラン、サラ・タトル、パトリック・ヴァレリー、ジョージ・ウォーラーステイン、ジョネル・ウォルシュ、ラリー・ワッサーマン、ジェシカ・ワーク、デイヴィッド・ウィルソン、シャーロット・ウッド、シドニー・ウルフ、ジェイソン・ライト、デニス・ザリツキー

✴ 謝辞

真っ先に感謝したいのは、ジェフ・シュリーヴだ。ジェフはこの本のアイデアが生まれたとき、その場にいた。すきま風が入ってくる展示場ではじめて顔を合わせたとき、とつぜん私の頭に浮かんだアイデアだった。一年以上たって、彼は文芸エージェントとしてふたたび登場し、この本を世に送りだしてくれた。たくさんの科学の物語を世の中に紹介しようと尽力しているジェフとサイエンス・ファクトリーのチームのみんなに心からお礼を言いたい。

ソースブックスのアナ・マイクルズとワンワールドのサム・カーターは洞察力にすぐれた熱意あふれる編集者だ。深く感謝している。原稿に磨きをかける段階で、なかなか定まらないたくさんの箇所を固めて最終的に完成させることができたのは、彼らの助言のおかげだ。それから、最初にこの本を推してくれたグレース・メナリー＝ワインフィールド。この本の一ページ一ページ（美しい表紙も！）を制作してくれたシャナ・ドレーズ、エリン・マクレアリー、クリス・フランシス、ジュリアナ・パーズ、サブリナ・バスキー、キャシー・ガットマンほかのみんな。そして、この本を読者の皆さんに届けるよう尽力してくれたリズ・ケルシュ、リジー・ルワンドウスキー、マイケル・レアリ、ケイトリン・ローラー、ヴァレリー・ピアス、マーガレット・カフィ。最後に、契約と出版という私にとってはまったくの未知の世界で導いてくれたヒューズ・メディア・ロー・グループのシャーリー・ロバーソンとメアリー・マクヒュー。みんな本当にありがとう。

本書が生まれたきっかけも中身そのものも、突きつめれば、私が研究と物語を共有してきた大勢の同業者がつくってくれたものだ。なかでも時間を割いて直接会って、あるいは電話で語ってくれた一〇〇人以上の仲間と、ソーシャル・メディアで質問に答えてくれたり、いろいろな話を披露してくれたりした大勢の同業者には心から謝意を表する。一人一人がこの本を形にしてくれた。私たちのちょっと変わった仕事を描くにあたって、みなの協力をきちんと形にできていることを祈るばかりだ。

この本に書いた話は世界中の天文台と望遠鏡から集めたが、執筆中に見学を受けいれてくれた以下の施設には深く感謝している。ローウェル天文台、アメリカ国立光学天文台（ＮＯＡＯ）の本部、アリゾナ州のキットピーク国立天文台、ハワイ州のマウナケア天文台、チリのラスカンパナス天文台と大型シノプティック・サーベイ望遠鏡、カリフォルニア州のカーネギー天文台、ワシントン州ハンフォードのレーザー干渉計型重力波観測所（ＬＩＧＯ）、カリフォルニア州パームデールとニュージーランドのクライストチャーチにあるＮＡＳＡの成層圏赤外線天文台（ＳＯＦＩＡ）チーム。天文台や研究施設を運営するには、献身的に取り組む大勢のスタッフが必要だ。科学の研究を進めるのに必要なサポートをしてくれる彼らや多くの天文台のおかげで、私たち研究者は仕事ができている。

以下の方々には、とくにお礼を伝えたい。ジェフ・リッチはカーネギーを案内してくれて、保管された写真乾板の数々を見せてくれた。ジェフ・ホールとケイティ・ブレイゼックは、ローウェル天文台を訪れるといつも歓迎してくれた。ケイティ・ガーマニー、ジョン・グラスピー、デイヴ・シルヴァは、NOAOで私のための部屋を見つけてくれて、たくさんの話を聞かせてくれた。ボー・レイパース、トーマス・グレイトハウス、テレーズ・アンクレナーズはハワイ島で、忙しい時間に私を迎えてくれた。ジョー・マシエロは、パロマー天文台で観測を中断して案内してくれ、いつも面白い話を聞かせてくれた。ジョン・マルケイヒ、レオポルド・インファンテ、ハヴィエラ・レイ、ニディア・モレルはラスカンパナス天文台への訪問を受けいれてくれ、ジェリコ・イヴェジック、ランパル・ギル、ジェフ・カンターはセロパチョン山の頂上のヴェラ・ルービン天文台まで連れていってくれた。ヴェラ・ルービン天文台で作業をしていたたくさんの人たちは、私が訪ねたときに時間をとって話をしてくれた。アンバー・ストランクはLIGOを案内してくれ、スタッフは私の山のような質問に答えてくれた。ニック・ヴェロニコ、ケイト・スクワイアーズ、ベス・ハーゲナウアーのおかげで、私ははじめてSOFIAを訪れることができた。その間、飛行機の乗組員はみな飛行に向けて尽力してくれた（結局、飛べなかったにもかかわらず）。ジェイク・エドモンドソンが予備のカメラを持ってきてくれたおかげで、この旅行の写真がある。ランドルフ・クラインこ、マイケル・ゴードンのおかげで、私は観測者としてSOFIAに搭乗し、南極圏まで人生最良の旅をすることができた。

　バラードのヴェンチャー・コーヒーにお礼を言いたい。ここのマキアートと朝六時から開いていたおかげで、私はこの本が書けたと思う。

ワシントン大学の天文学部の同僚たちは、終身在職権取得途中にある教授としての仕事とはじめての著作活動でおかしくなりそうな私を支えてくれた。聡明で勤勉で陽気なメンバーがそろったワシントン大学の大質量星研究グループには本当に感謝している。ジェイミー・ローマックス、トレヴァー・ドーン＝ウォーレンステイン、ケイトリン・ニュージェント、ロック・パットン、エイシュリン・ウォラック、ブルック・ディセンゾ、ツヴェテリーナ・ディミトローヴァ、キーヤン・グットキン、メガン・ココリス、アニー・シューメーカー。この本のために、尽きることのない科学への熱意を発揮してくれた。

フィル・マッシーは、私がはじめて仕事として観測をしたときに同行してくれた。以来一六年間、彼は私にとってかけがえのないメンターであり、同僚であり、友人である。それから、私は観測天文学の最初の手ほどきを、MITでジム・エリオットに受けるという幸運を得た。これまでたくさんのメンターや共同研究者のお世話になったが、このすばらしい二人の師のもとでキャリアの一歩を踏みだした私は本当に恵まれていると思う。

レヴェック家とカバナ家のみんな——祖父からいちばん小さな新入りまで——は、愛とエネルギーと励ましにあふれ、集まると相当にぎやかな人たちだ。兄のベンは、私をはじめての観測旅行に連れていってくれた。ありがとう。今でも兄のような人間になりたいと思っている。両親は、幼稚園時代に私が自分の想像を書き散らしたものから、この本の原稿の一部までなんでも読んでくれた。ありがとう。

愛は、ときにはチョコレートと肩もみに姿を変える。ときには、数百時間のインタビューを書き起こすアプリのコード化や、法律用語の判読になる。夫のデイヴはこういうさまざまな愛を混ぜあわせて毎日さりげなく差しだしてくれる。彼がいなかったら、間違いなくこの本は完成しなかった。デイヴ、ありがとう。空に負けないくらい大きな愛をこめて。

✴ 訳者あとがき

ハワイのマウナケア山にあるすばる望遠鏡をご存じだろうか。日本の国立天文台の大型光学赤外線望遠鏡で、口径八・二メートルという世界最大級の主鏡を持っている。はじめて聞いたという方は、日本語のホームページがあるので、ぜひのぞいてみて、その巨大さとつめこまれた機器の精密さを感じてほしい。この望遠鏡を相手に、当時二四歳の著者が悪戦苦闘するところから、本書は始まる。

ハワイ大学に在学中だった著者は、博士論文を書くために、苦労して観測枠を勝ち取り、このすばるで観測を行なう。ところが、途中でアラームが鳴って望遠鏡が動かなくなる。山の上には彼女とオペレーターの二人きり。オペレーターによれば、鏡を支える部分に問題が発生したらしい。主鏡の上にある副鏡が落ちれば、どちらも割れて大惨事になるだろう。日本人のエンジニアに連絡すると「再起動してみて。たぶん大丈夫」という。一晩動かすのに四万七〇〇〇ドルかかるこの望遠鏡。万が一、再起動して壊したら、「すばるを壊した学生」として後世に名を残すことになる。朝まで待って担当者に見てもらえばいいのだろうが、その場合、次に観測できるのは一年後となり、そのときこの夜のように晴れるかどうかは保証がない。論文の完成も遅れることになる。大学では充実した研究生活を送っているが、できるだけ早く終えて、遠距離恋愛をしている恋人と時差のない生活を送りたいという個人的な事情もある。悩んだ末に出した結論はいかに――

みなさんだったらどうするだろうか。複雑な精密機器とはいえ、そう簡単に壊れるようにはできていないだろうし、エンジニアが（たぶん）大丈夫と言っているのだから、素直に再起動すればいいのでは、と思われる方もいるかもしれない。しかし、本書を読み終えれば、著者の心配も納得できるだろう。望遠鏡には、信じられないようなことが起こりうるし、天文学者の仕事は、私たちが映画で観て想像するものとはかなり違う。

本書は、天体観測の現場について、著者の経験（これまでに世界各地で五〇回以上観測している）だけではなく、空中天文台やＬＩＧＯへ赴いての取材、そして一〇〇人以上の関係者から聞いた話をもとに綴られている。寒さに震えながら望遠鏡にはりつき、割れやすいガラスプレートを使って観測していた過去、自宅から観測して、あるいは観測したい天体の場所を指示しておいて、朝起きたら自分のメールボックスに観測データが届いているという現在、そして、観測データの量が桁《けた》違いになる未来。観測方法や仕事のしかたは大きく変化しているが、いつの時代にも、そこには、人生のどこかの時点で夜空を見上げて恋に落ち、天体観測に魅了された人たちがいる。著者によれば、科学的な根拠のない星占いを信じる天文学者はいないらしいが、彼らは世界中の誰よりも星に振り回されながら生きている。本書には、そんな彼らの物語がたっぷりとつまっている。

ぜひご覧いただきたい動画がある。二〇二〇年二月、著者が「現代天文学の歴史」と題して、Ｔ

EDで行なったプレゼンテーション（https://www.ted.com/talks/emily_levesque_a_stellar_history_of_modern_astronomy）だ。本書で紹介したエピソードがいくつか取りあげられている。残念ながら、日本語の字幕はついていないが、舞台に映し出される写真を見るだけでも、本書の内容の理解を深めることができるのではないかと思う。

たとえば、プレゼンテーションの冒頭は、第11章の肉眼で超新星を見つけたオスカル・ドゥアルデの話が紹介される。本文中では、休憩時間に何気なく空を見上げたら、見慣れない星があった、とさりげなく書かれている。プレゼンテーションでは、普段の大マゼラン雲の写真と、超新星が見えた写真が続けざまに映される。著者が「見えた？」と訊くと、聴衆からは思わず笑いがもれる。そう、素人目に違いはまったくわからない（何回か繰り返して見れば、小さく光る星が見つけられると思う）。続いて映されるのは、大マゼラン雲だけではなく、引きで写したチリの空の写真だ。文字どおり満天の星が広がっている。このなかから、いつもとちがう星を見つけるというのがいかに超人的なことか、実感できるだろう。また、第2章に関連して、主焦点に入って観測している有名な天文学者の写真も見られる。こんなにせまいところで一晩中じっとしているなんて、相当な体力と忍耐力が必要だろう。しかも、ドーム内は真冬でも暖房は一切ない。写真乾板を駄目にされた天文学者がオペレーターに「殺してやる！」と喚き散らす話も、実際の現場の写真とともに紹介される。ときおり会場の笑いを誘いながら、テンポよく話をすすめる著者のプレゼンテーションは見応えがある。

本書はアメリカでは二〇二〇年八月に刊行され、コロナ禍のために、刊行後のイベントは主にオンラインで行なわれている。興味がある方は、本書の原題『*The Last Stargazers*』と著者名Emily Levesqueで検索してもらいたい。ちなみに、このタイトルだが、直訳すれば「星を見る最後の人たち」となり、少し悲観的ではないか、という声が読者からあったようだ。これに対して著者は、「人々が星を見ることに関心を持たなくなるということを意味しているわけではない。観測のありかたはたしかに大きく変わった。だからこそ、これまでの物語と現在進行形の物語を未来に向けて残しておきたいのだ」と語っている。

ＴＥＤのプレゼンテーションでは、観測のありかたは変わっても、人間が持つ好奇心は今も昔も変わらず、この好奇心とこの先の技術の組み合わせによって、私たちはこれまでと同じように宇宙について新たな発見をし続けるだろう、と締めくくっている。どれだけ技術が発達し、データ量が増えようとも、結局のところ、それをつくるのも使うのも人間だ。人間がかかわる以上、そこには物語が生まれる。著者も最終章で述べているように、本書に続く天文学の物語も楽しみにしたい。

最後に、著者エミリー・レヴェック氏の略歴を紹介しておきたい。二〇〇六年にＭＩＴで物理学の学士号を取得後、二〇一〇年にハワイ大学で天文学の博士号を取得し、現在はワシントン大学で天文学の教授をしている。二〇一四年にアメリカ天文学会からアニー・ジャンプ・キャノン賞、二〇一七年にスローン・リサーチ・フェローシップ、二〇一九年にコットレル・スカラー賞、二〇二〇年にふたたびアメリカ天文学会からニュートン・レイシー・ピアス賞と、女性研究者や若手研究者に贈られる賞を次々に受賞している気鋭の研究者だ。

本書は、著者がはじめて執筆したポピュラーサイエンスの本となる。アメリカでは、天文学に関心がある人だけではなく、普段サイエンスの本を読まない人でも楽しめると評判は上々だ。日本でも多くの方に、この天体観測に魅せられた人たちの物語が届くことを願ってやまない。

二〇二一年二月

川添節子

原注

1 ジョージ・ウォーラーステイン、2017年8月9日に著者がインタビュー。

2 Richard Preston, *First Light: The Search for the Edge of the Universe* (New York: Random House, 1996), 263. 『ビッグ・アイ——世界最大の天体望遠鏡の物語』リチャード・プレストン著、小尾信彌監修、野本陽代訳、朝日新聞社、1989年

3 マイク・ブラウン、2018年7月24日に著者がインタビュー。

4 サラ・タトル、2018年8月18日に著者がインタビュー。

5 Rudy Schild, "Struck by Lightning," 2019, http://www.rudyschild.com/lightning.html.

6 ダグ・ガイスラー、マナスタッシュ・リッジ天文台、76センチ望遠鏡の観測記録、1980年5月18日。

7 ハワード・ボンド、2018年12月6日に著者が電話でインタビュー。

8 Greg Monk, quoted in "The Collapse," in *But It Was Fun: The First Forty Years of Radio Astronomy at Green Bank*, ed. F. J. Lockman, F. D. Ghigo, and D. S. Balser (Charleston: West Virginia Book Company, 2016), 240.

9 Harold Crist, quoted in "The Collapse," *But It Was Fun*, 241.

10 George Liptak, quoted in "The Collapse," *But It Was Fun*, 241.

11 Crist, quoted in "The Collapse," *But It Was Fun*, 243.

12 Ron Maddalena, quoted in "The Collapse," *But It Was Fun*, 245.

13 Pete Chestnut, quoted in "The Collapse," *But It Was Fun*, 247.

14 アニーラ・サージェント、2018年7月2日に著者がインタビュー。

15 ジョージ・プレストン、2018年6月5日に著者がインタビュー。

16 Harlan J. Smith, "Report on the 2.7-meter Reflector", Central Bureau for Astronomical Telegrams, Circular 2209 (1970): 1.

17 Marc Aaronson and E. W. Olszewski, "Dark Matter in Dwarf Galaxies," in *Large Scale Structures of the Universe: Proceedings of the 130th Symposium of the International Astronomical Union, Dedicated to the Memory of Marc A. Aaronson (1950-1987), Held in Balatonfured, Hungary, June 15-20, 1987*, ed. Jean Audouze, Marie-Christine Pelletan, and Sandor Szalay (Dordrecht: Kluwer Academic, 1988): 409-420.

18 アリゾナ大学天文学部「アーロンソン・レクチャーシップ」2019年 https://www.as.arizona.edu/aaronson_lectureship.

19 エリザベス・グリフィン、2019年1月8日に著者がインタビュー。

20 アニーラ・サージェント、2018年7月2日に著者がインタビュー。

21 Vera C. Rubin, "An Interesting Voyage," *Annual Review of Astronomy and Astrophysics* 49, no. 1 (2011): 1 - 28.

22 Anne Marie Porter and Rachel Ivie, "Women in Physics and Astronomy, 2019," American Institute of Physics Report (College Park: AIP Statistical Research Center, 2019).

23 Porter and Ivie, "Women in Physics and Astronomy, 2019."

24 Leandra A. Swanner,"Mountains of Controversy: Narrative and the Making of Contested Landscapes in Postwar American Astronomy," PhD diss., Harvard University, 2013.

25 James Coates, "Endangered Squirrels Losing Arizona Fight," *Chicago Tribune*, June 18, 1990.

26 セイン・カリー、2018年11月13日に著者がインタビュー。

27 ジョン・ジョンソン、2019年3月28日に著者がインタビュー。

28 N. Bartel, M. I. Ratner, A. E. E. Rogers, I. I. Shapiro, R. J. Bonometti, N. L. Cohen, M. V. Gorenstein, J. M. Marcaide, and R. A. Preston, "VLBI Observations of 23 Hot Spots in the Starburst Galaxy M82", *The Astrophysical Journal* 323 (1987): 505-515.

29 D. Andrew Howell. Twitter Post. August 19, 2017, 1:43 a.m., https://twitter.com/d_a_howell/status/898782333884440577.

30 オスカル・ドゥアルデ、2019年4月25日に著者がインタビュー。

31 Robert F. Wing, Manuel Peimbert, and Hyron Spinrad, "Potassium Flares," *Proceedings of the Astronomical Society of the Pacific* 79, no. 469 (1967): 351-362.

32 A. R. Hyland, E. E. Becklin, G. Neugebauer, and George Wallerstein, "Observations of the Infrared Object, VY Canis Majoris," *The Astrophysical Journal* 159 (1969): 619-628.

◆著者　エミリー・レヴェック　Emily Levesque
1984 年生まれ。ワシントン大学天文学教授。MIT で物理学の学士号、ハワイ大学で天文学の博士号を取得。中性子星が赤色超巨星と合体した宇宙で最も不可解な星ソーン・ジトコフ天体の最有力候補を発見したことで注目を集める気鋭の天文学者。2014 年アニー・ジャンプ・キャノン賞、2017 年スローン・リサーチ・フェローシップ、2019 年コットレル・スカラー賞、2020 年ニュートン・レイシー・ピアス賞と、女性研究者や若手研究者に贈られる賞を次々に受賞。シアトル在住。2020 年ＴＥＤの講演で話題を集める。

◆訳者　川添節子（かわぞえ・せつこ）
翻訳家。慶應義塾大学法学部卒。主な訳書に『あなたはなぜ「カリカリベーコンのにおい」に魅かれるのか』『刑務所の読書クラブ』（以上、原書房）、『ベストセラーコード』（日経ＢＰ社）、『夢の正体：夜の旅を科学する』『データは騙る　改竄・捏造・不正を見抜く統計学』（早川書房）など、ほか多数。

天体観測《てんたいかんそく》に魅《み》せられた人《ひと》たち

2021 年 3 月 14 日　第 1 刷
2021 年 7 月 4 日　第 2 刷

著者……………………エミリー・レヴェック
訳者……………………川添節子《かわぞえせつこ》
ブックデザイン………永井亜矢子（陽々舎）
カバー写真……………iStockphoto
発行者…………………成瀬雅人
発行所…………………株式会社原書房
〒 160-0022 東京都新宿区新宿 1-25-13
電話・代表　03(3354)0685
http://www.harashobo.co.jp/
振替・00150-6-151594
印刷……………新灯印刷株式会社
製本……………東京美術紙工協業組合

ISBN 978-4-562-05903-4 Printed in Japan